Blumen

unserer Heimat

Gondrom

Blumen

unserer Heimat

Blumen unserer Heimat

Wissenschaftliche Bearbeitung der deutschen Ausgabe: Elisabeth Möltgen

Gesamtherstellung: Verlag Slovart, Bratislava, ČSSR, 1986

ISBN 3-8112-0454-8

Inhaltsverzeichnis

Zur Einleitung

Pflanzen begleiten den Menschen, ohne daß er sich dessen oft bewußt ist, sein ganzes Leben lang: Mit Blumen heißt man einen neuen Erdenbürger willkommen, Pflanzen bilden die Grundlage für das tägliche Brot, man stellt aus ihnen Medikamente her, auch Baumaterial, und die ästhetischen Eigenschaften bringen Künstler in ihren Werken zur Geltung. Wir umgeben uns auch gerne mit Blumenschmuck im Haus und Garten, und schließlich trösten uns die Blumen auf den Gräbern.

Mit Hilfe der hochentwickelten Technik unseres Jahrhunderts wurden viele wichtige Rohstoffe pflanzlichen Ursprungs durch synthetische Stoffe ersetzt. Trotzdem sind wir nicht nur bezüglich unserer Ernährung von den Pflanzen als Produzenten primärer Biomasse nach wie vor abhängig. Menschen früherer Generationen standen auf Grund ihrer Lebensweise in viel engerer Beziehung zur Pflanzenwelt. Sie kannten noch die vielfältigen Eigenschaften der Pflanzen und ihre positive und negative Bedeutung für das tägliche Leben. Wieviele unserer Zeitgenossen jedoch kennen Pflanzen – wenn überhaupt – allenfalls aus Büchern oder vom Fernsehen, nicht aber aus der direkten Begegnung in der Natur? In den letzten Jahren entstand aber auch ein Bewußtsein davon, daß der Mensch trotz aller technischen Fortschritte selbst ein Teil der Natur geblieben ist, deren Wirklichkeit er außerhalb der Städte spüren kann. So treibt es die Menschen hinaus in die Natur, zum Wochenende in die Gebirgshütten, zur Pilzsuche in die Stille der Wälder, oder zu den buntblühenden Wiesen des Sommers, wo es leicht ist, den Streß des Alltags zu vergessen und neue Kraft zu schöpfen.

Es darf nicht vergessen werden, daß der zunehmende Druck durch erholungssuchende Menschen die natürlichen Ökosysteme stark belastet. So steht vor den naturwissenschaftlichen Institutionen, den Naturschützern und auch dem Erziehungs- und Bildungssystem die Aufgabe, vor allem die junge Generation zu lehren, die Wechselbeziehungen zwischen lebendiger und toter Natur zu begreifen und ein optimales Verhältnis zwischen der Ausbeutung der natürlichen Ressourcen und ihrem Schutz herzustellen.

Der österreichische Botaniker M. A. Fischer sagt dazu: „Die Naturwissenschaften haben uns nicht nur gelehrt, die Natur immer ertragreicher zu nutzen, sondern sie ermöglichen uns auch, sie besser zu verstehen und zu pflegen.“ Eine der ureigensten Aufgaben der Biologen, aber auch der gesamten breiten Öffentlichkeit ist der Schutz der

Pflanzen- und Tierarten. Unwiderrufliche Veränderungen der natürlichen Umwelt haben auf unserem Kontinent zum Aussterben einiger Arten geführt, andere sind verschollen, sehr viele kritisch bedroht. Im Pflanzenreich sind dies vor allem die in der Roten Liste der Flora und Fauna der Bundesrepublik Deutschland aufgeführten Bewohner von Gewässern und Feuchtflächen, salzbeeinflußten Standorten, Äckern, Steppen und der wärmeliebenden Waldgesellschaften.

Immer mehr Aufmerksamkeit wird der Herausgabe botanischer und zoologischer populärwissenschaftlicher Publikationen gewidmet, damit die Liebhaber der Natur auch zu ihren Kennern werden.

Das vorliegende Buch soll den botanisch gebildeten Laien ansprechen. Es enthält Charakteristiken und Farbbilder aus der geübten Hand des botanischen Illustrators, des Akademiemalers J. Krejča, von 163 der am meisten verbreiteten Pflanzen unserer Flora. Die Auswahl war nicht leicht (so werden zum Beispiel allein Heilpflanzen mit 400 angegeben).

Der Begleittext zu den jeweiligen Arten beginnt mit einer morphologischen Beschreibung. Er macht den Leser auch mit diagnostischen Merkmalen bekannt, die auf der Abbildung nicht erfaßt sind. Die Mehrzahl der verwendeten Fachausdrücke wird in dem beigefügten morphologischen Glossar erläutert. Des weiteren werden Informationen über die allgemeine Verbreitung, Standortansprüche, Zugehörigkeit zu bestimmten Pflanzengesellschaften sowie zur Variabilität der einzelnen Pflanzen gegeben. Der letzte Abschnitt bewertet die Gebrauchseigenschaften aus der Sicht der heutigen Erkenntnisse, bringt aber auch historische Angaben, bzw. erwähnt die Rolle, die die betreffende Pflanze in der Volkstradition, in der Gefühlssphäre des Menschen gespielt hat.

Es ist der Wunsch der Autoren, daß die vorliegende Auswahl das Kennenlernen der allgemein vorkommenden Pflanzenarten unserer Pflanzenwelt erleichtern und das Interesse der Leser auch für andere Pflanzen wie Gehölze einheimischer und exotischer Herkunft, Pilze, Flechten, Moose und seltenere Arten höherer Pflanzen, geschützte und zurückgehende, aber auch eingewanderte Unkrautpflanzen wecken möge.

Die Kenntnis der bedrohten Pflanzen erleichtert das Verständnis für die Notwendigkeit ihrer Erhaltung für künftige Generationen. Nur wenn sich Menschen der verschiedensten Berufe immer mehr des kulturell-wissenschaftlichen, ästhetischen, des gegenwärtigen und potentiellen ökonomischen Wertes der einzelnen Arten bewußt werden, wird der Schutz des Artenreichtums unserer Flora Perspektive haben. Der Aufenthalt in einem gesunden Wald, der Anblick der blühenden Hänge, Tee aus Heilpflanzen, der Duft einer frischgemähten Wiese werden uns Autoren und Ihnen, unseren Lesern, für die Zeit, die wir der Botanik und dem Schutz der Natur gewidmet haben, eine gemeinsame Belohnung sein.

Das Autorenkollektiv

Systematische Übersicht der erwähnten Pflanzengesellschaften

K = Klasse, O = Ordnung, V = Verband

Sommergrüne Laubwaldgesellschaften

K Alnetea glutinosae BR.–BL. et TX. 43 – Erlen-Wälder
- O Alnetalia glutinosae TX. 37
  - V Alnion glutinosae (MALC. 29) MEIJER DREES 36

K Carpino-Fagetea (BR.–BL. et VLIEG. 37) JAKUCS 67 – mesophile Laubmischwälder
- O Fraxinetalia SCAM. et PASS. 59 – Edellaubholz-Mischwälder
  - V Alnion glutinoso-incanae OBERD. 53 – Erlen-Eschen-Wälder
  - V Fraxino-Quercion (OBERD. 53) PASS. 68 – Eschen-Stieleichen-Wälder
  - V Carpino-Ulmion PASS. 68 – Ulmen-Hangwälder
  - V Aceri-Fagion ELLENB. 63 – Ahornreiche Mischwälder
  - V Tilio-Acerion KLIKA 55 – Linden-Blockhaldenwälder
- O Carpino-Fagetalia SCAM. et PASS. 59 – Eutrophe Buchen- und Hainbuchenwälder
  - V Asperulo-Fagion KNAPP 42 em. TX. 55 – Waldmeister-Buchenwälder
  - V Eu-Carpinion SCAM. et PASS. 59 – Eu-mesotrophe Eichen-Hainbuchen-Wälder
- O Luzulo-Fagetalia SCAM. et PASS. 59 – Mesotrophe Buchen- und Hainbuchen-Wälder
  - V Luzulo-Fagion LOHM. et TX. 54 – Hainsimsen-Buchen-Wälder

K Quercetea robori-petraeae BR.–BL. et TX. 43 – Bodensaure Laubmischwälder
- O Quercetalia robori-petraeae TX. 31 – Bodensaure Eichen-Mischwälder
  - V Agrostidi-Quercion SCAM. et PASS. 59 – Straußgras-Eichen-Mischwälder
  - V Molinio-Quercion SCAM. et PASS. 59 – Pfeifengras-Eichen-Mischwälder

K Quercetea pubescenti-petraeae (OBERD. 48) DOING 55 – Eichen-Trockenwälder
- O Quercetalia pubescentis BR.–BL. 31

Immergrüne Nadelwaldgesellschaften

K Uliginosi-Betulo-Pinetea PASS. 68 – Birken-, Kiefern- und Fichten-Moorwälder

K Vaccinio-Piceetea BR.-BL. 39 em. PASS. 63 – Eurosib. Fichten- und Kiefern-Wälder

O Vaccinio-Piceetalia BR.-BL. 39 em. PASS. 63 – Eurosib.-kont. Fichtenwälder

V Vaccinio-Piceion BR.-BL. 38 em. W. KOCH 54 – Europ. Fichten-Wälder

V Vaccinio-Abietion OBERD. 62 – Beerstrauch-Tannen-Mischwälder

O Vaccinio-Pinetalia SCAM. et PASS. 59 em. PASS. 68 – Moosreiche Kiefern-Wälder

V Dicrano-Pinion MATUSZ. 62 em. SCHUB. 72

K Erico-Pinetea HORVAT 59 – Eurosib. Kiefern-Trockenwälder

O Erico-Pinetalia HORVAT 59

V Erico-Pinion BR.-BL. 39

Sommergrüne Laubgebüsche

K Carici-Salicetea cinereae PASS. 68 – Seggen-Grauweiden-Gebüsche

K Salicetea purpureae MOOR 58 – Weiden-Ufergebüsche und -gehölze

O Salicetalia purpureae MOOR 58

V Salicion albae (SOÓ 47) TX. 55 – Silberweiden-Gehölze

K Crataego-Prunetea TX. 62 – Weißdorn-Schlehen-Gebüsche

O Prunetalia TX. 52 – Schlehen-Hecken und -Gebüsche

V Berberidion BR.-BL. 50 – wärmeliebende Gebüsche

K Urtico-Sambucetea DOING 62 em. PASS. 68 – Brennessel-Holunder-Gebüsche

O Rubo-Sambucetalia OBERD. 57 – Holunder-Schlag-Gebüsche

K Betulo-Franguletea (DOING 62) PASS. 68 – Bodensaure Laubgesträuche

O Rubo-Franguletalia PASS. 68 – Brombeer-Pulverholz-Gesträuche

K Betulo-Adenostyletea BR.-BL. 48 – Arkt.-alp. Hochstauden u. Gebüsche

O Adenostyletalia alliariae BR.-BL. 25 – Frische subalp. Hochstauden u. Gebüsche

Immergrüne Zwergstrauchheiden

K Calluno-Ulicetalia BR.-BL. et TX. – Heidekraut-Stechginsterheiden

O Vaccinio-Genistetalia SCHUB. 60 – Subatl.-zentraleurop. Beerkraut-Ginsterheiden

V Calluno-Genistion DUV. 44 – Subatl. Ginster-Heiden

V Euphorbio-Callunion SCHUB. 60 – Zentraleurop. Heidekraut-Heiden

Waldnahe Staudenfluren

K Galio-Urticetea dioicae PASS. 67 – Mesophile Staudenfluren
 O Galio-Alliarietalia (TX. 50) OBERD. 67 – Gebüschschleier- u. Saumgesellschaften
  V Convolvulion sepii TX. 47 ap. OBERD. 49 – Staudenröhrichte
K Epilobietea angustifolii TX. et PRSG. 50 em. SCHUB. 72 – Bodensaure Schlagfluren u. Säume
 O Epilobietalia angustifolii TX. 50
  V Melampyrion pratensis PASS. 67 – Bodensaure Saumgesellschaften
  V Atropion belladonnae BR.-BL. 30 em. OBERD. 57 – Basiphile Schlagfluren
K Trifolio-Geranietea sanguinei TH. MÜLL. 61 – Thermophile Staudenfluren
 O Origanetalia TH. MÜLL. 61
  V Trifolion medii TH. MÜLL. 61 – Mesophile Kleesäume u. Schlagfluren
  V Geranion sanguinei TX. ap. TH. MÜLL. 61 – Xerophile Säume und Schlagfluren

Alpine Rasengesellschaften

K Elyno-Seslerietea BR.-BL. 48 – Alpine Kalkgesteinsrasen
 O Seslerietalia variae BR.-BL. 26 – Alpine Kalkgesteinsrasen

Pioniervegetation auf Fels- und Gesteinsschutt

K Asplenietea rupestris BR.-BL. 34 – Mauer-Felsspalten-Gesellschaften
 O Potentilletalia caulescentis BR.-BL. 26 – Kalkfelsfugen- u. Mörtelfugen-Gesellschaften
  V Potentillion caulescentis BR.-BL. 26

Süßwasser-, Ufer-, Quell- und Verlandungsgesellschaften

K Lemnetea W. KOCH et TX. ap. OBERD. 57 – Wasserschweber-Gesellschaften
K Potamogetonetea TX. et PRSG. 42 – Laichkraut-Gesellschaften
 O Potamogetonetalia W. KOCH 26
  V Nymphaeion OBERD. 57 – Schwimmblatt-Gesellschaften
K Montio-Cardaminetea BR.-BL. et TX. 43 – Quellfluren
 O Montio-Cardaninetalia PAWL. 28
  V Cardamino-Montion BR.-BL. 25 – Kalkarme Quellfluren
K Phragmitetea TX. et PRSG. 42 – Röhrichte und Großseggen-Sümpfe
 O Phragmitetalia W. KOCH 26
  V Phragmition W. KOCH 26 – See- und Teichröhrichte

Pflanzengesellschaften der Sümpfe und Moore

K Scheuchzerio-Caricetea fuscae NORDH. 36 – Kleinseggensümpfe
  O Caricetalia fuscae W. KOCH 26 – Braunseggensümpfe
  O Tofieldietalia PRSG. ap. OBERD. 49 – Basenreiche Flachmoorsümpfe u. Rieselfluren
K Oxycocco-Sphagnetea BR.-BL. et TX. 43 – Hochmoor-Gesellschaften

Vegetation der Grasfluren und Wiesen

K Ammophiletea BR.-BL. et TX. 43 – Stranddünen-Gesellschaften
  O Elymetalia arenarii BR.-BL. et TX. 43
    V Ammophilion borealis TX. 55 – Atl. Hauptdünen-Gesellschaften
K Corynephoretea BR.-BL. et TX. 43 em. TX. 55 – Silbergrasreiche Pionierfluren
  O Corynephoretalia (KLIKA 31) TX. 55
    V Corynephorion KLIKA 31 – Silbergras-Pionierfluren
K Sedo-Scleranthetea BR.-BL. 55 – Mauerpfefferreiche Pionierfluren
  O Sedo-Scleranthetalia BR.-BL. 55 Mauerpfefferreiche Fels-Pionierfluren
  O Festuco-Sedetalia TX. 51 – Pionierfluren auf mineralkräftigen Sand- und Grusböden
K Festuco-Brometea BR.-BL. et TX. 43 – Basiphile Xerothermrasen
  O Brometalia erecti BR.-BL. 36 – Submed. Trocken- und Halbtrockenrasen
    V Mesobromion BR.-BL. et MOOR 38 em. OBERD. 49 – Submed. Halbtrockenrasen
  O Festucetalia valesiacae BR.-BL. et TX. 43 – Kont. Tocken- u. Halbtrockenrasen
    V Cirsio-Brachypodion HAD. et KLIKA 44 – Kont. Halbtrockenrasen
K Molinio-Arrhenatheretea TX. 37 – Wirtschaftswiesen
  O Arrhenatheretalia PAWL. 28 – Frischwiesen u. Frischweiden
    V Arrhenaterion elatioris (BR.-BL. 25) W. KOCH 26 – Fettwiesen
    V Polygono-Trisetion BR.-BL. 48 – Gebirgs-Goldhaferwiesen
    V Cynosurion TX. 47 – Koll.-mont. Fettweiden
  O Molinietalia W. KOCH 26 – Feuchtwiesen
    V Calthion TX. 37 – Stickstoffliebende Naßwiesen
    V Filipendulion (BR.-BL. 47) LOHM. ap. OBERD. 67 – Hochstaudensäume der Fließgewässer
    V Molinion W. KOCH 26 – Pfeifengras-Wiesen
  O Nardetalia PRSG. 49 – Borstgras-Weiden
    V Nardo-Galion PRSG. 49 – Koll.-mont. Borstgras-Triften

K Bidentetea tripartitae TX., LOHM. et PRSG. 50 – Zweizahn-Gesellschaften
  O Bidentetalia tripartitae BR.-BL. et TX. 43
    V Chenopodion rubri TX. 60 – Flußufer-Zweizahn-Gesellschaften
K Chenopodietea OBERD. 57 em. LOHM., J. et R. TX. 61 – Melden-Ruderal-Intensivhackfrucht- u. Garten-Unkrautgesellschaften
  O Polygono-Chenopodietalia (TX. et LOHM. 50) J. TX. 61 – Intensivhackfrucht- u. Garten-Unkrautgesellschaften
    V Fumario-Euphorbion (TH. MÜLL.) GÖRS 66 – Basiphile Intensivhackfrucht- u. Garten-Unkrautgesellschaften
  O Sisymbrietalia J. TX. 61 em. GÖRS 66 – Ruderale Rauken- u. Melden-Fluren
    V Sisymbrion TX., LOHM. et PRSG. 50
  O Onopordetalia BR.-BL. et TX. 43 em. GÖRS 66 – Wärmeliebende Eselsdistel-Gesellschaften
    V Dauco-Melilotion GÖRS 66 – Steinklee-Gesellschaften
K Secalietea BR.-BL. 51 – Segetal-Unkrautgesellschaften
  O Aperetalia J. et R. TX. 60 – Windhalm-Äcker
    V Aphanion J. et R. TX. 60 – Oligotrophe Sinau-Gesellschaften
  O Secaletalia BR.-BL. 36 – Basiphile Ackerhahnenfuß-Gesellschaften
    V Caucalidion lappulae TX. 50 – Basiphile Haftdolden-Gesellschaften
K Artemisietea LOHM., PRSG. et TX. 50 – Beifuß-Schuttgesellschaften
  O Artemisietalia LOHM. ap. TX. 47 – Hochstauden-Unkrautgesellschaften
    V Arction TX. (37) 47 – Kletten-Gesellschaften
K Agropyretea repentis OBERD., TH. MÜLL. et GÖRS ap. OBERD. 67 – Quecken-Pionierfluren
  O Agropyretalia repentis OBERD., TH. MÜLL. et GÖRS ap. OBERD. 67
    V Convolvulo arvensis-Agropyrion repentis GÖRS 66
K Plantaginetea TX. et PRSG. 50 – Tritt- und Pionierrasen nährstoffreicher Standorte
  O Agrostietalia stoloniferae OBERD. 67 – Straußgras-Flutrasen u. feuchte Brachen u. Weiden
    V Agropyro-Rumicion NORDH. 40
  O Plantaginetalia TX. et PRSG. 50 – Wegerich-Trittrasen
    V Polygonion avicularis BR.-BL. 31

Lebensdauer und Wuchsformen

hapaxanthe Pflanzen – nur einmal blühende Pflanzen, die ihre Individualentwicklung mit der erstmaligen Frucht- und Samenbildung beenden.

einjährige Pflanzen (Annuelle) – Pflanzen, deren Lebenslauf sich innerhalb einer Vegetationsperiode vollzieht, d. h. sie keimen, bilden Assimilationsorgane, blühen, bilden Samen oder Sporen und sterben ab.

überwinternde Pflanzen (Winterannuelle) – Pflanzen, die am Ende einer Vegetationsperiode (im Herbst) keimen, die ersten vegetativen Organe (in der Regel eine Blattrosette) ausbilden, in diesem Stadium überwintern und ihre Entwicklung in der nachfolgenden Vegetationsperiode abschließen, d. h. blühen, fruchten und absterben.

zweijährige Pflanzen (Bienne) – Pflanzen, die für ihre Entwicklung zwei Sommer und den dazwischenliegenden Winter benötigen. Im ersten keimen sie, bilden vegetative Organe aus und überwintern in diesem Zustand (meist mit einer grundständigen Blattrosette). In der nachfolgenden Vegetationsperiode beenden sie die Entwicklung der vegetativen Organe, der Blüten und Früchte und sterben dann ab.

mehrjährige Pflanzen – Pflanzen, die bis zur Blühfähigkeit mehrere Jahre brauchen, d. h. die in der ersten Vegetationsperiode keimen, vegetative Organe (meist eine grundständige Blattrosette) ausbilden und in diesem Zustand überwintern, ja sogar mehrere Jahre überdauern oder weitere vegetative Organe ausbilden. Erst in der letzten Vegetationsperiode ihres Lebens blühen sie, bilden Samen und sterben ab.

mehrfach fruchtende Pflanzen – mehrere Vegetationsperioden hindurch alljährlich blühende und fruchtende Pflanzen

ausdauernde Pflanzen (Perennierende) – Pflanzen, deren krautige Organe jedes Jahr absterben, die aber ungünstige Vegetationsbedingungen in oft unterirdischen Organen, an denen sich Erneuerungsknospen befinden, überdauern. Sie fruchten in der Regel Jahr für Jahr.

Polsterpflanzen – ausdauernde Pflanzen mit vielen zahlreichen, dichten, radial ausgebreiteten Ästen, die nur kurze jährliche Zuwächse haben. Die Form des gesamten Polsters ist halbkugelig. Zwischen den Ästen wird aus abgestorbenen Blättern und angetragener Erde Humus gebildet, der oft den Boden für andere Pflanzen bildet.

rasenbildende Pflanzen – Pflanzen, die aus einem dichten Büschel abgestorbener und lebender Stengel und Blätter bestehen, zwischen denen sich Erde angesammelt hat und die mehr oder weniger über dem umliegenden Boden erhaben sind.

Halbsträucher – ausdauernde Pflanzen, deren untere Stengelteile verholzen und über der Erde überdauern, während die oberen Teile der blütentragenden Triebe krautig bleiben und alljährlich absterben.

Chamaephyten – Pflanzen, deren Überdauerungsknospen bis 25–50 cm über dem Boden liegen (Zwergsträucher).

Hemikryptophyten – Pflanzen, deren Überwinterungsknospen in unmittelbarer Nähe des Erdbodens liegen (z. B. Horstgräser, Rosettenpflanzen).

Geophyten – Pflanzen, die mit unterirdischen Organen (Knollen, Zwiebeln, Rhizomen) den Winter überdauern.

Therophyten – Pflanzen, die nur als Same überdauern (einjährige).

Konsistenz und Elastizität

krautig – weich bis fleischig, meist grün und saftig

häutig – flach, dünn, meist nicht grün, in der Regel durchscheinend bis durchsichtig, trocken

knorpelig – hart, fest, elastisch, in der Regel nicht grün

lederig – flach, dick, hart, fest, elastisch und nicht saftig

weich – sehr wenig fest, unelastisch, mit schwachem Druck zusammendrückbar

fleischig – halbfest, mehr oder weniger saftig, leicht zu schneiden

trockenhäutig – dünnhäutig, mehr oder weniger durchscheinend, nicht grün, mehr oder weniger glänzend, raschelnd

trocken – ohne Saft

dick – krautig und fleischig, oft saftig

hart – durch Fingerdruck nicht zusammendrückbar, etwas elastisch

welk – weich, meist grün, wenig saftig, schlaff

milchend – milchsaftführend, d. h. bei Verletzung Milchsaft abgebend

durchsichtig – licht- und farbdurchlässig, oft sogar Einzelheiten einer Zeichnung erkennbar

durchscheinend – licht- und farbdurchlässig, feinere Zeichnungen sind jedoch nicht erkennbar

Richtung und Lage der pflanzlichen Organe

apikal – spitzenständig, oben befindlich, an der Spitze befindlich, zur Spitze hin gelegen oder aus dem Spitzenmeristem entstehend

basal – grundständig, am untersten, der Spitze entgegengesetzten Teil eines Organs befindlich

lateral – seitlich, an den Seiten eines anderen, in der Regel verlängerten Organs befindlich

stengelbürtig – an einer beliebigen Stelle des Stengels wachsend

abwärts (nach unten) gerichtet – in Richtung zur Basis (zum Grund) eines Organs oder einer Pflanze, z. B. Stengel nach unten zu verdickt

geotrop – in Richtung der Schwerkraft wachsend

oberwärts, aufwärts (nach oben) gerichtet – in Richtung zur Spitze eines Organs oder einer Pflanze, z. B. Stengel oberwärts verschmälert

endständig, gipfelständig, terminal – am Ende, am Gipfel eines anderen Organs wachsend – endständige, gipfelständige oder Terminalblüte

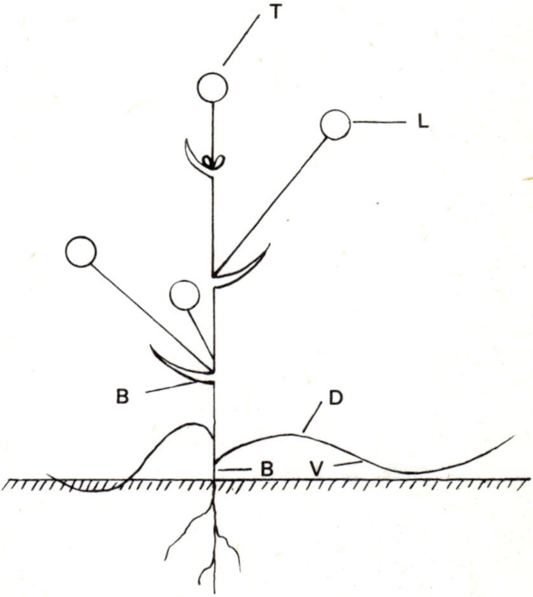

Abb. 1. *Stellung der Organe an der Pflanze:*
B – basal (grundständig), L – lateral (seitlich), V – ventral (bauchseitig), D – dorsal (rückenständig), T – terminal (end-, gipfelständig).

randständig, marginal – am Rande eines anderen, meist flachen Organs befindlich

orthotrop – annähernd senkrecht, vertikal, rechtwinkelig zur Erdoberfläche wachsend (z. B. der Stengel der meisten Pflanzen)

achselständig, axillar – aus der Blattachsel am Stengel wachsend

unterständig, bauchseitig, ventral – an der Unterseite waagerechter Seitentriebe oder Blätter befindlich

schräg – gerade, aber in einer Richtung wachsend oder stehend, die mit der Oberfläche eines anderen Organs einen Winkel kleiner als 90° bildet.

waagerecht, horizontal – parallel zur Erdoberfläche wachsend

rückwärts abstehend – ein stumpfwinkelig (90°–145°) abstehendes Seitenorgan

oberseits, rückenständig, dorsal – auf der Oberseite waagerechter Organe oder Blätter wachsend

gebogen – über die gesamte Länge im Bogen gekrümmt

nickend – in weitem Bogen nach unten gebogen und mit dem Ende senkrecht hängend

hängend – in einem schmalen Bogen nach unten gebogen und mit dem langen Ende senkrecht herabhängend

anliegend – mehr oder weniger dicht an einem anderen Organ anliegendes Seitenorgan

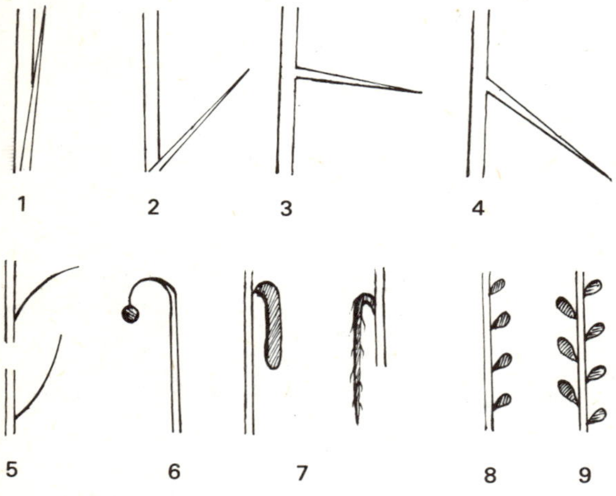

Abb. 2. *Ablaufwinkel zweier Organe (Neigungswinkel).*
1. anliegend, 2. schräg abstehend, 3. waagerecht abstehend, 4. rückwärts abstehend (ausgespreizt, sperrig), 5. gebogen, gekrümmt, 6. nickend, 7. hängend, 8. einseitswendig, 9. zweiseitig.

gleichgewichtig abstehend, ausgebreitet – mehr oder weniger rechtwinkelig abstehendes Seitenorgan oder Auswuchs

zweiseitig, bilateral – aus Organen oder Teilen an zwei gegenüberliegenden Seiten bestehend

einseitig, unilateral – aus an einer Seite befindlichen Organen oder Teilen bestehend

allseitig – in der Regel verlängertes Organ mit nach allen Seiten ausgebreiteten Teilen oder Organen

Die Entfernung der pflanzlichen Organe voneinander

dichtgedrängt – auf einem kleineren Raum einer Fläche oder eines Organs dicht beieinander befindlich

kontinuierlich (nicht unterbrochen) – ohne Zwischenraum relativ dicht gedrängt an einem anderen gemeinsamen Organ

Abb. 3. *Entfernung der Organe voneinander:*
1. locker, 2. unterbrochen, 3. kontinuierlich, 4. zusammengedrängt (dichtgedrängt).

unterbrochen – mehr oder weniger dicht gedrängte Organe mit unregelmäßigen Zwischenräumen an einem anderen verlängerten Organ

entfernt – mit deutlichen Abständen zwischen den einzelnen Auswüchsen oder Organen an einem anderen Organ

verstreut – unregelmäßig, relativ weit voneinander entfernt an der Oberfläche eines gemeinsamen Organes verteilt

Auswüchse an der Oberfläche der Organe

Haar – ein- oder mehrzelliger Auswuchs an der Oberfläche der pflanzlichen Organe, der aus einer Hautzelle entstanden ist. Es kann unverästelt oder verästelt, weich oder hart sein. Haare können in ein- oder mehrzellige Köpfchen enden, die gewöhnlich Sekrete ausscheiden und die Funktion einer Drüse ausüben – *drüsige Haare.*

Papille – kegelige Haargebilde bzw. Ausstülpungen der Außenwand einer Oberhautzelle

fädliches Haar – einfaches, dünnes und gerades Haar

welliges Haar – sehr dünnes, regelmäßig gewelltes Haar

gegliedertes Haar – mehrzelliges Haar mit deutlich sichtbaren Querteilungen (Gliedern)

Brennhaar – festes, hohles, kegeliges Haar, das antibiotische Stoffe enthält, die nach Abbrechen der zarten Spitze (bei Berührung) in die Haut eines Lebewesens eindringen und ein brennendes Gefühl hervorrufen.

Sternhaar – meist sitzendes Haar, das in mehrere strahlig angeordnete Zipfel verzweigt ist.

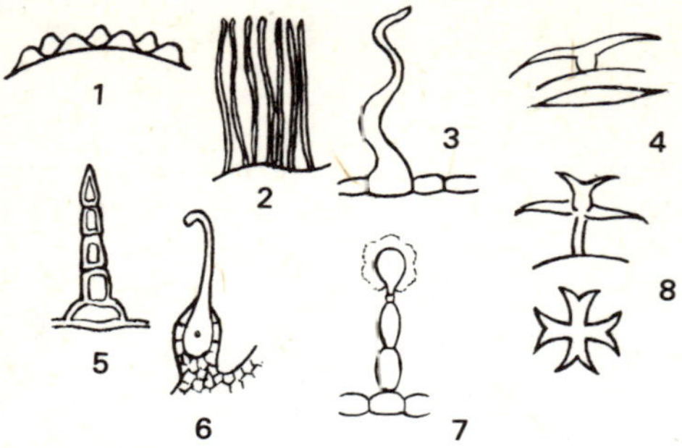

Abb. 4. *Haarige Auswüchse an der Oberfläche der Organe:*
1. Papillen, 2. gerade, fädliche Haare, 3. wellige Haare, 4. spindelige Haare, 5. gegliedertes Haar, 6. Brennhaar, 7. drüsiges Haar, 8. Sternhaare.

Borste – einfaches, starres und elastisches Gebilde an der Oberhaut eines Organs, zur Spitze verjüngt

Wimper – einfaches, dünnes, meist langes Trichom, in Reihen am Rand oder an den Blattnerven, den Leisten der Stengel wachsend

Stachel – starres bis hartes, scharf spitzes, stechendes Gebilde an der Epidermis der Organe

Dorn – relativ starres, spitzes, holziges Gebilde, meist durch Zuspitzung eines verkürzten Sprosses entstehend (Brachyblast)

Die Oberflächenbeschaffenheit des Pflanzenkörpers

glatt – Organe, die an ihrer Oberfläche weder Erhebungen noch Vertiefungen aufweisen.

kahl – Organe, deren Oberhaut keine Haare aufweist.

kahl werdend – Organ, von dem im Alter die Haare abfallen.

matt – kahle Pflanzenorgane, die schwach lichtreflektierend sind.

stark glänzend – kahle und glatte Pflanzenorgane, die stark lichtreflektierend sind.

gefurcht – meist längliches Organ, das mit parallelen, mehr oder weniger flachen Vertiefungen bedeckt ist.

gerippt – längliches Organ mit beträchtlich hervortretenden, meist etwas voneinander entfernten Erhöhungen *(Rippen)*

netzartig – ein Organ mit Furchen oder Leisten, die senkrecht oder schräg zueinander verlaufen, so daß sie eine netzartige Zeichnung an der Oberfläche dieses Organs ausbilden.

bereift – Pflanzenorgane mit grauer Farbe, die von einer leicht abwischbaren Wachsschicht herrührt.

klebrig – Pflanzenorgane, deren Oberfläche mit einer dünnen, klebrigen Schicht bedeckt ist.

rauh – Pflanzenorgane, die sich durch kurze, starre Haare oder Auswüchse rauh anfühlen.

warzig – Organe, die mit winzigen, an der Oberfläche scharf hervortretenden Warzen besetzt sind.

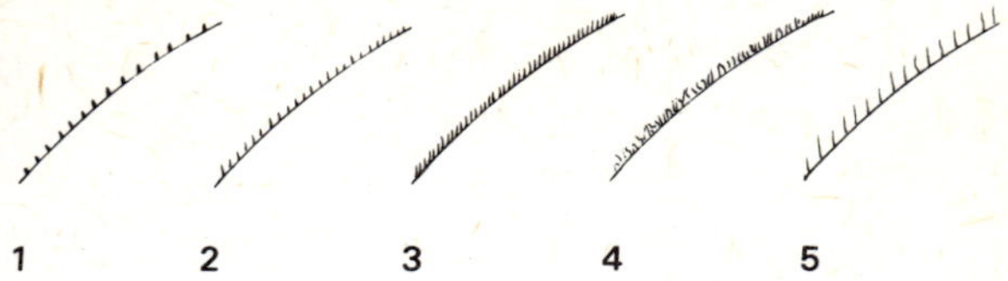

Abb. 5. *Bekleidung des Pflanzenkörpers mit kurzen Trichomen:*
1. rauh, 2. schwachflaumhaarig, 3. dichtseidenbehaart, samtartig, 4. flaumhaarig, 5. behaart.

dichtseidenhaarig – Pflanzenorgane, besetzt mit dichten und feinen Haaren, die eine weiche, glänzende Oberfläche ausbilden.

flaumhaarig, flaumig – Pflanzenorgane, deren Oberfläche feine, kurze und ziemlich dichte Haare bedecken; sind die Haare dünn und fühlen sich schwach rauh an, dann ist das Organ *schwach flaumhaarig*.

behaart – Pflanzenorgane, deren Oberfläche mit Haaren bedeckt ist. Je nach Haarlänge kann ein Organ *kurz-* oder *langhaarig* sein, nach der Haarstellung an der Oberfläche des Pflanzenorganes – *abstehend behaart, waagerecht abstehend behaart, schräg abstehend behaart, anliegend behaart* usw., nach der Haardichte kann es dünn oder *schwach behaart* oder *dicht behaart* sein. Fühlen sich die das Organ bedeckenden Haare weich an, dann ist es *weich behaart*, fühlen sie sich rauh an, dann ist es *rauh behaart*. Nach der Haarfarbe kann ein Organ *weiß behaart, silbrig behaart, rostrot behaart* usw. sein. Die Haare bedecken meist die ganze Fläche des Organs. In seltenen Fällen sind die Haare z. B. am Stengel nur in einer Reihe stehend und der übrige Stengelteil ist kahl, in einem solchen Falle ist der Stengel *einzeilig* oder *einreihig behaart*. Wenn die Haare in gegenüberliegenden Reihen angeordnet sind und der Zwischenraum zwischen ihnen kahl ist, dann ist der Stengel *zweireihig* oder *zweizeilig behaart*.

seidig – Organe, deren Oberfläche mit dichten, mehr oder weniger glänzenden und sehr dichtgedrängten, in einer Richtung anliegenden Haaren besetzt ist.

spinnwebig – Organe, deren Oberfläche mit dichten, unregelmäßig gebogenen und anliegenden, fädlichen Haaren bedeckt ist.

wollig – Organe, deren Oberfläche mit feinen, fädlichen, langen, wolligen und dabei dichtstehenden Haaren bedeckt ist, die um das Organ eine Filzschicht bilden, in der jedoch einzelne Haare zu erkennen sind.

filzig – Organe, deren Oberfläche sowohl mit einzelligen als auch mehrzelligen, unverästelten und verästelten Haaren bedeckt ist, die fest miteinander verflochten sind und eine kompakte, nicht glänzende Schicht um das Organ bilden, in der keine Einzelhaare zu erkennen sind und durch die die Oberfläche des Organs nicht zu sehen ist.

Abb. 6. *Bekleidung mit weichen Trichomen:*
1. zottig, 2. seidig, 3. wollig, 4. spinnwebig.

zottig – Organe, die mit langen, weichen, dichten, oft abstehenden Haaren besetzt sind.

steifhaarig – Organe, deren Oberfläche harte, elastische oder unelastische, mehr oder weniger dichte Haare bedecken, nach der Haarlänge werden *lang steifhaarige* und *kurz steifhaarige* Organe unterschieden.

borstig – Organe, deren Oberfläche von dichten, festen, langen, unten mehr oder weniger verbreiterten und oft stechenden Haaren bedeckt ist.

gewimpert – Organe, die am Rande relativ lange und abstehende Haare besitzen.

drüsig-behaart – Organe bedeckt mit kurzen oder längeren Haaren, die in einer Drüse enden, die ein Sekret oder Exkret ausscheidet.

brennend – Pflanzenorgane bedeckt mit mehrzelligen, hohlen Haaren, die ein Sekret ausscheiden, das bei Berührung durch die abgebrochene Spitze der Terminalzelle des Haares in die Haut eindringt und ein brennendes Gefühl hervorruft.

bärtig – auf einer begrenzten Stelle mit einem Bündel längerer, etwas starrer Haare bedeckt

dornig – mit mehr oder weniger dicken, scharfen, fast kegeligen Auswüchsen (Dornen) bewachsen

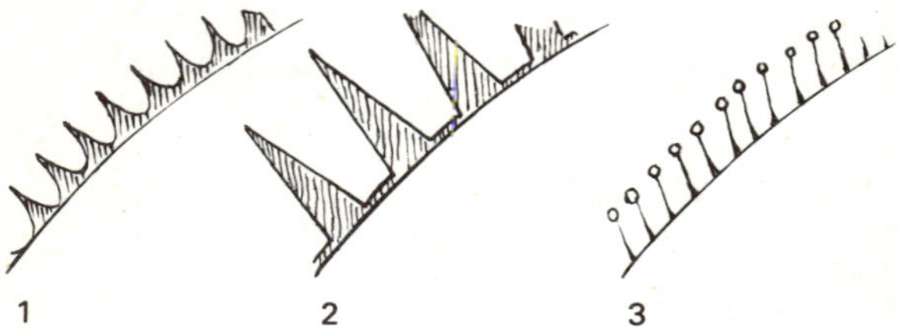

Abb. 7. *Bekleidung mit harten Trichomen:*
1. feinstachelig, 2. dornig, 3. drüsig.

Morphologie der Wurzel

Wurzel – holziges oder krautiges, meist unterirdisches Organ höherer Pflanzen. Sie befestigt die Pflanze im Boden (mechanische Funktion) und entnimmt diesem Nährlösungen (physiologische

Funktion). Sekundär kann die Wurzel ein Speicherorgan oder ein Organ der vegetativen Fortpflanzung sein. Die Wurzel wächst an ihrer Spitze durch die Tätigkeit des oberen Teilungsgewebes (Meristem), das von einem Schutzgewebe – hier *Wurzelhaube* genannt – geschützt wird; eine *Scheinhaube* ersetzt bei manchen Wasserpflanzen die meist fehlende Wurzelhaube, sie entsteht aus einem Gewebe-rest der Rinde, die die Wurzel bei ihrer endogenen Entstehung durchbricht, oder aus Resten der Wurzelscheide.

Wurzelscheide, Koleorhiza – Wurzelscheide am Keim der einkeimblättrigen Pflanzen, die mit dem Wachsen der Wurzel zerreißt und eine kurze, röhrige Scheide an der jungen Wurzel hinterläßt (in wenigen Fällen bleibt sie an der Spitze der Wurzel zurück und bildet eine Scheinhaube).

Adventivwurzel – Wurzeln, die sich an einem beliebigen Teil des pflanzlichen Körpers außer der Wurzel bilden (an Blättern, Stengeln u. a.). Häufig bilden sie sich an der Basis der Grashalme und ersetzen hier die Funktion der Wurzeln – *Ersatzwurzeln.*

Hauptwurzel – in der Regel die längste und dickste, meist senkrecht nach unten wachsende Wurzel

Seitenwurzel – Zweig der Hauptwurzel, der meist schräg nach unten, oder mehr oder weniger waagerecht zur Erdoberfläche wächst.

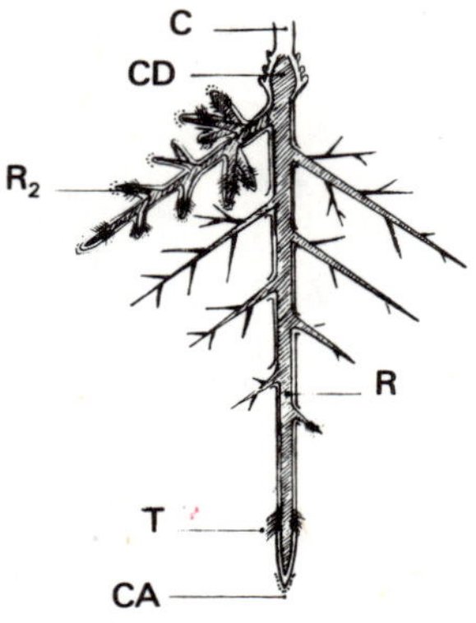

Abb. 8. *Schematische Darstellung der Wurzel einer zweikeimblättrigen Pflanze:* C – Sproßachse (Stengel), CA – Wurzelhaube, CD – Wurzelhals/-kopf, R – Hauptwurzel, R_2 – Seitenwurzel, T – Wurzelhaare.

Wurzelkopf – der mehr oder weniger verdickte Teil der Wurzelbasis, an dessen Bau auch die Stengelbasis beteiligt ist, er kann *einfach* und *verzweigt* sein.

Wurzelsystem – Gesamtheit aller Wurzeln einer Pflanze

echtes Wurzelsystem, Allorhizie – wird von der Hauptwurzel und der Gesamtheit aller Seitenwurzeln gebildet.

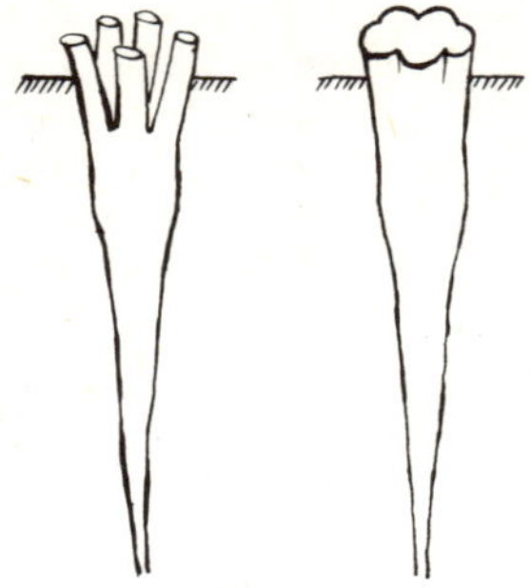

Abb. 9. 1. verzweigter Wurzelhals, 2. ungeteilter Wurzelhals.

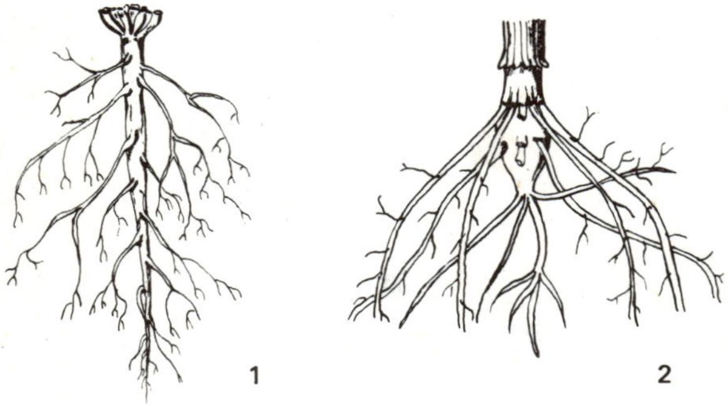

Abb. 10. *Wurzelsystem:*
1. echtes Wurzelsystem, 2. unechtes Wurzelsystem.

unechtes Wurzelsystem, Homorhizie – wird nur von mehr oder weniger verzweigten Adventivwurzeln gebildet.

Faserwurzel – dünne, wenig verzweigte Pflanzenwurzel

walzige, zylindrische Wurzel – meist nicht verholzte, über die gesamte Länge mehr oder weniger gleichstarke Wurzel

kegelige Wurzel – sie ist am dicksten an ihrer Basis und wird in Richtung zur Spitze allmählich dünner

spindelige Wurzel – Pflanzenwurzel, die im mittleren Teil am dicksten ist und sich zur Spitze sowie zur Basis hin verjüngt.

rübenförmige Wurzel – stark verdickte Wurzel, die plötzlich schmaler wird.

Pfahlwurzel – mäßig verdickte und verholzte Wurzel, die senkrecht nach unten wächst und die Pflanze relativ tief im Boden befestigt.

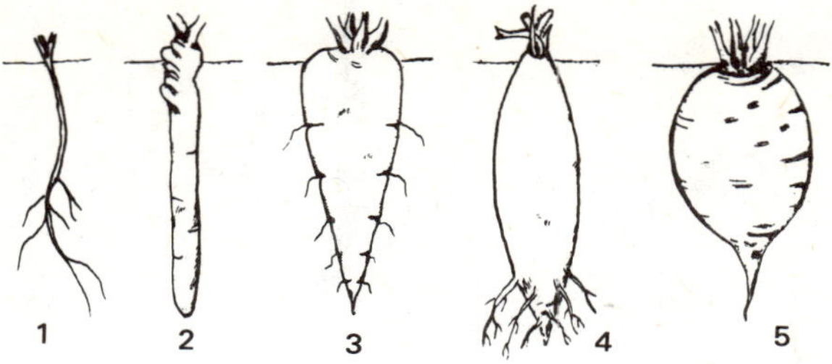

Abb. 11. *Morphologie der Wurzel:*
1. Faserwurzel, 2. walzige Wurzel, 3. kegelige Wurzel, 4. spindelige Wurzel, 5. rübenartige Wurzel.

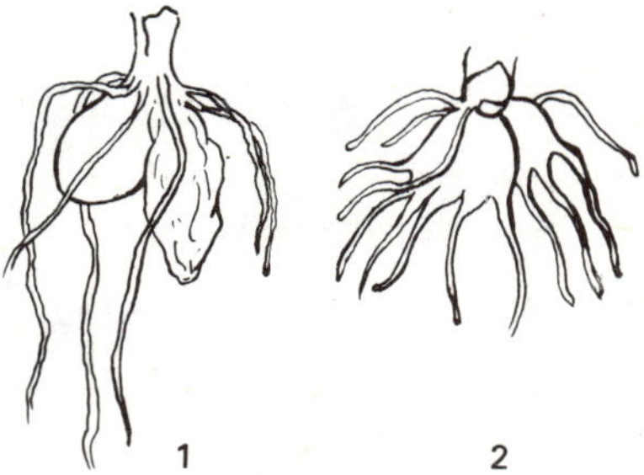

Abb. 12. *Wurzelumbildungen:*
1. Wurzelknolle – links diesjährig, rechts vorjährig, 2. handförmig geteilte Wurzelknolle.

Wurzelknolle – sehr stark verdickte Wurzel, die ihre Ernährungsfunktion verloren hat. Sie dient der Speicherung, und wenn sie eine Brutknospe besitzt, auch zur vegetativen Fortpflanzung.

Morphologie des Stengels

Sproßachse – ursprünglich das oberirdische Organ der Pflanze, das an der Spitze wächst und Blätter ausbildet. Die Sproßachse ist in *Knoten* und *Stengelglieder* unterteilt. Diese Gliederung der Sproßachse ist nicht immer deutlich erkennbar. Die Knoten sind die Stellen, aus denen die Blätter wachsen (Blattansatzstellen) und in deren Achseln zuweilen auch Tochtersprosse bzw. *Seitensprosse* ansetzen, während die Teile der Sproßachse ohne Blätter als Stengelglieder (Internodien) bezeichnet werden. Nur wenige Pflanzen haben unverzweigte Sproßachsen.

Verzweigung – Ausbildung von Seitensprossen (bei den meisten Gefäßpflanzen) oder Teilung der Wachstumsspitze (des Wachstums-

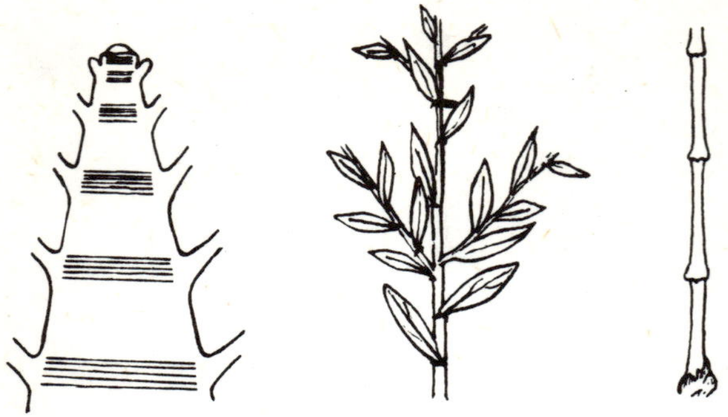

Abb. 13. 1. schematische Darstellung der Gliederung der Sproßachse (des Stengels), 2. undeutlich gegliederter Stengel, 3. deutlich gegliederter Stengel.

scheitels) in zwei selbständig im Wachstum fortfahrende Sprosse (einige Farngewächse)

gabelige, dichotome Verzweigung – der Vegetationskegel spaltet sich in zwei gleiche Scheitelbasen, die dann als Tochteräste weiterwachsen.

winkelständiges Blatt – ein Blatt an der dichotom verzweigten Sproßachse, das dicht vor der Verzweigungsstelle steht und mit seinem Hauptnerv den von beiden Ästen gebildeten Winkel halbiert.

homobrachiale, gleicharmige Dichotomie – dichotome Verzweigung, bei der sich beide Tochteräste gleichstark entwickeln und im gleichen Winkel von der Achse des Mutterinternodiums abneigen, so daß eine Gabel zwischen ihnen entsteht.

Dichopodium – wiederholte Verzweigung, bei der sich die Äste zweiter Ordnung erneut dichotom verzweigen und Äste dritter Ordnung bilden, die sich wiederum zu Ästen vierter Ordnung verzweigen usw.

Pseudomonopodium, dichotomes Sympodium – wiederholte dichotome Verzweigung, bei der kräftigere Äste scheinbar den geraden Hauptsproß bilden und schwächer entwickelte Sprosse scheinbar Seitenäste bilden. Das winkelständige Blatt halbiert den Gabelungswinkel und steht deshalb schräg an der Sproßachse.

holoblastische, monopodiale Verzweigung – Verzweigung, bei der sich der Wachstumsscheitel nicht teilt, sondern als Ganzes im Wachstum fortsetzt. Die Seitensprosse (Äste) entstehen an seinen Seiten, dicht über den Blattansatzstellen.

Monopodium – monopodiale Verzweigung, bei der der Hauptsproß am kräftigsten ist und die Richtung der Sproßachse im Wachstum beibehält, während die Seitensprosse (Äste) schwächer und in einem bestimmten Winkel von der Sproßachse abgeneigt sind.

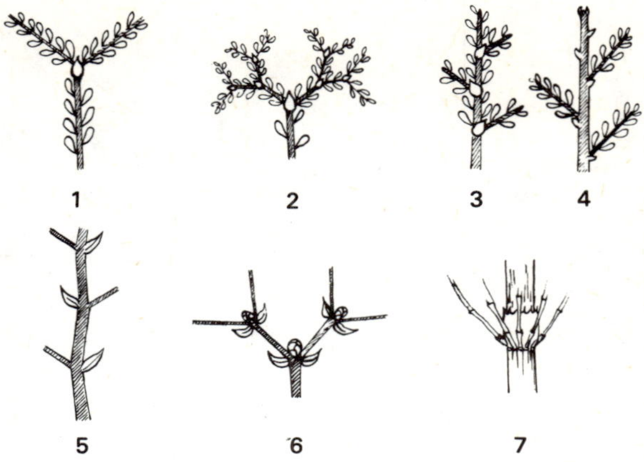

Abb. 14. *Verzweigung der Sproßachse (des Stengels):*
1. gleicharmige, homobrachiale Dichotomie, 2. Dichopodium, 3. Pseudomonopodium, dichotomisches Sympodium, 4. Monopodium, holoblastische Verzweigung, 5. Sympodium, monopodiales Sympodium, 6. Dichasium, gabelige Verzweigung, 7. quirliges Monopodium.

Dichasium – monopodiale Verzweigung der Mutterachse mit gegenständigen Blättern, wobei die Terminalknospe ihre Entwicklung einstellt und sich zwei gegenständige Seitenäste in gleicher Weise entwickeln.

quirliges Monopodium – monopodiale Verzweigung der Mutterachse, bei der unter dem Wachstumsscheitel die Blattansatzstellen in Quirlen angeordnet sind und dicht darunter quirlige Ansatzstellen der Seitenäste gebildet werden.

Sympodium – monopodiale Verzweigung, bei der der Seitenast sehr kräftig entwickelt ist und die Richtung des Muttersprosses einnimmt, dessen obere Glieder zur Seite gedrängt werden. Das kann sich auch an Sprossen höherer Ordnung wiederholen, so daß die resultierende Verzweigung einem Monopodium gleicht, der scheinbare Hauptsproß hier aber in seinem Bau nicht einfach ist, sondern von den basalen Gliedern der Äste gebildet wird, deren obere Glieder zur Seite gedrängt wurden und hier scheinbar Seitensprosse bilden. Das monopodiale Sympodium ist leicht von dem Monopodium anhand der gegenseitigen Orientierung der Blätter und Seitenäste zu unterscheiden. Während bei einem Monopodium die Seitensprosse in den Blattachseln wachsen, sind diese bei einem Sympodium dagegen scheinbare Seitensprosse.

unverzweigte Sproßachse – sie wächst ausschließlich in Richtung der Terminalknospe, die sich in einem bestimmten Entwicklungsstadium in die Blüte umwandelt.

einfache Sproßachse – wenig, meist nur im Blütenstand verzweigte Sproßachse

verzweigte Sproßachse – Sproßachse mit Seitenachsen

walzliche Sproßachse – über die ganze Länge gleich dick, im Querschnitt rund

stielrunde Sproßachse – über die ganze Länge mehr oder weniger dick, kantenlos, im Querschnitt mehr oder weniger rund oder breit elliptisch

zusammengedrückte Sproßachse – von beiden Seiten zusammengedrückt, an den Kanten abgerundet, elliptischer Querschnitt

kantige Sproßachse – über die ganze Länge mehr oder weniger gleich dick, von geraden Flächen begrenzt, die sich in den Kanten berühren.

dreikantige Sproßachse – durch drei Flächen begrenzt, die sich in drei Kanten berühren, im Querschnitt dreieckig.

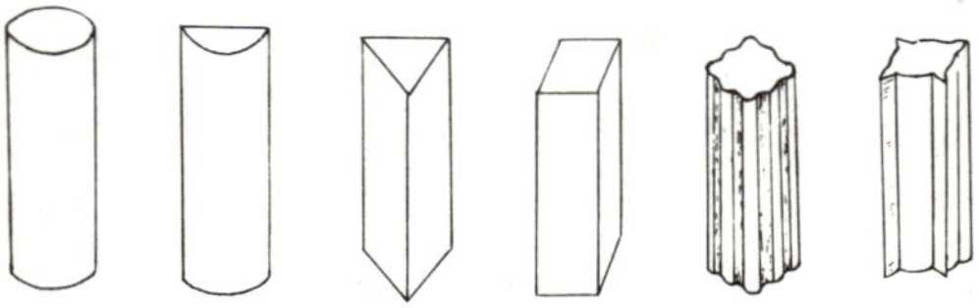

Abb. 15. *Querschnitte durch die Sproßachse (den Stengel):*
1. walzlich, 2. halbwalzlich, 3. dreikantig, 4. vierkantig, 5. gefurcht, 6. geflügelt.

undeutlich dreikantige Sproßachse – mit drei undeutlich hervorstehenden Kanten und drei meist konvexen Seiten

vierkantige Sproßachse – durch vier Flächen begrenzt, die sich in vier Kanten berühren, im Querschnitt viereckig.

undeutlich vierkantige Sproßachse – mit vier undeutlich hervorstehenden Kanten und vier meist konvexen Seiten

geflügelte Sproßachse – mit dünnen, abstehenden Längsleisten (Flügel)

gefurchte Sproßachse – über die ganze Länge mit parallelen, nicht tiefen Furchen

gerippte Sproßachse – mit stumpfen Kanten und scharfen Furchen, deren Wände leicht konvex sind.

aufrechte Sproßachse – gerade nach oben wachsender Sproß

aufgerichtete Sproßachse – aus einer schrägen Basis aufrecht wachsender Sproß

aufsteigende Sproßachse – aus einer kriechenden Basis im Bogen nach oben gekrümmter Sproß

niederliegende Sproßachse – über die ganze Länge auf der Erdoberfläche liegend, aber nicht wurzelnd

niedergestreckte Sproßachse – verzweigter und mit allen Ästen auf der Erdoberfläche liegender Sproß

liegende, niedergebogene Sproßachse – aus einer aufrechten Basis horizontal liegend und am Ende nach oben gebogen

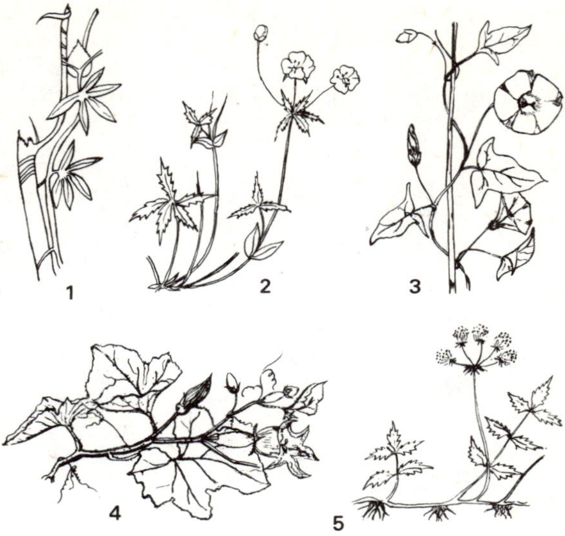

Abb. 16. *Wachstumsrichtung der Sproßachse (des Stengels):*
1. kletternd, 2. aufsteigend, 3. windend, 4. niedergebogen, liegend, 5. kriechend.

kriechende Sproßachse – niederliegender und an den Knoten verwurzelnder Sproß

kletternde Sproßachse – beim Wachsen sich auf verschiedene Weise an einer Stütze festhaltender (haftender) Sproß

windende Sproßachse – beim Wachsen sich um eine Stütze drehender Sproß

schwimmende Sproßachse – auf der Wasseroberfläche schwimmend

flutende Sproßachse – untergetaucht und in Richtung des Wasserlaufs schwebend

Stengel – mehr oder weniger weiche, nicht verholzende, einfache oder verzweigte oberirdische Sproßachse

Kraut – Pflanze, deren oberirdische Organe nicht verholzen. Sie sind mit Blättern bedeckt und sterben alljährlich am Ende der Vegetationszeit ab.

Schaft – blattlose, durch die Blüte oder den Blütenstand beendete Sproßachse, die aus der Mitte der Blattrosette hervorgeht.

Halm – meist hohler Stengel mit deutlich verdickten Knoten – *Halmknoten* (Gelenken), an denen langscheidige Blätter wachsen, die durch lange Glieder voneinander entfernt sind.

Scheinhalm – Stengel ohne Knoten, er bildet ein beträchtlich verlängertes, markerfülltes Glied.

Stolonen, ausläuferartige Sprosse – Seitensprosse mit stark verlängerten Gliedern, die plagiotrop (waagerecht oder schräg) aus

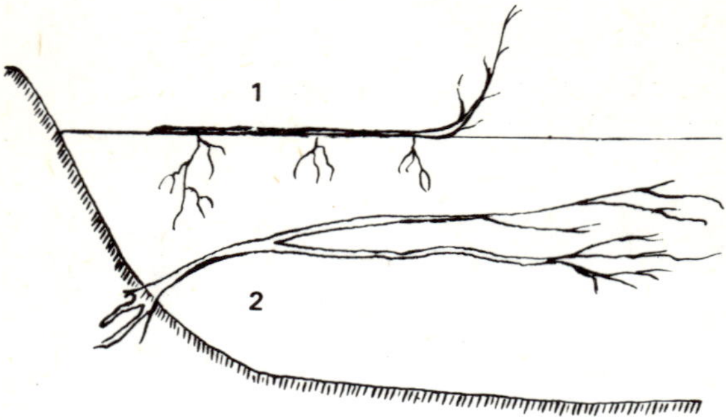

Abb. 17. *Stengel der Wasserpflanzen:*
1. flutend, 2. schwimmend.

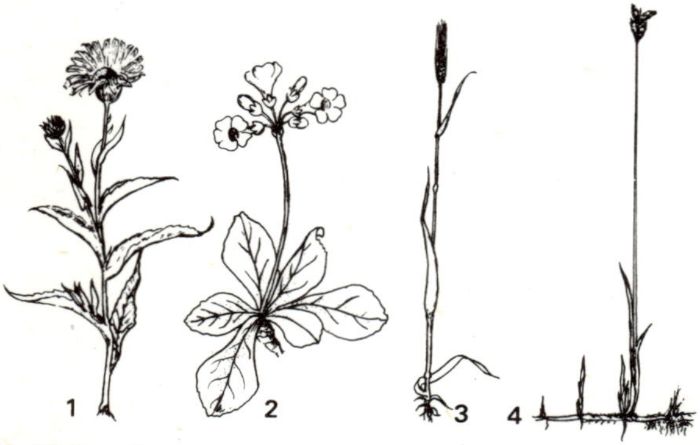

Abb. 18. *Stengelformen:*
1. krautiger Stengel, 2. Schaft, 3. Halm, 4. Scheinhalm.

den Blattachseln der grundständigen Blattrosette wachsen – *lichtliebende oberirdische Ausläufer* – oder aus den Wurzelstöcken als *unterirdische Ausläufer* hervorgehen.

Wurzelstock – unterirdischer, mehr oder weniger plagiotroper Sproß, der die Funktion einer Wurzel ausübt, die Blätter sind zu Schuppen reduziert. Fachausdrücke für die häufigsten morphologischen Eigenschaften des Wurzelstockes: *langer Wurzelstock, kurzer Wurzelstock, dünner Wurzelstock, dicker Wurzelstock, kriechender Wurzelstock* – nahe der Erdoberfläche an den Knoten wurzelnd, *genarbter Wurzelstock* – mit Narben bedeckt, die von abgefallenen Schuppen oder Blättern herrühren, *schuppiger Wurzelstock* – mit Schuppen bedeckt, *spreuschuppiger Wurzelstock* – mit Spreuschuppen bedeckt (einige Farne), *abgebissener Wurzelstock* – walzig, am unteren Ende plötzlich mit einer mehr oder weniger geraden Fläche endend, *schopfartiger Wurzelstock, vielköpfiger Wurzelstock.*

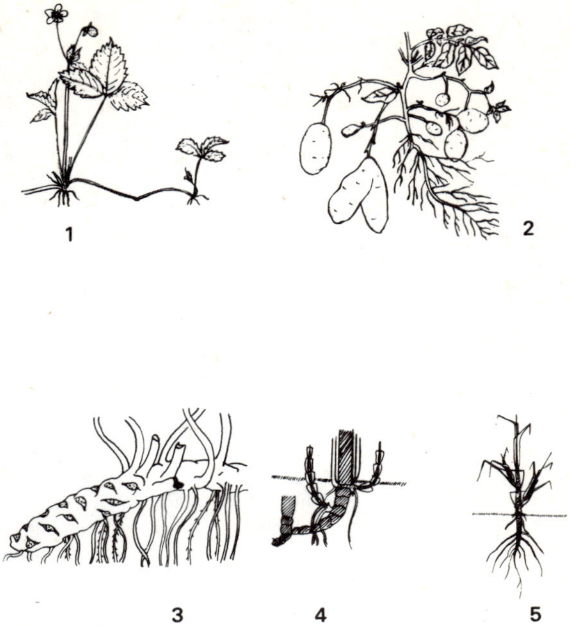

Abb. 19. *Stengelumbildungen:*
1. oberirdische Ausläufer (Stolonen), 2. unterirdische Ausläufer, 3. genarbter Wurzelstock, 4. extravaginale Sprosse, 5. intravaginale Sprosse.

Ausläufer – horizontal wachsender Seitensproß, der ober- oder unterirdisch aus einer Blattachsel hervorgeht, mit stark verlängerten Gliedern, meist schuppenförmige Niederblätter tragend. An den Knoten erfolgt die sproßbürtige Bewurzelung; dort können neue beblätterte, blühende Sprosse entstehen (vegetative Vermehrung).

Zwiebel – stark verkürzter basaler Teil der Sproßachse von begrenztem Wuchs, der dichtgedrängte, mehr oder weniger fleischige, schuppige Blätter oder nur Blattscheiden trägt, in denen Vorratsstoffe gespeichert sind.

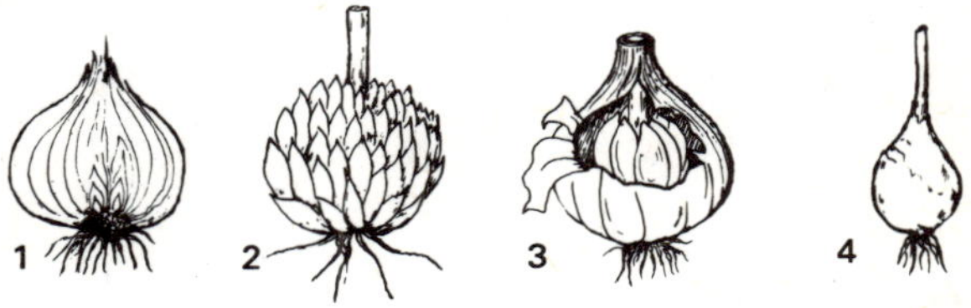

Abb. 20. 1. schalige Zwiebel, 2. schuppige Zwiebel, 3. zusammengesetzte Zwiebel, 4. volle Zwiebel.

Morphologie der Blattorgane

Das **Blatt** ist ein meist grünes, flächig entwickeltes Organ, das seitlich an der Sproßachse entsteht und dessen Wachstum begrenzt ist. Seine Funktion ist die Photosynthese, die Transpiration und der Gasaustausch. Das Blatt gliedert sich in die grüne, flächige *Blattspreite,* den meist verschmälerten *Blattstiel* und den *Blattgrund,* mit dem es am Stengel ansitzt. An der Sproßachse hat es eine regelmäßige Stellung, es ist von dieser in einem größeren oder kleineren Winkel abgeneigt und bildet *Blattachseln.* Je nachdem, an welchem Teil der Sproßachse das Blatt wächst, unterscheidet man *grundständige Blätter* (von der Erdoberfläche bis etwa zu einem Drittel der Sproßachse) und *Stengelblätter* (annähernd von einem Drittel der Sproßachse bis zum Beginn des Blütenstandes, eventuell Blütenstiel).

Nervatur – Verlauf der Gefäßbündel in den Blättern, sichtbar vor allem an flachen Blattspreiten; die Funktion der Nerven ist eine physiologische (Verteilung der Nährlösungen) und eine mechanische (die sklerenchymatischen Elemente der Gefäßbündel dienen der Festigung).

Blattnerv – von außen sichtbares Gefäßbündel in Form einer hervortretenden niedrigen Leiste oder flachen Rinne oder als andersfarbiger Streifen. *Hauptnerv* – der stärkste, meist durch die Blattachse verlaufende Nerv; *Mittelnerv* – durch die Längsachse des Blattes verlaufend, wo er oft, vor allem bei einer gefiederten Nervatur, eine ziemlich hervortretende *Mittelrippe* bildet; *Seitennerv* – seitlich von dem Hauptnerv abzweigender und zum Blattrand hin verlaufender Nerv.

offene Nervatur – mit Nervenenden oberster Ordnung (der dünnsten Nerven), die frei im Blattgewebe enden und sich nicht mit anderen verbinden; *Farnnervatur, Adlerfarnnervatur.*

geschlossene Nervatur – hier sind auch die Nerven höchster Ordnung zu einer Netznervatur miteinander verbunden.

gefiederte Nervatur – sie besteht aus einem Hauptnerv, der durch die Mitte der Blattspreite bis zu ihrer Spitze verläuft und von dem Seitennerven zweiter Ordnung abzweigen und in verschiedenen Winkeln zum Blattspreitenrand verlaufen. Von diesen zweigen feine Nerven (Äderchen) ab, die sich miteinander verbinden.

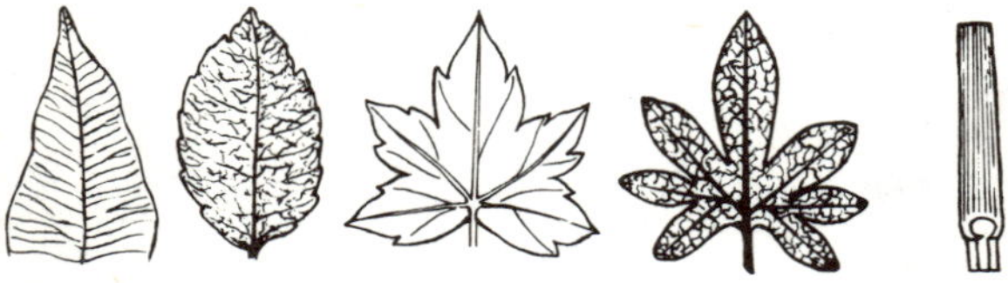

Abb. 21. *Nervatur (Aderung) der Blätter:*
1. Farnnervatur, 2. Fiedernervatur, 3. Handnervatur, 4. Fingernervatur, 5. parallele Nervatur.

handförmige Nervatur – bei dieser tritt aus der Spitze des Blattstiels eine größere Menge Nerven zweiter Ordnung in die Blattspreite, die strahlig auseinanderlaufen und sich über die ganze Länge in sich verbindende Nerven verzweigen.

fußförmige Nervatur – sie ist dadurch charakterisiert, daß der Hauptnerv sich an der Basis sympodial verzweigt und zwar stets zur Außenseite hin, wodurch diese Nervatur der handförmigen ziemlich ähnlich ist.

parallele Nervatur – eine Nervatur mit mehr oder weniger gleichstarken Nerven, die meist von der Basis bis zur Blattspitze dicht nebeneinander herlaufen.

Stellung der Blätter an der Sproßachse (am Stengel) – Blätter stehen stets in einer bestimmten regelmäßigen Ordnung an der Sproßachse der Pflanze. Sie können über den ganzen Stengel verteilt sein und sich entweder abwechseln **(wechselständige Blätter)** oder paarweise gegenüberstehen **(gegenständige Blätter),** Paare nacheinanderfolgender Blätter können in Ebenen senkrecht zueinander stehen **(kreuzgegenständige Blätter)** oder aus einem Knoten rings um den Stengel zu mehreren stehen **(quirlständige Blätter)**. Weiterhin können sich die Blätter in einer Stengelebene häufen, z. B. an der Basis des Stengels, und dort eine Rosette bilden.

Quirl – eine Gruppe von mindestens drei Blättern, die aus einem Knoten wachsen und rings um den Stengel angeordnet sind; *unechter*

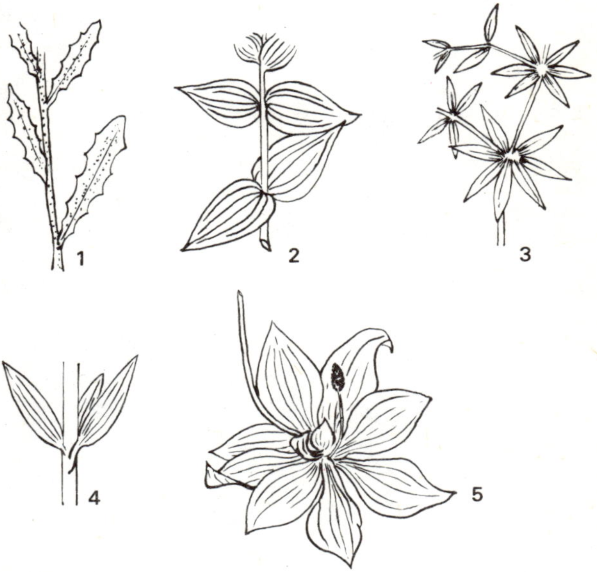

Abb. 22. *Blattstellung am Stengel:*
1. wechselständig, 2. kreuzgegenständig, 3. unechter Quirl, 4. Scheinquirl, 5. grundständige Blattrosette.

Scheinquirl – entsteht durch Vergrößerung, manchmal auch Vervielfältigung der Nebenblätter zur Größe und Form von Assimilationsblättern; *Scheinquirle* – werden eigentlich von wechselständigen Blättern gebildet, die sich an einem sehr kurzen Internodium befinden.

dichtgedrängte Blätter – an einem bestimmten Teil des Stengels dichter als an anderen Stellen stehende Blätter

dichtstehende Blätter – die Internodien sind kürzer als die Blätter, so daß diese sich gegenseitig überdecken.

entfernt stehende Blätter – die Internodien sind länger als die Blätter.

Blattstiel, Stiel – deutlich verschmälerter Teil des Blattes, der die Blattspreite mit dem Stengel verbindet.

langer Blattstiel – zwei- bis dreimal länger als die Blattspreite

kurzer Blattstiel – erreicht höchstens die Länge der Blattspreite.

geflügelter Blattstiel – ein Blattstiel, an dessen Seiten schmale Teile der Basis der Blattspreite angewachsen sind.

gestieltes Blatt – ein Blatt mit einem entwickelten Blattstiel

ungestieltes Blatt – ein Blatt ohne Blattstiel. Je nach Art der Verbindung zum Stengel (zur Sproßachse) gibt es: *sitzende Blätter* – nur an der unteren Basis der Blattspreite mit dem Stengel verbunden; *herablaufende Blätter* – mit den Rändern der Blattspreite an den Seiten des unteren Internodiums (Stengelgliedes) angewachsen; *umfassende Blätter* – an der Basis herzförmig ausgeschnitten und mit den freien Teilen (Lappen) den Stengel umfassend

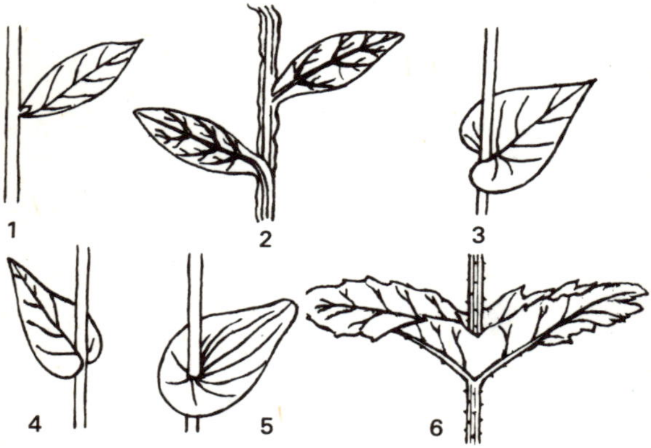

Abb. 23. *Ungestielte Blätter:*
1. sitzend, 2. herablaufend, 3. stengelumfassend, 4. halbumfassend, 5. durchwachsen, 6. verwachsen.

verwachsene Blätter – zwei gegenständige Blätter, die mit ihren Basen verwachsen sind.

Nebenblätter – flache (manchmal schuppige) Gebilde, die an den

Seiten der Basis des Blattstiels oder eines sitzenden Blattes angewachsen sind, wo sie paarweise seitliche Blattorgane bilden; *freie Nebenblätter* – nicht mit dem Blattstiel verwachsene Nebenblätter; *angewachsene Nebenblätter* – an dem inneren Rand mit dem Blattstiel verwachsen

Röhrchen (Tute) – ein röhriges oder scheidiges Organ, das durch Verwachsen von Nebenblättern entstanden ist und das Internodium über dem Knoten mehr oder weniger dicht umhüllt.

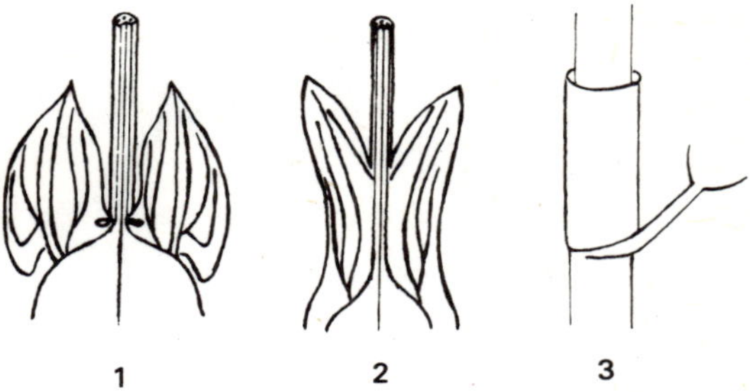

Abb. 24. 1. freie Nebenblätter, 2. angewachsene Nebenblätter, 3. Röhrchen (Tute).

Scheide, Blattscheide – sehr erweiterter basaler Teil des Blattes oder Blattstiels, oft aufgeblasen, beutelartig oder röhrig, der den Stengel umhüllt (v. a. bei Gräsern).

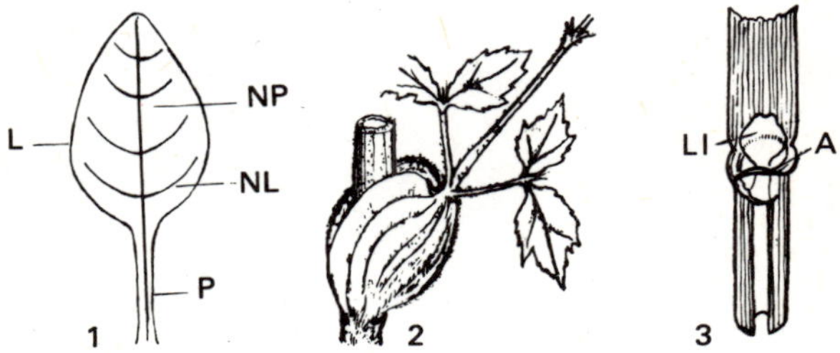

Abb. 25. *Blattorgane:*
1. gestieltes Blatt: P – Blattstiel, L – Blattspreite, NL – Seitennerv, NP – Hauptnerv, 2.–3. Blattscheiden (LI – Blatthäutchen, A – Blattöhrchen).

offene Scheide – nicht mit ihren Rändern verwachsen

geschlossene Scheide – mit den Rändern zu einem röhrigen oder beutelartigen Gebilde verwachsen

Blatthäutchen – ein häutiger Auswuchs an der Grenze zwischen Scheide und Blattspreite. *Haarartiges Blatthäutchen* – Blatthäutchen, bei dem eine Reihe von Haaren das Häutchen ersetzen.

Blattspreite – der wichtigste Teil der Laubblätter, der die verschiedensten Formen haben kann. Blühende Pflanzen haben ursprünglich eine flache Spreite mit ganzem oder verschieden tief geteiltem Rand *(einfache Blätter)*, oder die ganze Blattspreite ist in einzelne Blättchen geteilt *(zusammengesetzte Blätter)*. Je nachdem, wie und bis zu welchem Grad der Blattrand geteilt ist, unterscheidet man ungeteilte und geteilte einfache Blätter.

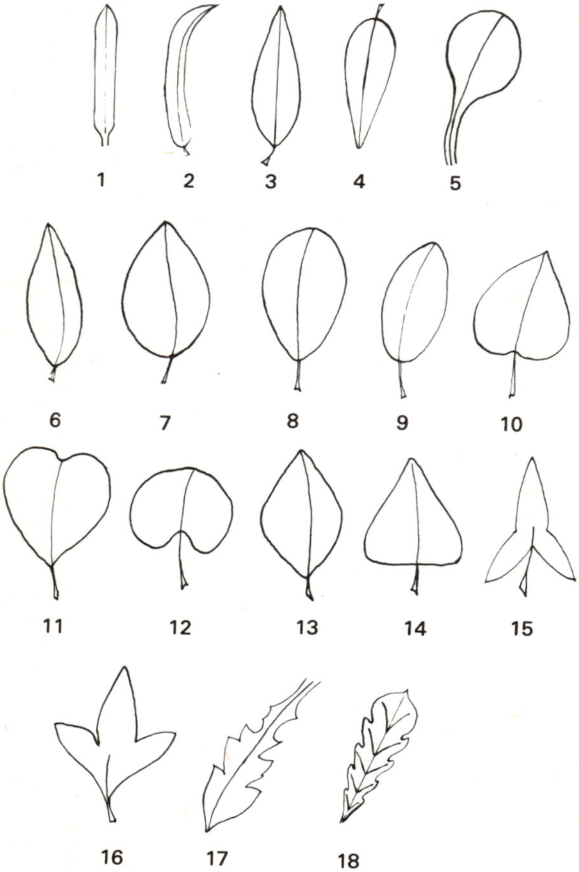

Abb. 26. *Formen der Blattspreite:*
1. linealisch, 2. säbelförmig, 3. lanzettlich, 4. verkehrt lanzettlich, 5. spatelig, 6. länglich, 7. eiförmig, 8. verkehrt eiförmig, 9. elliptisch, 10. herzförmig, 11. verkehrt herzförmig, 12. nierenförmig, 13. rautenförmig, 14. dreieckig, 15. pfeilförmig, 16. spießförmig, 17. schrotsägeförmig, 18. leierförmig.

einfache ungeteilte Blätter – haben eine ungeteilte, ganzrandige Blattspreite bzw. können am Rand verschiedene kleine Zähne oder Einschnitte haben, die jedoch nicht bis zu einer Tiefe von 1/4 der Blattspreite reichen dürfen. Bei diesen Blättern werden je nach Form und Umriß der Blattspreite, der Blattspitze, des Blattgrundes oder des Blattrandes eine Vielzahl von Blattformen unterschieden. Nach dem **Umriß** sind das: *borstliche, nadelförmige, röhrige, linealische, säbelförmige, sichelförmige, ahlenförmige, rinnige, lanzettliche, spatelige, längliche (eilanzettliche), eiförmige, verkehrt eiförmige, elliptische, herzförmige, verkehrt herzförmige, runde, rundliche, nierenförmige, rautenförmige, dreieckige, pfeilförmige, spießförmige, geigenförmige, tutenförmige, schrotsägeförmige* und *schildförmige Blätter.*

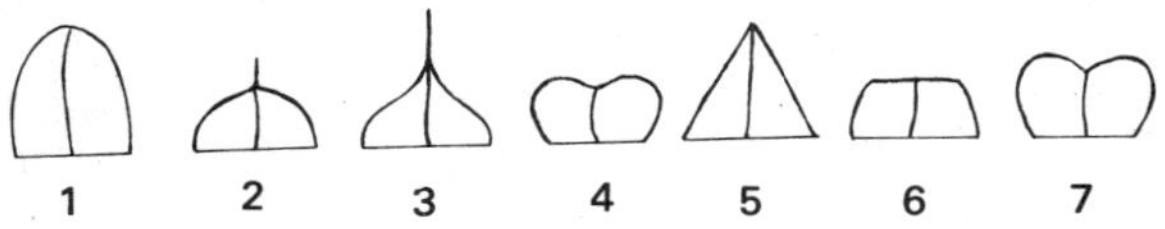

Abb. 27. *Formen der Blattspitze:*
1. abgerundet, 2. bespitzt, 3. stachelspitzig, 4. ausgerandet, 5. spitz, 6. gestutzt, 7. herzförmig.

Die **Blattspitze** kann *abgerundet, bespitzt, stachelspitzig, ausgerandet, spitz, gestutzt* sein.

Der **Blattgrund** kann *abgerundet, keilförmig, verlängert, gestutzt, herzförmig, pfeilförmig, spießförmig* sein.

Nach der Ausbildung des **Blattrandes** unterscheidet man: *ganzrandige, gesägte, doppelt gesägte, gezähnte, doppelt gezähnte, gekerbte, buchtig gezähnte (gelappte) Blätter.*

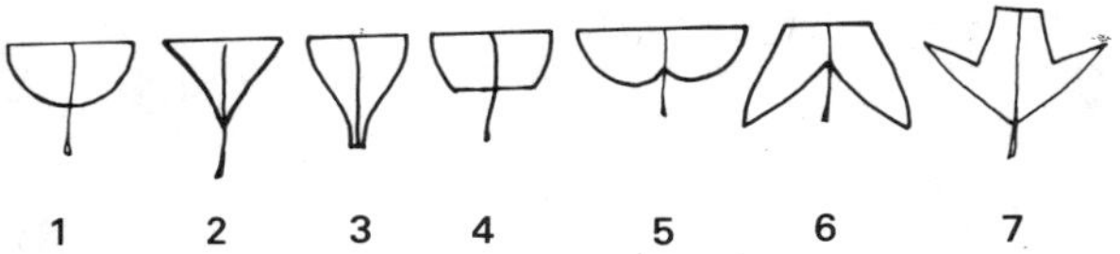

Abb. 28. *Formen des Blattgrundes:*
1. abgerundet, 2. keilförmig, 3. verlängert, 4. gestutzt, 5. herzförmig, 6. pfeilförmig, 7. spießförmig.

einfache geteilte Blätter – haben eine geteilte Spreite mit tieferen Einschnitten, die aber am Grunde oder am Mittelnerv wenigstens mit einem schmalen Streifen des Spreitengewebes zusammenhängt. Nach der Tiefe des Einschnittes bis zum Rand der Blattspreite werden diese Blätter in: *gelappte, gespaltene, geteilte* und *geschnittene Blätter* eingeteil.

gelappte Blätter: Die Einschnitte dieser Blätter sind relativ flach und reichen etwa bis zu 1/3 der Blattspreite. Die Vorsprünge der Spreiten heißen *Lappen.* Besitzt ein Blatt eine Fiedernervatur, ist es *fiedernervig lappig,* hat es eine handförmige Nervatur, ist es *handnervig lappig,* hat es eine fußförmige Nervatur, so ist es *fußförmig gelappt.*

gespaltene Blätter: Die Einschnitte dieser Blätter gehen über 1/3 hinaus und reichen bis etwa zu 1/2 der Blattspreite. Die Vorsprünge heißen *Zipfel* (Lacinien). Besitzt ein Blatt eine Fiedernervatur, ist es *fiederspaltig,* bei einer handförmigen Nervatur ist es *handförmig gespalten,* bei einer fußförmigen Nervatur dann *fußförmig gespalten.*

geteilte Blätter – Die Einschnitte dieser Blätter sind tiefer. Sie reichen über 1/2 bis zu 2/3 der Spreite in Richtung zum Hauptnerven *(fiederteilig),* oder zum Spreitengrund *(handförmig geteilt),* oder *fußförmig geteilt.* Die Vorsprünge dieser Blätter sind *Teile.*

geschnittene Blätter – Die Einschnitte der Blätter reichen fast bis zum Hauptnerven *(fiederschnittig),* oder fast bis zum Spreitengrund *(handförmig geschnitten)* – oder sie sind *fußförmig geschnitten.* Die Vorsprünge dieser Blätter heißen *Abschnitte* (Segmente). Es kommt zuweilen vor, daß die Abschnitte dieser Blätter sich in *Teilabschnitte* untergliedern und so *mehrfach geschnittene* Blätter entstehen. Ist ein Blatt bis zur zweiten Ordnung gegliedert, sind die Blätter *doppelt fiederschnittig;* sind sie bis zur dritten Ordnung gegliedert, dann sind sie *dreifach fiederschnittig.* Spezialfälle sind *zweifach dreifach geschnittene Blätter* und *dreifach dreifach geschnittene Blätter.*

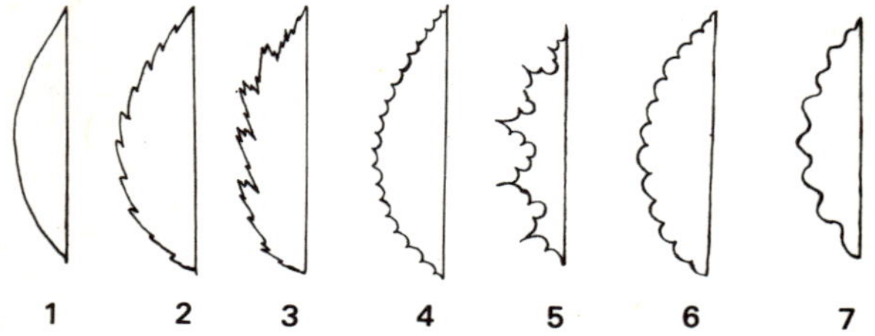

Abb. 29. *Formen des Blattrandes:*
1. ganzrandig, 2. gesägt, 3. doppelt gesägt, 4. gezähnt, 5. doppelt gezähnt, 6. gekerbt, 7. buchtig gezähnt (ausgerandet).

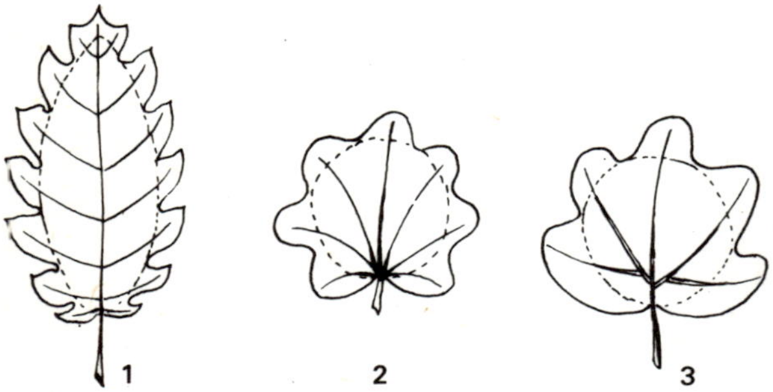

Abb. 30. 1. fiederlappiges Blatt, 2. handförmig gelapptes Blatt, 3. fußförmig gelapptes Blatt.

zusammengesetzte Blätter – haben eine Spreite, die in einzelne selbständige Teile – *Teilblättchen* aufgeteilt ist. Nach der Anordnung dieser Blättchen, die vom Typ der Nervatur abhängt, werden folgende Hauptarten zusammengesetzter Blätter unterschieden: *gefiederte Blätter* – Blättchen stehen sich an dem verlängerten Teil des Blattstiels – *der Spindel* – paarweise mehr oder weniger gegenüber, sie können *sitzend* oder *kurzgestielt* sein. Endet die Spindel mit einem unpaarigen Endblättchen, so ist das Blatt *unpaarig gefiedert.* Ist das unpaarige Endblättchen zu einer Ranke umgewandelt oder fehlt es ganz, dann ist das Blatt *paarig gefiedert.* Wechseln an der Spindel Paare größerer und kleinerer Blättchen ab, dann ist das Blatt *unterbrochen gefiedert.* Es kommt zuweilen vor, daß sich die Blättchen der zusammengesetzten Blätter wiederum in selbständige Teile (Fiederchen) teilen, dann sind dies doppelt gefiederte Blätter.

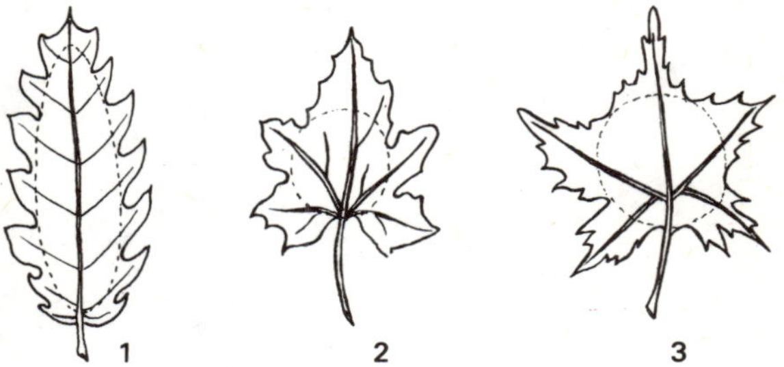

Abb. 31. 1. fiederspaltiges Blatt, 2. handförmig gespaltenes Blatt, 3. fußförmig gespaltenes Blatt.

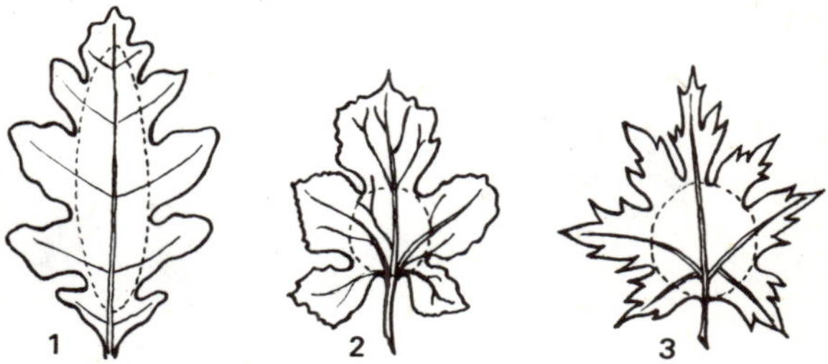

Abb. 32. 1. fiederteiliges Blatt, 2. handförmig geteiltes Blatt, 3. fußförmig geteiltes Blatt.

gefingerte Blätter – zusammengesetzte Blätter, deren Blättchen strahlenförmig am Ende des Blattstiels angeordnet sind; nach der Anzahl der Blättchen kann diese Blattart *dreizählig, vierzählig, fünfzählig* und *mehrzählig* sein.

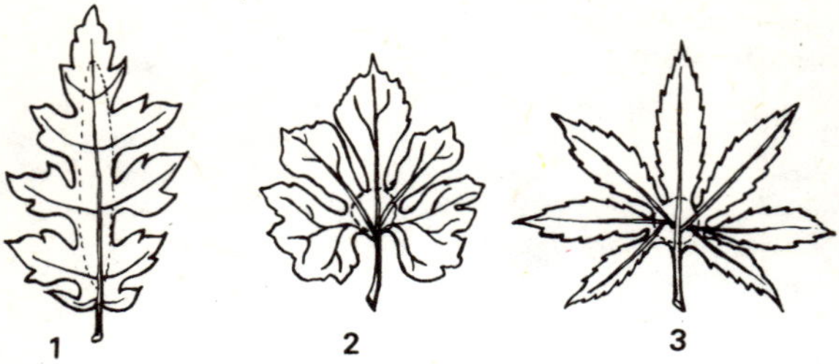

Abb. 33. 1. fiederschnittiges Blatt, 2. handförmig geschnittenes Blatt, 3. fußförmig geschnittenes Blatt.

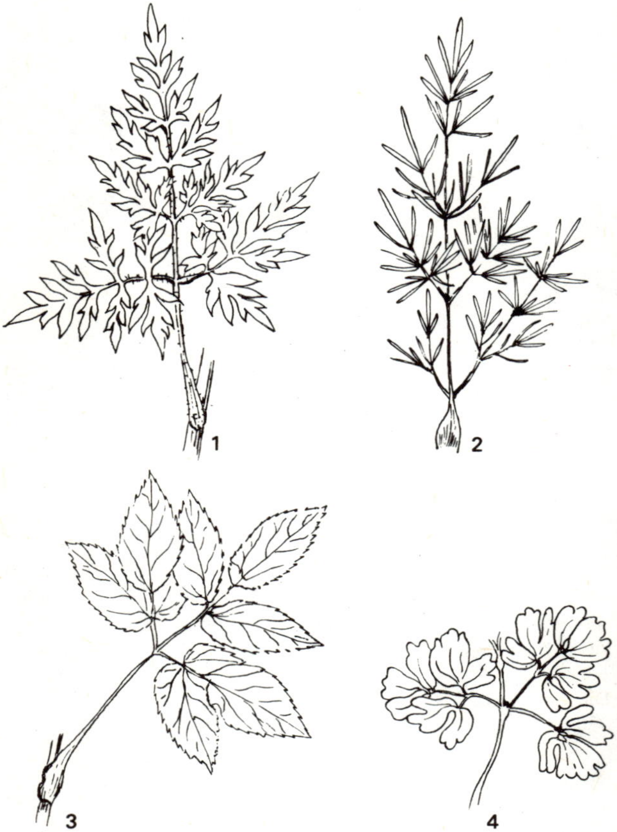

Abb. 34. 1. doppelt fiederschnittiges Blatt, 2. dreifach fiederschnittiges Blatt, 3. zweifach dreifach geschnittenes Blatt, 4. dreifach dreifach geschnittenes Blatt.

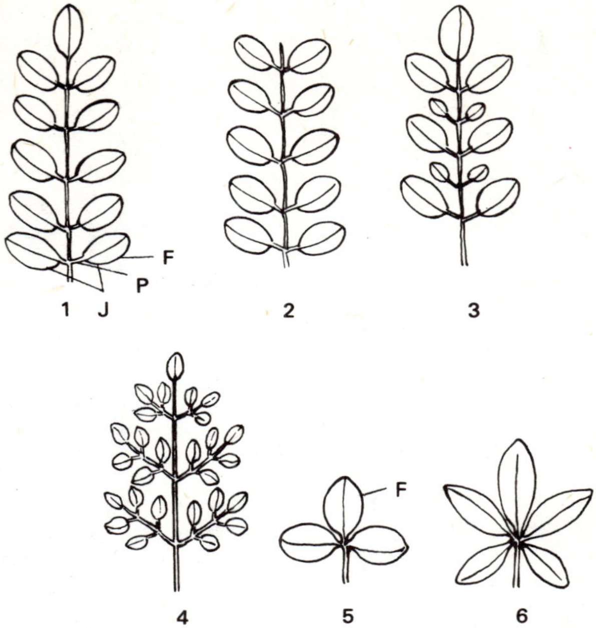

Abb. 35. 1. unpaarig gefiedertes Blatt (F – Teilblättchen, Fiederblättchen, P – Blattstiel, J – Fiederpaar), 2. paarig gefiedertes Blatt, 3. unterbrochen paarig gefiedertes Blatt, 4. doppelt gefiedertes Blatt, 5. dreizählig gefingert (F – Blättchen), 6. fünfzählig gefingert.

Morphologie der Blüte

Blüte – eine Gruppe von umgewandelten Phyllonen (Blättern) auf einem Sproß begrenzten Wachstums (verkürzter Sproß), die die geschlechtliche Fortpflanzung ermöglichen. Sie besteht in der Regel aus Staubblättern, Stempeln und meist einer Blütenhülle. Nur in seltenen Fällen entwickeln sich keine Blütenhüllen *(nackte Blüten)*. Die einzelnen Blütenteile (Blütenglieder) können entweder *spiralig* (azyklische Blüten) oder *teils quirlig* und *teils spiralig* (hemizyklische – halbkreisförmige) bzw. *quirlig* (zyklische Blüten) angeordnet sein. Die Anordnung der einzelnen Blütenglieder hängt eng mit der Gesamtsymmetrie der Blüte zusammen. Die Blüte kann dann entweder nach mehreren Symmetrieebenen *(regelmäßige Blüten)* oder nach einer Symmetrieebene *(symmetrische Blüten)* unterschieden werden, oder sie besitzt keine Symmetrieebene *(unsymmetrische Blüte)*.

Blütenstiel – meist verkürzter Seitensproß, der aus der Achsel eines *Trag-* oder *Deckblattes* hervorgeht, seltener das letzte Glied des Hauptsprosses ist. Der Blütenstiel geht an seiner Spitze in den *Blütenboden* über, der verlängert, flach, oder als *Fruchtbecher* schüssel-

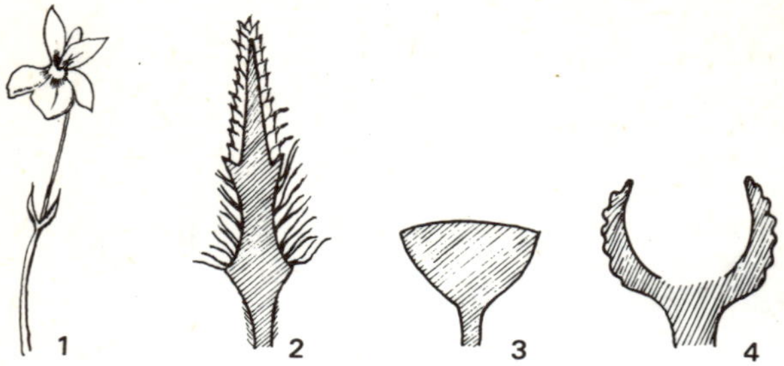

Abb. 36. 1. Blütenstiel mit Deckblatt (Braktee), 2. verlängerter Blütenboden, 3. flacher Blütenboden, 4. Fruchtbecher (Kupula).

förmig vertieft oder stielig verlängert sein kann und an seinem Gipfel den Stempel trägt und so das *Gynophor* bildet.

Blütenhülle – Gesamtheit der unfruchtbaren Blätter, die am Außenrand um die Staubblätter und Stempel wachsen. Die Blütenhülle kann *einfach,* mit nur einem Kreis von meist gleichartigen Hüllblättern, oder *doppelt,* wenn außen ein meist grüner Kelch und innen eine meist andersfarbige Krone vorhanden ist, sein. Von einem *Perigon* spricht man, wenn Kelch- oder Kronblätter gleichfarbig und -förmig sind. Beim Perigon werden die Einzelblätter der Blütenhülle *Tepalen (Perigonblätter)* genannt. Die Blütenhüllblätter können frei, nicht miteinander verwachsen sein – *getrenntblättrige Blütenhülle* – oder miteinander verwachsen sein – *verwachsenblättrige Blütenhülle. Orchideen (Knabenkrautgewächse)* besitzen eine spezialisierte Blütenhülle. Sie ist lebhaft gefärbt, aus 6 Blütenhüllblättern in zwei Kreisen bestehend; 5 Blütenhüllblätter sind zueinander geneigt und bilden einen *Helm,* das sechste (ein Blütenblatt des Innenkreises der Blütenhülle) ist oft zu einer *Lippe* vergrößert. Es ist meist *umgebogen* – durch die Drehung des Stiels oder des unterständigen Fruchtknotens ist die ganze Blüte um 180° umgekehrt.

Der **Kelch** – ist die meist grüne Außenhülle der heterochlamydei-

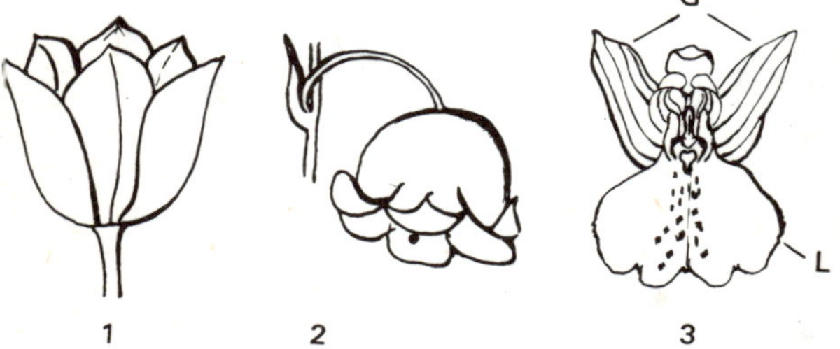

Abb. 37. 1. Blütenhülle – getrenntblättrig, 2. verwachsenblättrig, 3. Orchideenblüte (G – Helm, L – Lippe).

schen Blüten. Er besteht aus *Kelchblättern,* die unverwachsen sein können — *getrenntblättriger Kelch* — oder miteinander verwachsen sind — *verwachsenblättriger Kelch.* An dem verwachsenblättrigen Kelch lassen sich mehrere Teile unterscheiden: die *Kelchröhre,* der unterste Teil des verwachsenblättrigen Kelches, der *Kelchsaum* — der Außenrand des Kelchs, der *Kelchschlund* — die erweiterte Röhre in Richtung zum Saum. Nach der Form werden folgende verwachsenblättrige Kelche unterschieden: *krugförmige, röhrige, keulenförmige, kegelige, verkehrt kegelige, trichterförmige, glockige, aufgeblasene, zweilippige Kelche.* Die Funktion des Kelches, der Schutz der Knospe, endet mit dem Aufblühen der Blüte. Manche fallen zu diesem Zeitpunkt ab — *hinfälliger Kelch,* meist jedoch fallen sie beim Verblühen zusammen mit den Kronblättern ab — *abfallender Kelch.* Bei einigen Pflanzen bleibt der Kelch noch nach dem Verblühen erhalten und übernimmt den Schutz der jungen Früchte — *ausdauernder Kelch.* Bei Pflanzenarten, deren Kronblätter reduziert sind, oder deren Kronblätter zu Honigbehältern umgewandelt sind, übernimmt der Kelch deren Funktion und ist lebhaft gefärbt — *Kronkelch.* Mitunter vergrößert sich der Kelch bei der Ausbildung der Früchte um ein Vielfaches — *vergrößerter Kelch* — oder übernimmt eine Funktion bei der Verbreitung der Früchte und verwandelt sich in einen *Haarkelch* (Haarkranz) — Pappus.

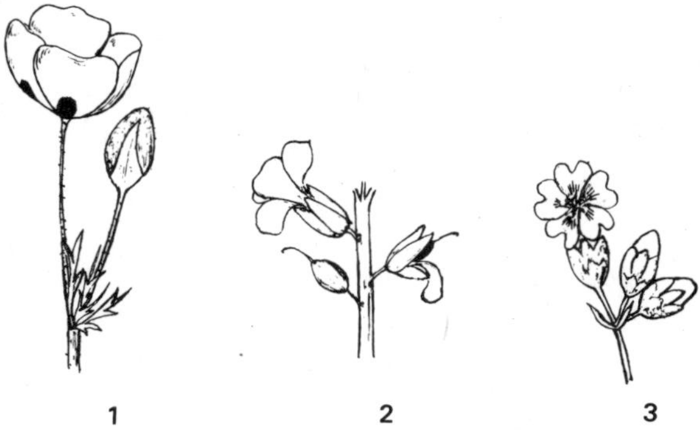

Abb. 38. 1. hinfälliger (flüchtiger) Kelch, 2. abfallender Kelch, 3. ausdauernder Kelch.

Krone — sie bildet den inneren Teil der *Blütenhülle* und es ist ihre Funktion, ein aromatisches, geschmackliches oder optisches Lockmittel für die bestäubenden Insekten zu sein. Deshalb ist sie oft auffällig gefärbt und produziert aromatische ätherische Öle oder *Nektar* in den *Nektarien.* Die Blütenkrone besteht aus *Kronblättern,* an denen zwei Teile zu unterscheiden sind — das erweiterte Blütenblatt und ein schmaler *Nagel,* mit dem das Kronblatt in dem Blütenboden befestigt ist. Form und Gestalt der Kronblätter sind sehr vielfältig, ebenso ihre Färbung und Zeichnung. Die Kronblätter der Blüte können frei, nicht miteinander verwachsen sein — *freiblättrige,* *getrenntblättrige Krone* – oder miteinander verwachsen sein – *verwachsenblättrige Krone*. Die Blüte mit einer verwachsenblättrigen Krone wird als *verwachsenblättrige Blüte* bezeichnet. Die beschreibende Morphologie verfügt über eine reiche Terminologie für die Formen dieser verwachsenblättrigen Krone, da sie ein gutes und relativ beständiges Bestimmungsmerkmal ist. Die häufigsten Formen der verwachsenblättrigen Krone sind: *röhrig, trichterförmig, glockig, kugelig, krugförmig, leuchterförmig, tellerförmig, zweilippig, einlippig, klaffend, zungenförmig*.

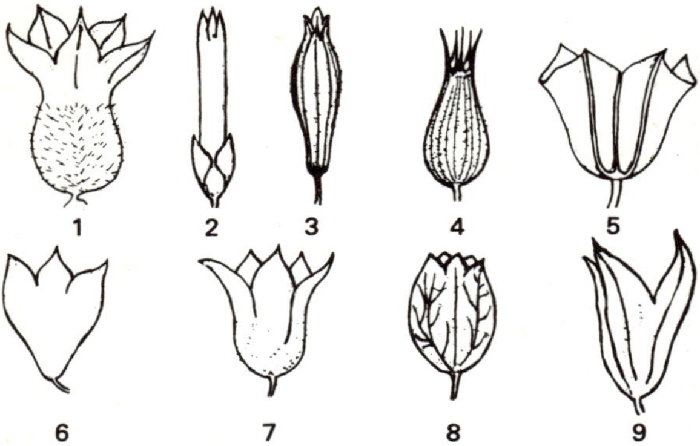

Abb. 39. *Kelchformen:*
1. krugförmig, 2. röhrig, 3. keulenförmig, 4. kegelig, 5. verkehrt kegelig, 6. trichterförmig, 7. glockig, 8. aufgeblasen, 9. zweilippig.

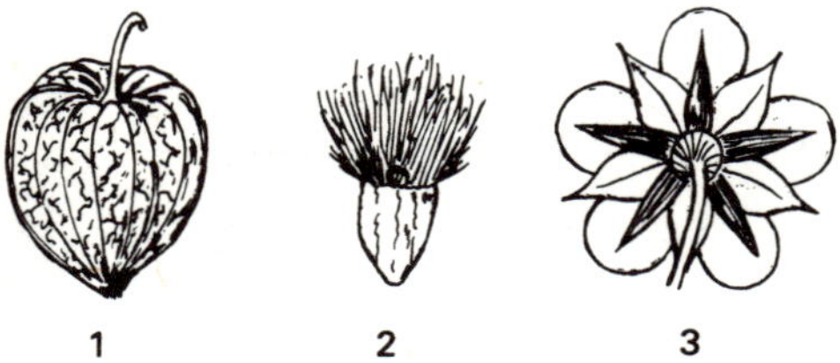

Abb. 40. 1. vergrößerter Kelch, 2. Haarkelch (Pappus), 3. Hüllkelch.

Sonderformen der Blüten – Bei manchen Gruppen sind Krone oder Kelch der Blüten abweichend von der einfachen Blattform ausgebildet, wodurch die Blüte eine besondere Form erhält. Der Schlund einiger Blüten hat an den Kronblättern Auswüchse in Form eines Kragens, Röhrchens oder Trichters ausgebildet *(Scheinkrone)*, oder es haben sich ungleichgroße und speziell angeordnete Kronblätter entwickelt *(Schmetterlingsblüte)*. Das obere und größte Kronblatt einer solchen Blüte ist die *Fahne*, die zwei seitlichen sind *Flügel* und die unteren zwei verwachsen oder verbinden sich miteinander zu einem

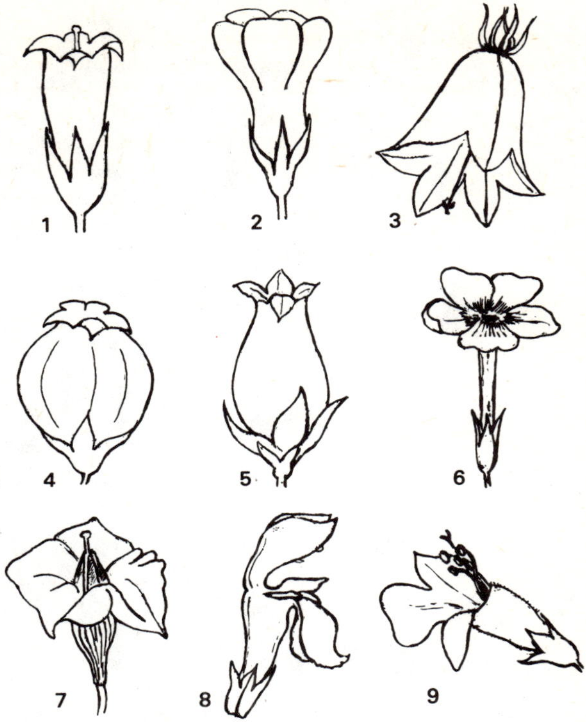

Abb. 41. *Kronenformen:*
1. röhrig, 2. trichterförmig, 3. glockig, 4. kugelig, 5. krugförmig, 6. leuchterförmig, 7. tellerförmig, 8. zweilippig, 9. einlippig.

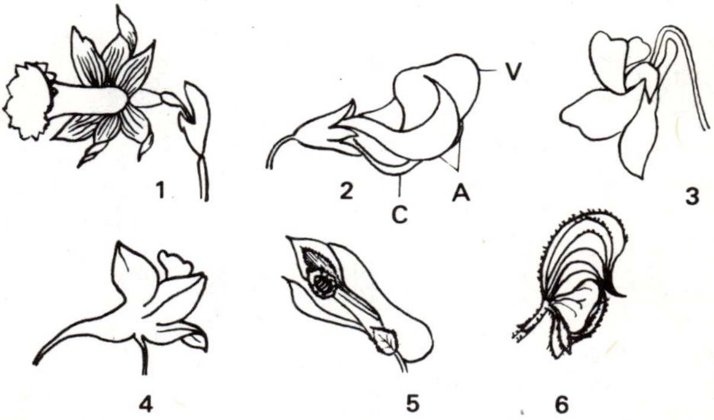

Abb. 42. 1. Blüte mit Scheinkrone, 2. Schmetterlingsblüte (V – Fahne, A – Flügel, C – Schiffchen), 3.–5. Blüten mit Sporn, 6. Blüte mit helmartigem Kelch.

Schiffchen. Sonderformen haben auch Blüten, bei denen eines der Kronblätter oder Kelchblätter in einen Sporn verlängert ist, oder das obere Kelchblatt mehrfach größer und helmförmig gewölbt ist *(helmförmiger Kelch)*.

Staubblatt – die den Pollen erzeugenden Blattorgane, deren Aufgabe die Bestäubung der Narbe des Stempels und damit die Vermittlung der geschlechtlichen Befruchtung ist. Die Gesamtheit der Staubblätter einer Blüte ist das *Androecum*. Ein typisches Staubblatt hat zwei Teile: *Staubfaden* und *Staubbeutel;* Staubblätter ohne Staubbeutel sind Scheinstaubblätter.

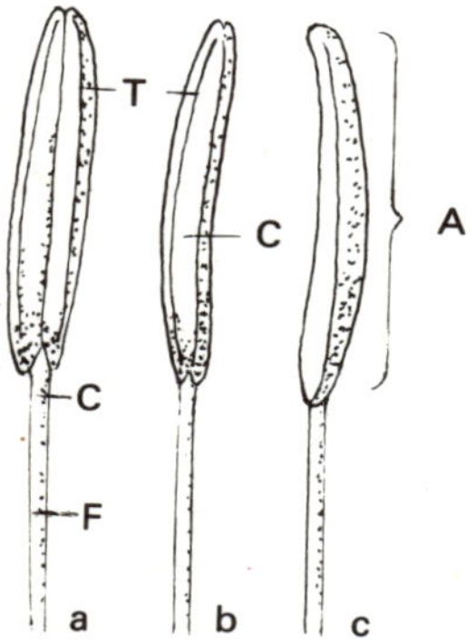

Abb. 43. *Staubblatt:*
F – Staubfaden, A – Staubbeutel, C – Zwischenstück (Konnektiv), T – Pollensack, a – dorsale, b – ventrale, c – seitliche Ansicht.

Staubfaden – der sterile, meist stielige oder flache Teil des Staubblattes. Nach Form und Länge der Staubfäden und nach der Art des Anwachsens der Staubblätter in der Blüte können Anhängselstaubblätter mit *nacktem Staubfaden, behaartem Staubfaden, zweimächtige Staubblätter, viermächtige Staublätter, eingebundene, einbündelige* (einbrüderige), *zweibündelige* (zweibrüderige), *dreibündelige* (dreibrüderige) *Staubblätter* unterschieden werden.

Staubbeutel – das Organ des Staubblattes, in dem sich Pollenkörner bilden. Er besitzt meist zwei *Pollensäcke* (Theken), die durch ein *Zwischenstück* (Konnektiv) verbunden sind. Am Boden der Staubbeutel liegen Pollenkörner entweder als *Pollenstaub* oder sind zu *Vierergruppen* (Tetraden) vereinigt, sie können aber auch zu Klumpen – *Massulae* – verklebt sein oder, wenn der ganze Inhalt des Staubbeutelfaches sich verklebt, ein *Pollinarium* bilden.

Fruchtblatt, Karpell – das Blütenphyllom, das die Samenanlagen trägt. Die Fruchtblätter bilden – entweder jedes für sich oder zu mehreren verwachsen – den Fruchtknoten. Die Gesamtheit aller Fruchtblätter in einer Blüte ist das Gynoeceum.

Stempel – er kann durch Verwachsen entweder eines Fruchtblat-

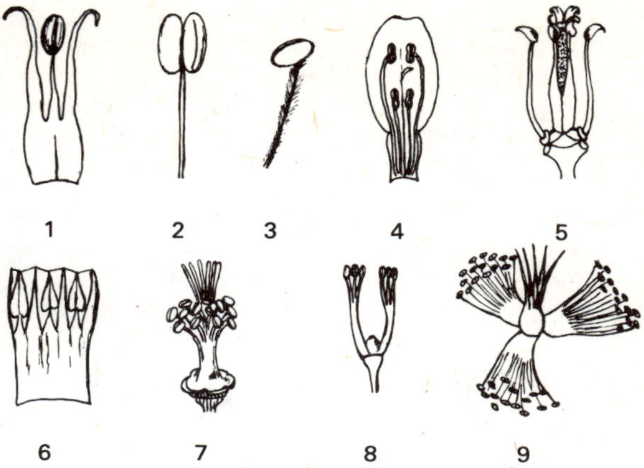

Abb. 44. *Staubblatt:*
1. mit Anhängseln, 2. mit nacktem Staubfaden, 3. mit behaartem Staubfaden, 4. zweimächtig, 5. viermächtig, 6. eingebunden, 7. einbrüderig, 8. zweibrüderig, 9. dreibrüderig.

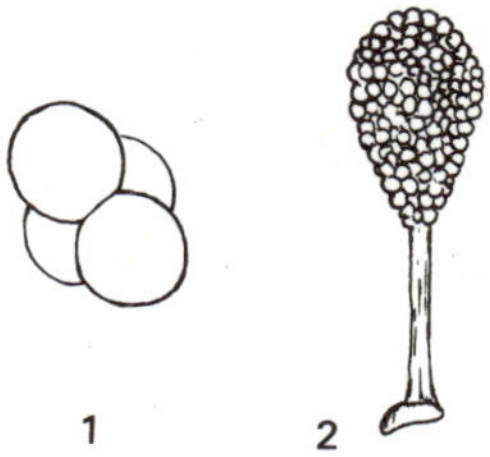

Abb. 45. 1. Vierergruppe von Pollenkörnern (Tetrade), 2. Pollinarium.

tes *(einfruchtblättriger Stempel)* oder mehrerer Fruchtblätter entstehen, dann spricht man je nach der Zahl der Fruchtblätter, die am Bau des Stempels beteiligt sind, von *zweifruchtblättrigen, dreifruchtblättrigen* und *mehrfruchtblättrigen Stempeln.* In einer Blüte kann entweder ein einziger einfruchtblättriger Stempel (monokarpes Gynoeceum) oder können mehrere bis zu einer Vielzahl von einfruchtblättrigen Stempeln vorhanden sein, die nicht verwachsen sind (apokarpes Gynoeceum), bzw. können mehrere einfruchtblättrige Stempel miteinander verwachsen sein und einen mehrfruchtblättrigen Stempel in der Blüte bilden (coenokarpes Gynoeceum). Wir kennen drei Stufen des Zönokarpiums: Synokarpium, Parakarpium und Lysikarpium. An jedem Stempel kann man in der Regel drei Teile unterscheiden: den unteren erweiterten, genannt *Fruchtknoten,* den mittleren, röhrig verengten Griffel, der in einer unterschiedlich geformten *Narbe* endet. Der wichtigste Teil des gesamten Stempels ist der Fruchtknoten, denn er birgt in sich die Keime der künftigen Samen. Deshalb ist er hohl und manchmal in Fächer aufgegliedert. Ein einfruchtblättriger Fruchtknoten ist meist einfächrig, während mehrfruchtblättrige Stempel einfächrig, aber oft auch durch Trennwände in mehrere Fächer aufgeteilt sein können. Die Anzahl der Trennwände und Fächer entspricht meist der Anzahl der Fruchtblätter, aus denen der Fruchtknoten entstanden ist. Der Fruchtknoten besitzt in seinem Inneren die Samenanlagen, d. h. jene Stellen, an denen die Samen gebildet werden. In bezug auf die Staubblätter und Blütenhülle kann der Fruchtknoten *oberständig*, *halbunterständig* und *unterständig* sein.

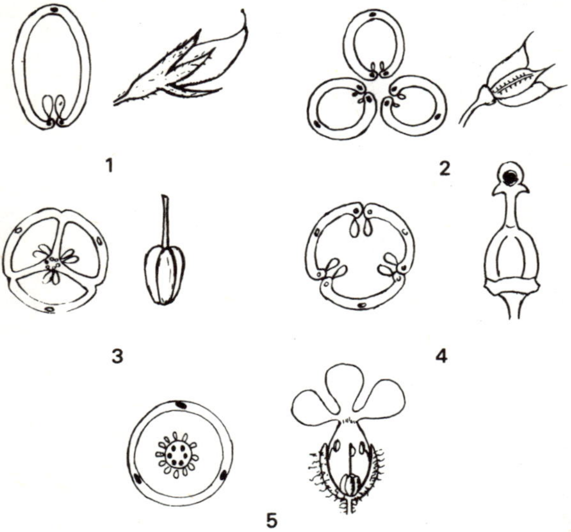

Abb. 46. 1. Monokarpium, 2. Apokarpium, 3. Synkarpium, 4. Parakarpium, 5. Lysikarpium.

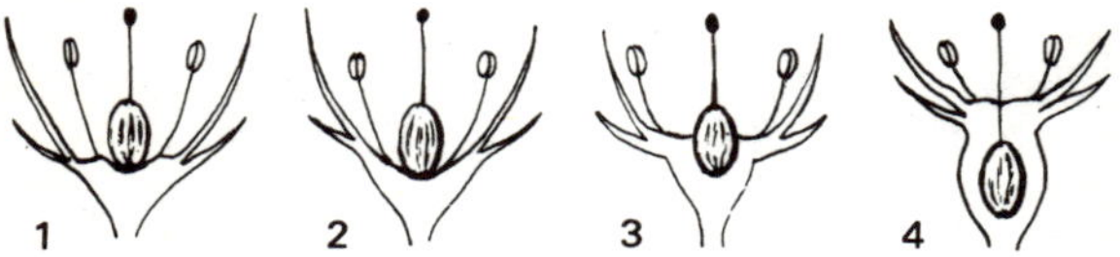

Abb. 47. 1.–2. oberständiger Fruchtknoten, 3. halbunterständiger Fruchtknoten, 4. unterständiger Fruchtknoten.

zweigeschlechtige Blüte (monokline Blüte) – Blüte mit Staubblättern und Stempeln

eingeschlechtige (dikline) Blüte – entweder nur mit Staubblättern oder nur mit Stempeln. Sie kann daher eine *männliche* Staubblattblüte oder eine *weibliche* Stempelblüte sein. Bei eingeschlechtigen Blüten befinden sich die Staubblattblüten und Stempelblüten entweder auf derselben Pflanze, die dann *einhäusig* ist, oder jede befindet sich auf einem anderen pflanzlichen Exemplar – eine solche Pflanze ist *zweihäusig*.

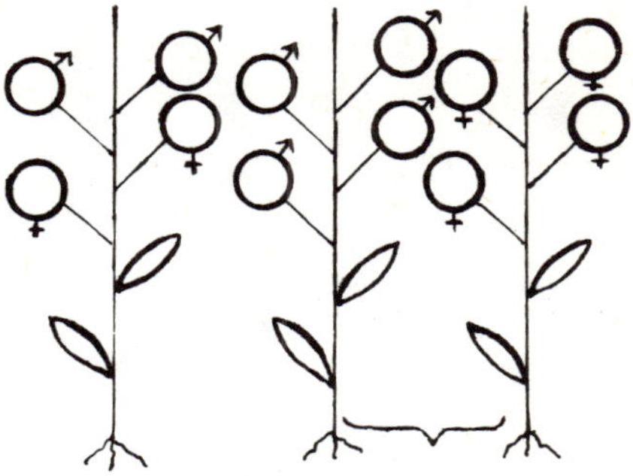

Abb. 48. *Geschlecht der Blüten:*
1. einhäusige Pflanze, 2. zweihäusige Pflanze.

Morphologie der Blütenstände

Blütenstand – Gesamtheit von Blüten, die nach bestimmten Gesetzen auf einer gemeinsamen verzweigten Sproßachse, deren Blätter mehr oder weniger zu Trag- oder Deckblättern reduziert sind oder ganz fehlen können, angeordnet sind.

Blütenstandspindel – Hauptachse des Blütenstandes, durch deren Verzweigung der entsprechende Blütenstandstyp entsteht.

einfacher Blütenstand – ein Blütenstand, bei dem die Seitensprosse von Blüten beendet werden. Es gibt zwei Arten dieses Blütenstandes, den *traubigen razemösen* und den *trugdoldigen zymösen* Blütenstand.

traubiger Blütenstand: – die Seitenäste gehen nicht über die Höhe des Hauptsprosses des Blütenstandes hinaus, sie enden in Einzelblüten, die von unten nach oben erblühen, so daß die Terminalblüte als letzte erblüht, oder vom Rand zur Mitte, wenn die Seitenäste so verlängert sind, daß sich die Blüten annähernd in einer Ebene befinden. Die bekanntesten Arten sind: *Traube, Ähre, Ährchen, Kolben, Doldentraube, Dolde, Köpfchen, Körbchen.*

trugdoldiger Blütenstand – er hat eine mehr oder weniger verkürzte Spindel (Hauptsproß des Blütenstandes), während die Seitenäste wiederum mehr oder weniger verlängert sind, so daß die Terminalblüte niedriger als die Blüten der Seitenäste ist; die Terminalblüte erblüht zuerst, die übrigen später. Die Hauptarten der

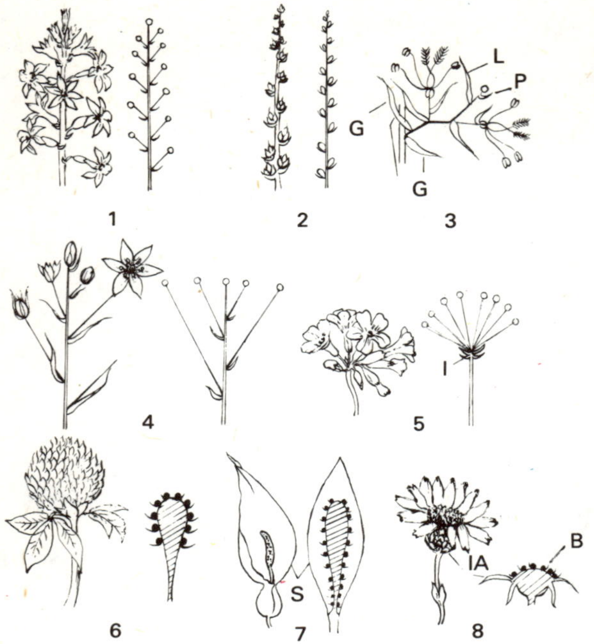

Abb. 49. *Blütenstände:*
1. Traube, 2. Ähre, 3. Ährchen (G – Hüllspelze, L – Deckspelze, P – Vorspelze), 4. Doldentraube, 5. Dolde (I – Hülle), 6. Köpfchen, 7. Kolben (S – Hüllblatt), 8. Körbchen (B – Spreublatt, IA – Hüllkelch).

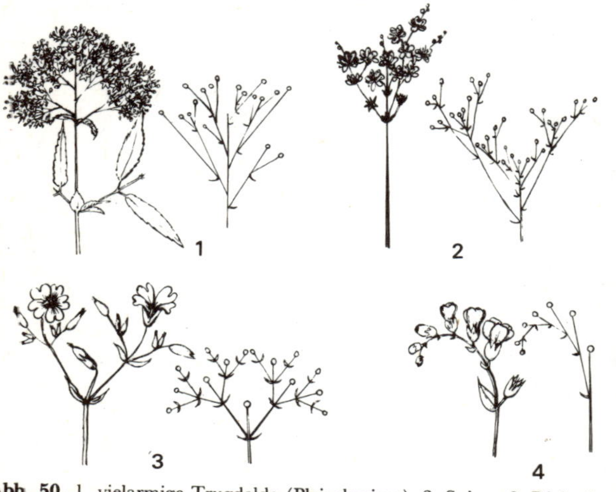

Abb. 50. 1. vielarmige Trugdolde (Pleiochasium), 2. Spirre, 3. Dichasium, 4. Wickel.

Abb. 51. 1. Sichel, 2. Fächel.

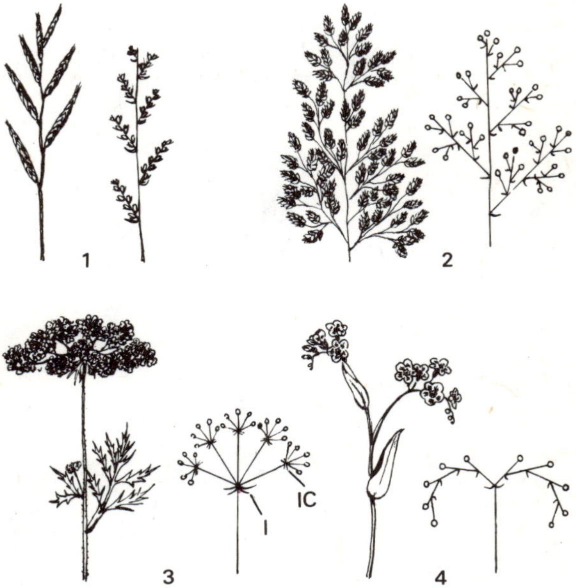

Abb. 52. 1. zusammengesetzte Ähre, 2. Rispe, 3. zusammengesetzte Dolde (I – Hülle, IC – Hüllchen), 4. Wickeldichasium.

trugdoldigen Blütenstände sind: *vielarmige Trugdolde* (Pleiochasium), *Spirre, Dichasium, Wickel, Sichel, Fächel.*

zusammengesetzter Blütenstand – razemöser oder zymöser Blütenstand, der am Ende der Äste an Stelle einzelner Blüten razemöse oder zymöse Teilblütenstände trägt. Die üblichsten zusammengesetzten Blütenstände sind: *Rispe, zusammengesetzte Ähre, zusammengesetzte Dolde, gabelig verzweigter Wickel.*

Morphologie der Früchte

Frucht – ein Organ, das durch die Umwandlung des Fruchtknotens entsteht. An dem Bau der Frucht können aber auch andere Blütenglieder, die die Samen schützen, beteiligt sein, z. B. der Blütenboden, der Blütenbecher, der Blütenstiel usw. Aus den Wänden des Fruchtknotens (bzw. auch anderer Blütenteile) bildet sich in der Fruchtreife die *Fruchtwand,* die in der Reifezeit oft hart wird (sklerenchymatisch) und dann als *steinige Fruchtwand* bezeichnet wird. Sie kann auch trocken, holzig oder lederig sein und wird dann als *trockene Fruchtwand* bezeichnet; ist sie weich und saftig, dann wird von einer *fleischigen Fruchtwand* gesprochen. Nach dem Charakter der Fruchtwand, der Art des Öffnens der Früchte und der Fächerung können die Früchte in Streufrüchte, Schließfrüchte, Steinfrüchte, Zerfallfrüchte, Sammelfrüchte und Fruchtstände eingeteilt werden.

Streufrüchte – sind trockene Früchte, die sich in der Reifezeit mit einem Spalt, durch Löcher, Deckel, Klappen oder unregelmäßigen Zerfall öffnen, wodurch Samen freiwerden; die häufigsten Streufrüchte sind: *Balg, Doppelbalg, Hülse, Kapsel, Schote, Schötchen.*

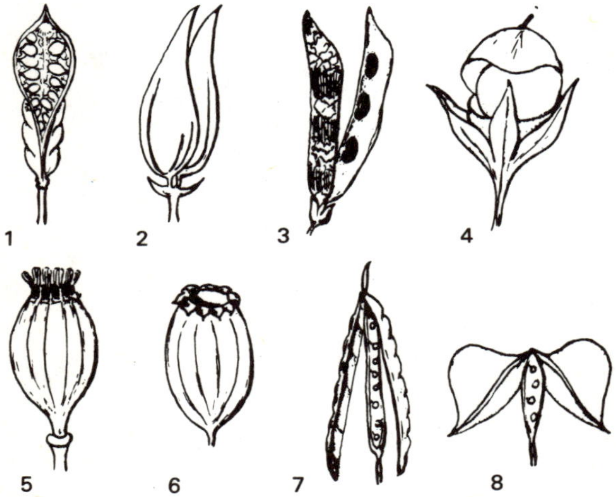

Abb. 53. 1. Balgfrucht, 2. Doppelbalgfrucht, 3. Hülse, 4. Deckelkapsel, 5. Lochkapsel, 6. gezähnte Kapsel, 7. Schote, 8. Schötchen.

Schließfrüchte – das sind solche Früchte, die sich in der Reifezeit nicht öffnen und deren Fruchtwand sich erst beim Keimen auflöst. Die häufigsten Schließfrüchte sind: *Nuß, Achäne, geflügelte Achäne, Scheinbalg, Korn.*

Steinfrüchte – sind einsamige oder mehrsamige Schließfrüchte, die meist eine fleischige Fruchtwand besitzen. Bei den Kräutern sind das meist *Beeren.*

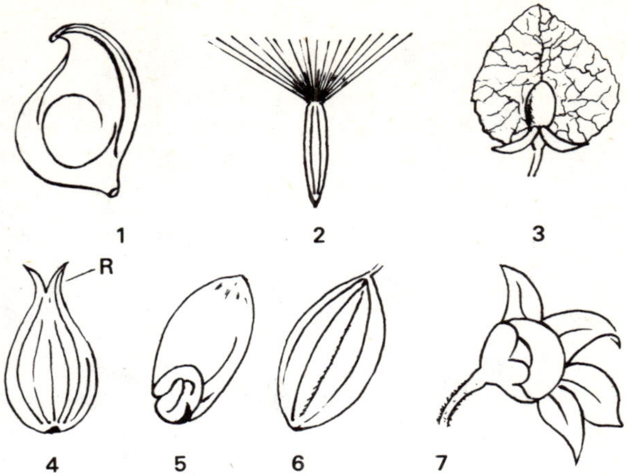

Abb. 54. 1. trockene, einsamige Schließfrucht, 2.–3. mehrfruchtblättrige Schließfrüchte – Achänen: 2. bekränzte Achäne, 3. geflügelte Achäne, 4. Scheinbalgfrucht (R – zweizähniger Schnabel), 5. nacktes Korn, 6. spelziges Korn, 7. Beere.

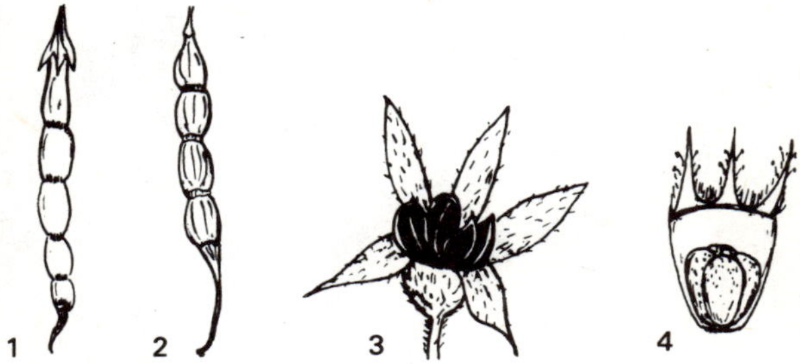

Abb. 55. 1.Gliederhülse, 2. Gliederschote, 3.–4. Klausen.

Bruchfrüchte – trockene Zerfallfrüchte, die in der Reifezeit quer zerfallen. Die häufigsten Bruchfrüchte sind *die Gliederschote, die Gliederhülse, die Klausen der Lippenblütler.*

Spaltfrüchte – sind trockene Zerfallfrüchte, die sich in der Reifezeit längs in Einzelfrüchte teilen. Die häufigsten Spaltfrüchte sind: *Doppelachäne, Schnabelfrucht, Scheiben- oder Tellerfrucht.*

Sammelfrüchte – Früchte, die aus einer Blüte mit apokarpem Gynoeceum entstanden sind. Die häufigsten Sammelfrüchte sind *Sammelbalgfrüchte, Erdbeere, Sammelsteinfrüchte.*

Fruchtstände – Früchte, die aus einem Blütenstand entstanden sind, z. B. *der Fruchtstand von Hülsenfrüchten, Achänenfruchtstand.*

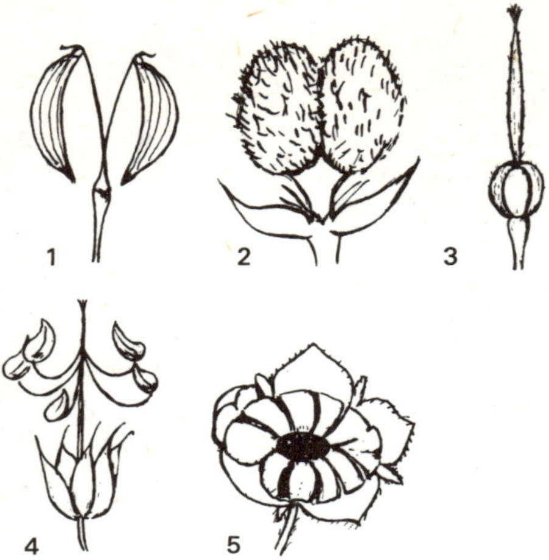

Abb. 56. 1. hängende Doppelachäne, 2. Doppelachäne, 3.–4. Schnabelfrucht, 5. Tellerfrucht.

Abb. 57. 1. Sammelbalgfrucht, 2. Erdbeere, 3. Sammelsteinfrucht.

Abb. 58. 1. Fruchtstand von Schoten, 2. Fruchtstand mehrfruchtblättriger bekränzter Schließfrüchte (Achänen).

Morphologie der Farngewächse

Spreuschuppe – dünner, schuppiger Auswuchs an den Wurzelstöcken oder Blättern der Farne

Sporophyll – Sporenblatt – meist nicht grünes Blatt mit reduzierter Spreite, an dem Sporangien sitzen.

Trophosporophyll – sporentragendes Blatt – grünes, assimilierendes Blatt der Farne, an dem gleichzeitig Sporen gebildet werden.

Sporangiophor – schildförmiges Gebilde der Schachtelhalme, das rechtwinkelig zum Stiel sitzt und an seiner Unterseite vier Sporangien trägt.

Stegophyll – flaches Blattgebilde der Bärlappgewächse mit einem einzigen Sporangium, meist an der Basis der Oberseite des Blättchens.

Sporangium – Sporenbehälter – Organ, in dem Sporen gebildet werden.

Ring – eine Reihe verdickter Zellen in der Wand des Sporangiums

Sporangienhäufchen (Sorus) – Gruppe von Sporangien, meist an der Blattunterseite, es kann rund, linealisch usw. sein.

Schleier – häutiger oder schuppiger, das Sporangienhäufchen bedeckender Auswuchs. Er kann *randständig, mittelständig* usw. und hinsichtlich seiner Form *nierenförmig, bohnenförmig* usw. sein.

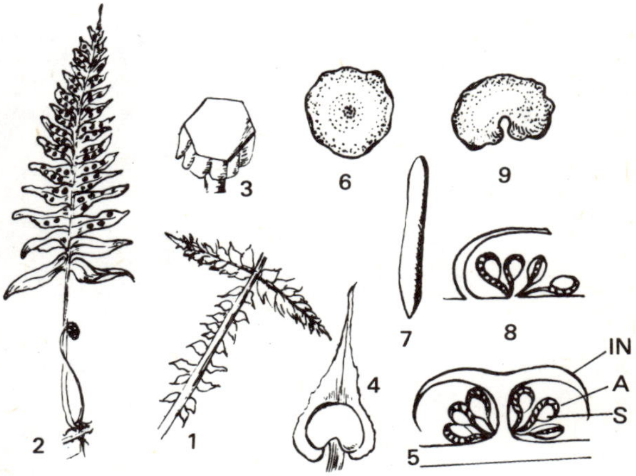

Abb. 59. 1. Spreuschuppen, 2. Trophosporophyll, 3. Sporangiophor, 4. Stegophyll, 5. Sporenkapselhäufchen (S – Sporenkapsel, A – Ring, IN – Schleierchen mit der Mitte befestigt), 6. rundes Sporenkapselhäufchen, 7. linealisches Sporenkapselhäufchen, 8. seitlich befestigtes Schleierchen, 9. nierenförmiges Schleierchen.

Spezieller Teil

Beschreibungen und Abbildungen

1 **Schlangen-Bärlapp, Sprossender Bärlapp**

Lycopodium annotinum L.

Familie: Bärlappgewächse – Lycopodiaceae

Beschreibung: Eine ausdauernde Pflanze mit kriechendem, häufig bis 1 m langem und gabelig verzweigtem Stengel. Die Blätter stehen gewöhnlich in 5, selten in 8 Reihen oder schraubig, im unteren Teil des Stengels dichter, im oberen lockerer. Sie sind klein, ganzrandig oder dünn gezähnt, nadelförmig-lanzettlich, ohne Haare. Sie sind meist waagerecht abstehend oder am Stengel anliegend. An der Unterseite haben sie eine auffallende Blattader. Die Sporenblättchen (Stegophylle) sind in Sporenähren angeordnet. Die Ähren stehen einzeln, sind 8–13 mm lang und etwa 3–4 mm dick, sitzend. Die Stegophylle sind breit eiförmig, mit überzogener Spitze, gelblich, später bräunlich gefärbt und haben einen häutigen Rand.

Sporenreife: Juli–August.

Areal und ökologische Ansprüche: Der Schlangen-Bärlapp zählt zu den zirkumpolaren Arten der ozeanisch-subozeanischen Gebiete und ist eine typische Pflanze dichter Nadelwälder (Verband Vaccinio-Abietion, Vaccinio-Piceion), Moorwälder (Klasse Uliginosi-Betulo-Pinetea) bzw. auch (seltener) azidophiler Buchenwälder (Verband Luzulo-Fagion). Sie ist eine schattenliebende Pflanze. Kalkstein und andere basische Gesteine werden von ihr gemieden.

Wirtschaftliche Bedeutung und Wissenswertes: Die Sporen wurden früher als Volksheilmittel gegen Läuse und anderes Ungeziefer verwendet. Wie bei der Mehrzahl der Bärlappgewächse enthalten die Sporen große Mengen leichtentzündlichen Öls, weshalb sie zur Schornsteinreinigung und für Theatereffekte verwendet wurden. Auch heute finden sie noch praktische Anwendung. Bärlapppulver wird von den reifen Ähren gesammelt und getrocknet. Es wird als Baby- und Wundstreupulver, für die Umhüllung von Pillen, in der Daktyloskopie und im Metallguß verwendet. Der Schlangen-Bärlapp zählt zu den geschützten Arten.

2 Acker-Schachtelhalm

Equisetum arvense L.

Familie: Schachtelhalmgewächse – Equisetaceae

Beschreibung: Eine ausdauernde Pflanze mit langem, kriechendem, gegliedertem Wurzelstock und zweierlei Sprossen. Die fruchtbaren Frühjahrssprosse sind bräunlich, sie sind 10–20 cm hoch, 3–5 mm dick, ungefurcht, mit aufgeblasenen, trockenhäutigen, etwa 2 cm langen, hellgrünen oder bis dunkelbraunen Scheiden mit 6–12 Zähnen, die lanzettlich, spitz, von gleicher Länge wie der Scheidenring sind. Die Sporangiophorstände (Ähren) sind meist 1,5–3 cm lang, stumpf und bräunlich. Der Frühjahrssproß stirbt nach der Sporenreife und -aussaat ab. Die Sommersprosse sind unfruchtbar, 10–50 cm hoch, grün, mit Ausnahme des Oberteils quirlig verzweigt, schwach rauh, mit 6–19 Rippen. Die Scheiden sind anliegend, oben abstehend, grau bis braungrün, 5–10 mm lang, mit dreieckig lanzettlichen, zugespitzten Zähnchen, die etwa halb so lang wie der Scheidenring sind.

Sporenreife: In den Frühjahrsmonaten, von März bis Mitte Mai.

Areal und ökologische Ansprüche: Der Acker-Schachtelhalm gilt als zirkumpolare Art mit Hauptvorkommen in Europa, von den Ebenen bis zur montanen Stufe. Er liebt frischfeuchte, bearbeitete Böden bzw. Böden ruderaler Standorte mit relativ saurem Substrat. Sein Vorkommen ist vor allem an Gesellschaften der Klasse Agropyretea repentis (Brachen, Gärten), des Verbandes Agropyro-Rumicion (Wiesen und Sümpfe nährstoffreicher Standorte in der Umgebung von Wasserläufen), der Klasse Secalietea (Getreidefelder auf feuchteren Böden), der Klasse Chenopodietea (ruderale Gesellschaften) gebunden, seltener wächst er auch in feuchteren Wäldern (Klasse Alnetea glutinosae).

Wirtschaftliche Bedeutung und Wissenswertes: Er vermehrt sich durch Sporen oder vegetativ durch Wurzelstockknollen oder -teile, die bei der Ackerbestellung verbreitet werden und tritt oft massenweise auf. Die besten Entwicklungsbedingungen findet er in Kartoffelfeldern vor, da die grünen Sommersprosse in der Regel zu einem Zeitpunkt wachsen, wenn die Kultivationsarbeiten in den Beständen bereits beendet sind. Wegen des hohen Siliziumdioxidgehaltes (10 %) ist er eine unwillkommene Futterbeimengung und senkt den Gesamtfutterwert erheblich. Er zählt zu den offizinellen Arten (herba Equiseti), wird aber auch in der Volksheilkunde vielfach als harntreibendes Mittel verwendet.

3 Wald-Frauenfarn

Athyrium filix-femina (L.) Roth

Familie: Frauenfarngewächse – Athyriaceae

Beschreibung: Ein stattlicher, bis 1 m hoher Farn mit derbem Wurzelstock, der mit dunkelbraunen Spreuschuppen bedeckt ist. Ähnlich bedeckt sind auch die verbreiterten Basen der Blattstiele. Die großen Blätter (Wedel) wachsen in einer grundständigen Spirale, sie haben länglich-lanzettliche, zwei- und dreifach gefiederte, am Grunde etwas verschmälerte, oben zugespitzte Blattspreiten, die Fiederspindeln sind dünn mit schmalen Spreuschuppen bedeckt. Die Fiedern sind wechselständig, linealisch oder schmal lanzettlich, spitz, die Fiederchen länglich, fiederspaltig. Die Sporenhäufchen (Sori) sitzen an den Seitennerven, sie sind meist länglich und haken- oder sichelförmig. Die seitlichen Schleier bleiben lange erhalten, sie sind anfangs länglich, später sichelförmig. Die Sori sind sehr zahlreich, die Sporen feinwarzig und glatt.

Sporenreife: Juli–September.

Areal und ökologische Ansprüche: Der Frauenfarn ist eine zirkumpolare Art, die von der subtropischen bis zur borealen Region Europas, Asiens und Amerikas verbreitet ist. Er zählt zu den Schatten bis Halbschatten liebenden Waldarten. Er kommt auf frischen, mittelmäßig bis stark humosen Lehm- und Kiesböden, unabhängig von der Beschaffenheit des geologischen Substrats, vor. Er wächst unter den Bedingungen Mitteleuropas in den Gesellschaften der Klassen Carpino-Fagetea (mesophile Laubmischwälder), Alnetea glutinosae (Erlenwälder), Vaccinio-Piceetea (Fichten- und Kiefernwälder), Betulo-Adenostyletea (Hochstauden und Gebüsche); seltener in nitrophilen Phytozönosen der Waldsäume, besonders an Flüssen (Klasse Galio-Urticetea – mesophile Staudenfluren).

Wirtschaftliche Bedeutung und Wissenswertes: In vielen großen Parks wird er als Zierpflanze in größeren Gruppen um Einzelbäume, in malerischen Ecken, seltener als Einfassung von Bächen verwendet. In Buchen- und Fichtenwäldern des Gebirges, im Knieholz und zum Teil auch auf Hochwiesen wird er durch den Gebirgs-Frauenfarn (Athyrium distentifolium Tausch ex Opiz) abgelöst, der durch breitere, hellbraune Spreuschuppen am Blattstiel und runde Sori mit sehr kleinem bis unscheinbarem Schleier charakterisiert wird. Dieser ist meist von den Sori verdeckt, die Sporen sind an der Oberfläche netzartig leistenförmig.

4 Zerbrechlicher Blasenfarn

Cystopteris fragilis (L.) Bernh.

Familie: Frauenfarngewächse — Athyriaceae

Beschreibung: Eine ausdauernde Pflanze mit kurzem Wurzelstock, aus dem zahlreiche, dichtrasige, 10—40 cm hohe Wedel hervorgehen. Sie sind zwei- und dreifach gefiedert, ihre nicht überwinternden Blattspreiten mit 7—18 Fiederpaaren sind meist länger, selten etwas kürzer als die zerbrechlichen Stiele. Die Fiedern sind gegenständig oder bis wechselständig, eiförmig bis länglich-lanzettlich, die untersten oft kleiner und unten abstehend. Ihre Ränder sind meist scharf gezähnt, die letzten Nervenästchen laufen in die Spitze dieser Zähnchen aus. Die Sporenhäufchen (Sori) sitzen an der Unterseite der Fiederchen in zwei Reihen seitlich des Mittelnervs. Sie sind mit eiförmig-lanzettlichen Schleiern bedeckt, die jung die Sori blasenförmig umschließen (daher der Name der Pflanze).

Sporenreife: Juni—September.

Areal und ökologische Ansprüche: Der Blasenfarn gilt als zirkumpolare bis kosmopolitische Art und wächst von der Hügel- bis zur Gebirgsstufe auf kiesig-steinigen Böden mit unterschiedlichem geologischem Substrat (meist auf Kalk). Häufigste Standorte sind Felsspalten mit den Gesellschaften des Verbandes Potentillion caulescentis, ferner Laubmischwälder der Klasse Carpino-Fagetea. Cystopteris fragilis subsp. fragilis wird als ozeanische Pflanze angeführt. Die genaue Verbreitung und ökologischen Ansprüche einer weiteren Unterart [C. f. subsp. dickieana (R. Sim.) Hyl.] wurden bisher nur ungenügend erforscht.

Wirtschaftliche Bedeutung und Wissenswertes: Die sehr ähnliche Art des Königs-Blasenfarns [Cystopteris regia (L.) Desv.] unterscheidet sich durch Chromosomenzahl, kürzere Blattstiele, schmalere bis nadelförmige Zipfel der Sporenfiederchen. Die letzten Nervenästchen enden in den Zipfeln. Er wächst nur im Hochgebirge, vor allem in der Knieholzstufe, auf Kalksubstraten.

5 Mauer-Streifenfarn, Mauerraute

Asplenium ruta-muraria L.
Familie: Streifenfarngewächse – Aspleniaceae

Beschreibung: Ein niedriges, dichtrasiges, bis 20 cm hohes Farnkraut, dessen Blätter in mäßigen Wintern überwintern. Aus dem mit spitzen, schwarzbraunen Spreuhaaren bedeckten Wurzelstock wachsen viele derbe, blaugrüne Blätter. Der geriefte Stiel ist ebenso lang wie die eiförmige, dreieckige bis lanzettliche, doppelt und dreifach gefiederte Blattspreite. Der Stiel hat einen dunkelbraunen Grund, ist jung behaart (ähnlich wie die Blattspreite), später verkahlend. Selten sind drüsige Fiedern zu finden. Die Fiedern (beiderseits der Spindel 4–6) sind gestielt, nur die oberen sitzend; die Fiederchen sind von sehr variabler Form (rautenförmig bis elliptisch), sie haben einen vielgestaltigen Rand (ganzrandig bis gebuchtet). Die Sporenhäufchen (Sori, an jeder Fiederchenunterseite 1–3) sind entweder parallel zum Mittelnerv oder spitzwinkelig zu diesem angeordnet. In der Reifezeit gehen sie ineinander über und bedecken die ganze Rückseite. Der Schleier ist gefranst.

Sporenreife: Sporen werden während der gesamten Vegetationsperiode gebildet.

Areal und ökologische Ansprüche: Ein Hemikryptophyt, der im meridionalen bis borealen Gebiet Europas und Asiens verbreitet ist. Er wächst in Felsspalten, auf Geröll und an Steinmauern, am häufigsten auf basischem Substrat. Als lichtliebende Pflanze ist er dem Leben in offenen Pionierphytozönosen auf Kalkböden (Kennart der Ordnung Potentilletalia caulescentis) angepaßt. Sporadisch kommt er auch in den übrigen Felsgesellschaften der gesamten Klasse Asplenietea rupestris vor, besonders in Gebieten mit ozeanischem Klima.

6 Brauner Streifenfarn, Braunstieliger Streifenfarn

Asplenium trichomanes L. em. Huds.
Familie: Streifenfarngewächse – Aspleniaceae

Beschreibung: Ein ausdauerndes, etwa 20 cm hohes Farnkraut. Der Wurzelstock ist mit dunkelbraunen, lanzettlichen Spreuschuppen bedeckt. Bei den zahlreichen, ziemlich dichtrasigen Blättern sind die Blattstiele kürzer als die Blattspreite. Ähnlich wie die Fiederspindel und Blätter sind sie glänzend rotbraun oder schwarzbraun (charakteristisches Merkmal – Name der Pflanze). Nur das obere Ende der Spindel bleibt, auch am erwachsenen Blatt, grün. Die Blattspreite ist einfach gefiedert, linealisch-länglich und besteht aus unsymmetrischen, eiförmigen bis rundlichen, gekerbten oder fiederspaltigen Fiedern. Im unteren Teil der Blattspreite sind die Fiedern gestielt, größer und lockerer stehend, oberwärts werden sie dichter und kleiner. An der Unterseite sind meist verstreut kurze Härchen und längliche Sporenhäufchen zu finden, die an älteren Fiedern die ganze Unterseite bedecken. Die ausdauernden Schleier der Sori sind ganzrandig oder gekerbt.

Sporenreife: Juli und August.

Areal und ökologische Ansprüche: Ein zirkumpolarer bis kosmopolitischer Hemikryptophyt, der in Mitteleuropa an subozeanische und ozeanische Gebiete gebunden ist. Er ist von dem unteren Bereich der Hügelstufe (seltener auch in den Ebenen) bis zu den Gebirgslagen verbreitet. Gegenüber der geologischen Unterlage ist er indifferent. Er wächst auf Silikat-, aber ebenso auch auf Kalksubstrat. Als lichtliebende Art hat er sein Hauptvorkommen in Felsgesellschaften der Klasse Asplenietea rupestris.

Wirtschaftliche Bedeutung und Wissenswertes: Die flache Ausbreitung der Fiedern in einer Ebene beiderseits der Spindel ist ein wichtiges Unterscheidungsmerkmal dieser Art (vor allem bei Bastarden). Ihr weiteres Studium, die Ermittlung der Verbreitung von Diploiden und Tetraploiden sowie die Untersuchung ihrer ökologischen Anforderungen wird ein dankbares Thema für Floristen, Taxonomen sowie Phytozönologen sein.

7 Männlicher Wurmfarn, Gemeiner Wurmfarn

Dryopteris filix-mas (L.) Schott.
Familie: Schildfarngewächse – Aspidiaceae

Beschreibung: Ein großer, über 1 m hoher Farn mit massivem Wurzelstock und nichtüberwinternden, trichterförmig angeordneten Wedeln. Die Blattstiele sind derb, dicht mit hellrostfarbigen Spreuschuppen bedeckt. Die Blattspreite ist länglich, an beiden Enden schmaler werdend, gefiedert, mit 20–35 fiederspaltigen bis fiederteiligen, meist wechselständigen Fiederpaaren. Die Sporenhäufchen (Sori) sind um den Mittelnerv angeordnet, ihr nierenförmiger Schleier ist groß, lange bleibend und nicht mit dem Rand unter den Sorus gebogen.

Sporenreife: Juni–September.

Areal und ökologische Ansprüche: Der Gemeine Wurmfarn zählt zu den zirkumpolaren Arten. Seine Verbreitung in Mitteleuropa ist relativ groß und erstreckt sich von den Wäldern der Ebene und der kollinen Stufe bis zu den Nadelwäldern der Gebirgslagen. Sein reichstes Vorkommen hat er in den Laubmischwäldern der Klasen Carpino-Fagetea und Betulo-Adenostyletea. Die schattenliebende Pflanze zeigt tiefgründige, frischfeuchte und stark humose Böden an. Ein Hemikryptophyt subozeanisch-ozeanischer Lagen.

Wirtschaftliche Bedeutung und Wissenswertes: Der Wurmfarn ist eine Heilpflanze. Eine Wurzelstockabkochung wird gegen Darmparasiten von Mensch und Haustier (Spulwürmer, Bandwürmer) verabreicht. Diese ist giftig und muß unbedingt nach ärztlicher Vorschrift eingenommen werden. In der Volksheilkunde wurde der Wurzelstock für die Behandlung von Rheuma und Venenentzündungen benutzt. Er wird im Herbst ausgegraben und vorsichtig getrocknet, damit die getrocknete Droge an Bruchstellen grün bleibt.

8 Gemeiner Adlerfarn

Pteridium aquilinum (L.) Kuhn
Famillie: Adlerfarngewächse – Hypolepidaceae

Beschreibung: Eine ausdauernde Pflanze mit großem, gegliedertem Wurzelstock. Jedes Jahr bildet er in der Regel ein 1–2 m hohes, nichtüberwinterndes Blatt (Wedel) aus. Sein Stiel ist derb, gelbgrün, die Blattspreite waagerecht ausgebreitet, im Umriß dreieckig, hellgrün, zwei- bis dreifach gefiedert. Die Sporenhäufchen (Sori) sind randständig und von zurückgerollten Blatträndern verdeckt. Die Schleier sind unscheinbar. Die einzelnen Fiedern sind länglich bis lanzettlich.

Sporenreife: Juli–September.

Areal und ökologische Ansprüche: Eine zirkumpolare bis fast kosmopolitisch verbreitete Art, in Europa häufig vom Flachland bis zu den Vorgebirgslandschaften, seltener auch in Gebirgslagen. Als Geophyt sucht der Adlerfarn tiefgründigere, mäßig saure bis saure Böden (oligo-mesotrophe Art). Ursprünglich ist der Adlerfarn an azidophile Eichenwälder des Verbandes Agrostidi-Quercion, Molinio-Quercion, evtl. an Kiefernforste auf Sandböden (Verband Dicrano-Pinion) gebunden. Nach Rodung dieser Wälder verharrt er längere Zeit als Entwicklungsrelikt in den Gesellschaften der Ordnung Epilobietalia angustifolii (bodensaure Schlagfluren und Säume) oder Rubo-Franguletalia (Brombeer-Pulverholzgesträuche). Er gilt als ozeanische Art.

Wirtschaftliche Bedeutung und Wissenswertes: Der Wurzelstock ist sehr stärkehaltig und wird in einigen Ländern für die Stärkeherstellung sowie als Schweinefutter verwendet. Der Wurzelstock der var. esculenta diente den Ureinwohnern Neuseelands als Hauptnahrungsquelle. Der unangenehme Geruch des frischen Wurzelstocks stößt Ungeziefer ab. Abkochungen wurden in der Volksmedizin gegen Spulwürmer verwendet. Die Blätter sind sowohl als Streu für das Vieh, aber auch für die Winterlagerung von Obst verwendbar, das so verpackt länger frisch bleibt. Der Artname des Adlerfarns rührt von der Anordnung der Gefäßbündel im Wurzelstock her, die bei einem Querschnitt durch den basalen Teil des Wurzelstocks an einen Doppeladler erinnert.

9 Gelbe Teichrose, Große Teichrose, Gelbe Mummel

Nuphar lutea (L.) Sm.

Familie: Seerosengewächse – Nymphaeaceae

Beschreibung: Eine ausdauernde Wasserpflanze mit kriechendem, sehr langem, im Querschnitt elliptischem, bis 8 cm dickem Wurzelstock, der meist mit Blattnarben bedeckt ist. Die Blätter sind groß, grün bis bräunlich, ohne Nebenblätter, auf der Wasseroberfläche schwimmend. Die Nerven sind dichter als bei der Weißen Seerose, nicht miteinander verbunden und am Blattrand 1- bis 3-fach gabelig verästelt. Die Blüten wachsen einzeln, je nach Wassertiefe auf bis zu 2 m langen, im oberen Teil stumpf 3-kantigen Stielen. Sie sind durchschnittlich 4–6 cm groß und duften nach Äpfeln. Kelch und Krone sind meist 5-blättrig, die Staubblätter zahlreich. Die scheibenförmige Narbe ist in der Mitte trichterförmig vertieft. Die Frucht ist eine mehrfächrige, flaschenförmige Kapsel mit zahlreichen, nackten, bräunlichen Samen ohne Anhängsel.

Blütezeit: April–September.

Areal und ökologische Ansprüche: Ein Hydrophyt mit eurosibirischer Verbreitung. Die Gelbe Teichrose wächst in stehenden oder langsam fließenden Gewässern der Ebenen, seltener auch in der Hügelzone. Gegenüber der chemischen Zusammensetzung des Wassers ist sie indifferent. Am besten sagen ihr 60–120 cm tiefe meso- bis eutrophe Gewässer mit sapropelem Charakter des Grundes zu. Sie ist an die Gesellschaften des Verbandes Nymphaeion gebunden, wo sie für die Assoziation Myriophyllo-Nupharetum als Charakterart angeführt wird.

Wirtschaftliche Bedeutung und Wissenswertes: Sie ist eine sehr dekorative Pflanze, die Zierde der stehenden und träg fließenden Gewässer von 0,5–3 m Tiefe. Ihre vollblütigen Formen werden oft in Parkseen gepflanzt. Sie eignet sich auch für Aquarien. Man kann sie aus Wurzelstockteilen ziehen, sie bildet dann aber meist keine schwimmenden Blätter aus. Als aquaristische Pflanzen werden auch verwandte Arten wie Nuphar pumila – Zwerg-Mummel mit eurasiatischer Verbreitung und Nuphar japonica – Japanische Teichrose verwendet. Von Zuchtfischteichen werden Teichrosen meist ferngehalten, da sie mit ihren großen Blättern die Wasserfläche beschatten. Sie werden für Forellenteiche empfohlen. In unseren Breiten zählt sie zu den gesetzlich geschützten und zurückgehenden Arten.

10 **Weiße Seerose**

Nymphaea alba L.
Familie: Seerosengewächse – Nymphaeaceae

Beschreibung: Eine ausdauernde Pflanze mit fleischigem, bis 10 cm dickem, kriechendem, von Blattnarben bedecktem, meist senkrecht wachsendem Wurzelstock. Die Blätter sind langgestielt und schwimmen auf der Wasseroberfläche. Sie haben eirunde Form, einen tief herzförmigen Blattgrund. Im Unterschied zu den Blättern der Gelben Teichrose sind sie an der Unterseite rotviolett überhaucht. Die Blüten wachsen einzeln auf langen Stielen. Der Kelch ist 4-blättrig, die Kronblätter sind zahlreich (12–40) und gehen allmählich in die Staubblätter über, die bis zu 125 unterschiedlich dicke Staubfäden besitzen. Sie umwachsen den Fruchtknoten bis zu dessen Spitze. Die flache Narbenscheibe ist 12–25-strahlig. Die Frucht ähnelt einer halbkugelförmigen Mohnkapsel mit mehreren Fächern. Sie reift unter Wasser, die braunroten Samen sind zu geleeartigen Klümpchen vereinigt. Seltener ist die Kleine Seerose (Nymphaea candida Presl), die sich durch angenäherte, sich überdeckende Blattlappen, erweiterte Staubfäden der inneren Staubblätter und eine 6- bis 16-lappige Narbe sowie durch die Form der Pollenkörner unterscheidet.

Blütezeit: Juni–August.

Areal und ökologische Ansprüche: Eine europäische Art mit ozeanischer Verbreitung, ein Hydrophyt. Sie wächst in stehenden oder langsam fließenden, mesotrophen und eutrophen Gewässern. Die optimale Wassertiefe für ihr Vorkommen ist 80–140 cm; tiefere Gewässer werden von ihr gemieden. Sie wurzelt im Grund der Gewässer in Faulschlamm oder in Gleyböden. Sie gilt als Kennart des gleichnamigen Verbandes Nymphaeion. Diese seltene Art ist von Meliorationen und Flußverunreinigungen bedroht und ist deshalb gesetzlich geschützt.

Wirtschaftliche Bedeutung und Wissenswertes: Der junge Wurzelstock der Weißen Seerose enthält viel Stärke und ist eßbar. Die breiten Blätter bieten den Fischen Schutz. In Zuchtteichen mit Ausnahme von Forellenanlagen sind jedoch dichtere Seerosenbestände unerwünscht, da sie die Wasserfläche zu sehr beschatten. Die Weiße Seerose zählt zu den schönsten geschützten Pflanzen. Sehr häufig wird sie als Zierpflanze in Parkseen kultiviert. Sie läßt sich durch Wurzelstockteilung vermehren. Geschützt!

11 Sommer-Adonisröschen, Kleines Teufelsauge

Adonis aestivalis L.

Familie: Hahnenfußgewächse – Ranunculaceae

Beschreibung: Eine einjährige, 20–40 cm hohe Pflanze mit aufrechtem, wenig verzweigtem und kahlem Stengel. Die Blätter sind drei- bis vierfach fiederteilig, mit fädlich-linealischen Zipfeln. Die unteren Blätter sind kurzgestielt, die oberen sitzend. Die Blüten wachsen einzeln, aufrecht, sind 2–3,5 cm breit. Die Kelchblätter sind an die doppelt so lange Krone angeschmiegt, sie sind hellgrün, kahl und rasch abfallend. Die Kronblättchen in einer Zahl von 6–8 sind gewöhnlich rot, seltener zitronengelb, meist mit einem roten oder blauschwarzen Fleck am Grund. Die Staubblätter sind zahlreich und dunkelviolett. Die Sammelfrucht mit vielen Nüßchen ist eiförmig-walzlich. Die Nüßchen sind 5–6 mm lang, rundlich-fünfeckig mit einem schrägen, geraden Schnabel; sie sind kahl, faltig, graugelb bis hellgraubraun.

Blütezeit: Von Ende Mai bis zur zweiten Julihälfte. Vereinzelt auch später.

Areal und ökologische Ansprüche: Das Sommer-Adonisröschen hat eine europäisch-westasiatische Verbreitung. In Mitteleuropa kommt es als Archäophyt vor. Es liebt wärmere Lagen der Ebenen und Hügelzonen. Es kommt auf Getreideäckern und ruderalen Standorten vor. Es bevorzugt Ton- und Lehmböden mit mäßigem $CaCO_3$-Gehalt. Seltener ist es auf Äckern mit höherem Skelettanteil zu finden. Das Sommer-Adonisröschen gilt als Charakterart (Kennart) des Verbandes Caucalidion lappulae (basiphile Haftdolden-Gesellschaften) und gleichzeitig auch der Assoziation Galio-Adonidetum, wo es oft die dominante Art ist. In fast ganz Mitteleuropa zählt es zu den bedrohten Taxa.

Wirtschaftliche Bedeutung und Wissenswertes: Das Sommer-Adonisröschen wächst vor allem im Wintergetreide, in manchen Gegenden häufig auch im Sommergetreide und zuweilen auch in Hackfrüchten. Auf Äckern wird es vorwiegend mit dem verunreinigten Saatgut (hauptsächlich Getreide), mit Stallmist usw. verbreitet. Die Samen bewahren ihre Keimfähigkeit im Boden über mehrere Jahre hin. Die Pflanze ist giftig und als Futterbestandteil deshalb gefährlich. Das Vieh nimmt sie nicht gern. Die mit dem Getreide gemahlenen Samen färben Mehl gräulich. Brot aus solchem Mehl schmeckt bitter. Geschützt!

12 **Busch-Windröschen**

Anemone nemorosa L.

Familie: Hahnenfußgewächse – Ranunculaceae

Beschreibung: Eine Pflanze mit geradem, kriechendem, braunrotem Wurzelstock mit zahlreichen Fadenwurzeln. Im zeitigen Frühjahr erscheint ein kahler, aufrechter, 20–30 cm hoher Stengel mit einem langgestielten Grundblatt (kann auch fehlen) und drei weiter oben am Stengel befindlichen, quirlständigen Stengelblättern (morphologisches Merkmal der Anemonen und Küchenschellen). Alle Blätter haben die gleiche Form, sie sind handförmig dreiteilig bis geschnitten, jeder Teil oder jedes Segment ist zwei- bis dreifach gespalten. Die Anemone hat gewöhnlich eine relativ große Blüte auf einem langen Stiel, seltener sind zweiblütige Exemplare. Die Blütenblätter sind weiß, an der Außenseite rötlich, rosa oder violett angehaucht, länglich-eiförmig, kahl. Die Staubblätter sind zahlreich und gelb. Die Frucht ist ein Nüßchen mit rauhen Haaren und gebogenem Schnabel. In der Reifezeit hängt die ganze Sammelfrucht herab.

Blütezeit: März–Ende Mai.

Areal und ökologische Ansprüche: Das Busch-Windröschen ist ein in Europa und Ostasien verbreiteter Geophyt. In Mitteleuropa ist es eine gemeine Art von der Hügel- bis zur Bergstufe. Als ursprüngliche Waldpflanze mit optimalem Vorkommen in Laubwäldern, vor allem in Buchenwäldern (aber auch anderen Gesellschaften der Klasse Carpino-Fagetea) hat es sich auch sekundären, anthropogenen Phytozönosen, besonders Weiden und Wiesen, die zur Ordnung Nardetalia oder zum Verband Polygono-Trisetion gehören, angepaßt. Hier kommt es in größeren Mengen vor allem auf ungedüngten Wiesen mit oligotrophen Böden vor. Nicht selten ist es auch in Gebüschphytozönosen zu finden.

Wirtschaftliche Bedeutung und Wissenswertes: In der botanischen Literatur werden mehrere farbige Formen und Verunstaltungen, vor allem der Blüten beschrieben. In der Volksmedizin wurde die frische Pflanze zuweilen für die bessere Durchblutung der Organe verwendet. Sie darf nicht ohne ärztlichen Rat verwendet werden, da sie giftig ist. Sie bildet Bastarde mit dem Gelben Windröschen.

13 Sumpf-Dotterblume

Caltha palustris L.

Familie: Hahnenfußgewächse – Ranunculaceae

Beschreibung: Eine ausdauernde Pflanze mit starkem, verzweigtem, unterirdischem Wurzelstock. Der Stengel kann bis zu 50 cm hoch werden, er ist aufsteigend, wenig verzweigt, grün, kahl. Die langgestielten Grundblätter sind rundlich-herzförmig, die ersten Frühjahrsblätter meist ganzrandig oder gekerbt; später, nach dem Verblühen, wachsen Blätter mit gezähntem Rand. Die Stengelblätter haben kürzere Stiele, die oberen, nierenförmigen Blätter sind ungestielt, viel kleiner als die anderen. Alle Blätter sind glatt, matt glänzend und zeichnen sich durch eine deutliche Nervatur aus. Die großen, gelben Blüten haben 5 (zuweilen auch mehr) glänzende Blütenblätter und viele Staubblätter. Die Balgfrüchte sind in einer sehr charakteristischen Balgsammelfrucht angeordnet.

Blütezeit: Sie blüht von März bis Mai (in Tälern zeitiger, in den Bergen später), seltener zum zweiten Mal im Sommer.

Areal und ökologische Ansprüche: Die Sumpf-Dotterblume zählt zu den zirkumpolaren, in ganz Europa, Asien und Nordamerika verbreiteten Arten. Sie wächst in großen Populationen auf feuchten, sumpfigen Böden, vom Flachland bis zur Gebirgsstufe. Sie benötigt gleichmäßig mit Grundwasser versorgten Boden. Heute gilt sie als Kennart der waldlosen Sumpfphytozönosen des Verbandes Calthion (wo sie auch die dominierende Rolle spielt), jedoch zeugt ihr häufiges Vorkommen in flußnahen Erlenwäldern (Klasse Alnetea glutinosae, Verband Alnion glutinoso-incanae) davon, daß sie ursprünglich eine Waldart gewesen ist. Häufig begegnet man ihr auch in den Beständen der Ordnung Phragmitetalia (Röhrichte und Großseggen-Sümpfe) und in Quellflurgesellschaften der Ordnung Montio-Cardaminetalia.

Wirtschaftliche Bedeutung und Wissenswertes: Die Sumpf-Dotterblume ist sehr variabel, und kommt in mehreren Unterarten vor. Meist wächst sie gesellig und entwertet Wiesen einerseits dadurch, daß sie mit ihren großen und üppig wachsenden Blättern andere wirtschaftlich wichtige Pflanzen überschattet und im Wachstum behindert und andererseits dadurch, daß die getrockneten Blätter sehr brüchig sind, leicht in winzige bis staubförmige Teilchen zerfallen und sich beim Transport aus dem Futter verlieren. Frisch ist sie leicht giftig. In der Volksheilkunde wurde sie früher als Abführmittel und harntreibendes Mittel, vor allem im frischen Zustand, verwendet.

14 Dreilappiges Leberblümchen

Hepatica nobilis Schreb.

Familie: Hahnenfußgewächse – Ranunculaceae

Beschreibung: Eine ausdauernde, etwa 20 cm hohe Pflanze mit kurzem, dunkelbraunem, schuppigem Wurzelstock. Aus diesem gehen langgestielte, lederige, überwinternde Blätter hervor. Jung sind sie weißbehaart bis weißwollig, weich, mit zunehmendem Alter werden sie hart, lederig und kahl. Die Blattspreiten sind breit herzförmig, mit drei abgerundeten oder stumpfspitzigen Lappen. Auf der Oberseite sind sie dunkelgrün, unterseits meist violett-grünlich. Die einzelnen Stengel enden in einer Blüte, die von drei kleinen, ungeteilten, kelchartigen Hochblättern getragen wird, die auch während der Fruchtreife erhalten bleiben. Die Blüte wird meist von 6–7 hellblau-lila, selten rosa oder weißen Blütenblättern gebildet. Ihre Zahl ist sehr unterschiedlich, sie schwankt zwischen 4 und 11. Bekannt sind auch gefüllte Formen. Die Staubblätter und Fruchtknoten sind meist in größerer Zahl vorhanden. Die Nüßchen haben einen ölhaltigen Auswuchs, von dem sich Ameisen ernähren und so die Samen von der Mutterpflanze wegtragen.

Blütezeit: März–April, in höheren Lagen gewöhnlich später.

Areal und ökologische Ansprüche: Das Leberblümchen ist ein Hemikryptophyt der submediterranen, gemäßigten und subozeanischen Region Europas und Asiens. In Mitteleuropa hat es seinen Lebensraum vor allem in den krautreichen Laubmischwäldern, die zur Ordnung Carpino-Fagetalia gehören. Hier wächst es vor allem in Hainbuchen-, Buchen- und Erlen-Eschenwäldern (Alnion glutinoso-incanae), in Eschen-Stieleichenwäldern (Fraxino-Quercion), in Hartholzauenwäldern (Carpino-Ulmion).

Wirtschaftliche Bedeutung und Wissenswertes: Das Leberblümchen ist eine der ersten blühenden Zierpflanzen des Frühjahrs. In der Volksheilkunde wurde es bei Leber-, Gallen-, Nieren- und Blasenbeschwerden verwendet. Es ist nicht giftig, der Wurzelstock enthält Saponin und einige Alkaloide (bekannt ist Protoanemonin).

15 Gemeine oder Echte Küchenschelle, Kuhschelle

Pulsatilla vulgaris Mill.

Familie: Hahnenfußgewächse — Ranunculaceae

Beschreibung: Eine ausdauernde Pflanze mit stark verzweigtem Wurzelstock, rosettenständigen Grundblättern und mehreren einfachen Stengeln. Die Grundblätter sind langgestielt, silbrig behaart, in der Blütezeit nur 1—1,5 cm lang, erst Ende des Sommers voll entwickelt. Sie haben einen 4—12 cm langen, am Grunde erweiterten Stiel, die Blattspreite ist im Umriß eiförmig, doppelt bis dreifach fiederschnittig. Die Stiele sind behaart, anfangs 5—20 cm lang, nach dem Verblühen beträchtlich verlängert (bis zu 50 cm). Die Stengelblätter sind 2—3 cm lang, in 15—25 schmale, einfache Abschnitte geteilt und ebenfalls silbrig behaart. Die Blüten sind anfangs glockig, später schüsselartig erweitert, 5—5,5 cm groß. Die Blütenhüllblätter sind länglich eiförmig, spitz, anfangs dunkelviolett, später hell, selten weiß, an der Außenseite filzig. Die Staubblätter sind zahlreich, gelb und kürzer als die Blütenhülle. Die Früchte sind Nüßchen mit nach der Blütezeit bis zu 3,5 cm verlängertem, abstehend seidig behaartem Griffel.

Blütezeit: Von März bis Mai, mitunter nochmalige Blüte Ende September.

Areal und ökologische Ansprüche: Eine europäische, subkontinentale, vom Flachland bis zur Vorgebirgslage verbreitete Art. Eine lichtliebende Pflanze, die auf verschiedenen geologischen Substraten wächst. Sie ist vor allem in Rasengesellschaften, aber auch in Waldgesellschaften zu finden. Von den Waldgesellschaften sind das vor allem die Bestände der Klassen Erico-Pinetea und hier vor allem der Verband Erico-Pinion, weniger die Kiefernwälder auf Sandboden (Dicrano-Pinion). Von den Rasengesellschaften sind an erster Stelle Gesellschaften der Klasse Festuco-Brometea, der Ordnung Sedo-Scleranthetalia, Festuco-Sedetalia und des Verbandes Euphorbio-Callunion zu nennen.

Wirtschaftliche Bedeutung und Wissenswertes: Die Küchenschelle zählt zu den bedrohten Arten. Wegen ihres dekorativen Aussehens wird sie oft in Ziergärten angepflanzt, vor allem in Steingärten. Sie ist giftig. Das Kraut (herba Pulsatillae) enthält Anemonin und Anemonensäure. In der Volksheilkunde wurde es als Sedativum verwendet, verschwand später aber aus der Therapie. Geschützt!

16 Scharfer Hahnenfuß

Ranunculus acris L.

Familie: Hahnenfußgewächse – Ranunculaceae

Beschreibung: Eine ausdauernde Pflanze mit kurzem, wie abgebissenem Wurzelstock mit vielen dünnen Seitenwurzeln. Der gerade Stengel wird fast 1 m hoch, er ist meist reich verzweigt, kahl oder anliegend behaart. Die grundständigen Blätter sind langgestielt. Ihre Spreiten sind doppelt handförmig geteilt, die Zipfel linealisch-lanzettlich. Die Stengelblätter haben kürzere Stiele und sind einfacher geteilt, die oberen sind fast sitzend, ihre Zipfel sind schmal, linealisch. Alle Blätter sind jung silberseidig behaart. Die Blüten sind groß, die Blütenstiele lang. Die Kelchblätter sind anliegend behaart, grün, die Kronblätter groß, glänzend, gelb, eiförmig, rundlich, die Nektarien sind von fast quadratischen Schüppchen verdeckt. Die abgeplatteten Nüßchen mit kurzen, geraden oder gebogenen Schnäbelchen sitzen auf einem kahlen Boden.

Blütezeit: Mai–Oktober.

Areal und ökologische Ansprüche: Der Scharfe Hahnenfuß ist eine zirkumpolare, in ganz Europa, Asien, Nord- und Südafrika sowie in Nordamerika, besonders unter ozeanischen Klimabedingungen verbreitete Art. In Mitteleuropa ist er von der Ebene bis hinauf zu den Gebirgszonen häufig. Er ist eine ausgesprochene Wiesenart, die als charakteristisch für die gesamte Klasse Molinio-Arrhenatheretea (Wirtschaftswiesen) gilt. Er erfordert frischfeuchte Böden, die gut mit Mineralstoffen versorgt sind.

Wirtschaftliche Bedeutung und Wissenswertes: Er ist sehr giftig für Mensch und Tier, vor allem in frischem Zustand. Getrocknet verliert sich die Giftigkeit, im Heu ist er unschädlich. Giftig wirkt er auch auf die Haut, wo er Rötungen, Schwellungen und zuweilen Geschwüre verursacht. Das Gift kann bei hoher Dosierung die Tätigkeit des Nervensystems hemmen und Tod durch Erstickung verursachen. In der Volksheilkunde wurde der Scharfe Hahnenfuß bei Rheumatismus und Hautkrankheiten verwendet. Die Anwendung ist recht gefährlich, da bei der Behandlung große Dosen verabreicht werden müssen.

17 Frühlings-Scharbockskraut, Feigwurz

Ranunculus ficaria L.

Familie: Hahnenfußgewächse – Ranunculaceae

Beschreibung: Eine ausdauernde Pflanze mit keulenförmigen Wurzelknollen und einem oder mehreren, bis 30 cm langen, liegenden oder aufsteigenden, einfachen oder verzweigten Stengeln. Die Grundblätter sind fleischig, glänzend, kahl, langgestielt, mit breiten Scheiden und herzförmig-eiförmigen bis rundlich-nierenförmigen, ganzrandigen oder unregelmäßig gekerbten oder gezähnten Spreiten. In den unteren Blattachseln sind oftmals eiförmige Brutknollen. Die goldgelben Blüten sind durchschnittlich 2–3 cm groß, einzeln, auf langen Stielen. Der Kelch ist gelbgrün, meist aus 3 (bis 7) Blättchen, die Krone aus 8–12 glänzenden, schmal eiförmigen Blütenhüllblättern zusammengesetzt, die Honiggrube ist durch eine längliche Schuppe verdeckt. Früchte entwickeln sich ziemlich selten, es sind behaarte Nüßchen mit fleischigem Auswuchs (durch Ameisen verbreitet).

Blütezeit: März–Mai.

Areal und ökologische Ansprüche: Das Scharbockskraut zählt zu den Arten mit europäischer Verbreitung und zwar vor allem unter ozeanisch-subozeanischen Klimabedingungen. In Mitteleuropa ist es von den Ebenen bis zur Gebirgsstufe verbreitet. Es ist eine Waldart, die mittelfeuchte bis nasse Böden mit häufig schwankendem Grundwasserspiegel verlangt. Sehr häufig ist es deshalb in Auenwäldern, besonders des Verbandes Alnion glutinoso-incanae und des Verbandes Fraxino-Quercion. Ähnlich verbreitet ist es in den Gebüschen um diese Wälder (Ordnung Prunetalia). Nicht selten ist es auch in Waldquellgebieten (Montio-Cardamion), kommt aber auch auf reichen, frischen Wiesen des Verbandes Arrhenatherion vor. Ein Hemikryptophyt.

Wirtschaftliche Bedeutung und Wissenswertes: Die jungen Blätter können im zeitigen Frühjahr als ausgezeichnetes Gemüse konsumiert werden, später nehmen sie einen beißenden Geschmack an und werden giftig. Das Scharbockskraut war früher eine Heilpflanze bei Hämorrhoiden und Rachitis.

18 Kriechender Hahnenfuß

Ranunculus repens L.

Familie: Hahnenfußgewächse – Ranunculaceae

Beschreibung: Eine ausdauernde, 15–40 cm hohe Pflanze mit Faserwurzeln und oberirdischen Ausläufern, die an den Knoten Wurzeln bilden. Der Stengel ist aufrecht oder aufsteigend. Die Grundblätter sind gestielt, dreizählig, die Teilblättchen sind ebenfalls gestielt, meist dreiteilig, mit gelappten oder gezähnten Abschnitten. Die Stengelblätter ähneln in ihrer gesamten Form den basalen Blättern, werden jedoch aufwärts immer einfacher. Die Blüten sind einzeln, goldgelb, glänzend, mit eiförmigen, behaarten Kelchblättern und abstehenden Kronblättern, die sich mit ihren Rändern überdekken. Die Sammelfrucht aus Nüßchen ist kugelig, der Blütenboden borstig behaart. Die Nüßchen sind seitlich eingedrückt, kahl, mit kurzem oder schwach gekrümmtem Schnäbelchen.

Blütezeit: Mai–August.

Areal und ökologische Ansprüche: Eine eurasiatische Art, die in ganz Europa, im Kaukasus, im Iran, in Sibirien, in Nordafrika und sekundär auch in Nordamerika beheimatet ist. Ein feuchtigkeitsliebender Hemikryptophyt, der in Mitteleuropa von den Ebenen bis zur Gebirgs- (subalpinen) Stufe vorkommt. Als halbschattenliebende Pflanze nutzt der Kriechende Hahnenfuß die Beschattung durch höhere Schichten der vielfältigsten feuchtigkeitsliebenden Gesellschaften; von den Waldgesellschaften die Auenweidengebüsche (Salicetea purpureae, Alnetea glutinosae); von den Spülsäumen der Flüsse die Bestände des Verbandes Agropyro-Rumicion; Ackerunkrautgesellschaften der Klasse Secalinetea; Ruderalgesellschaften der Klassen Chenopodietea, Bidentetea und andere. Zahlreich ist er in Wiesenbeständen der Klasse Molinio-Arrhenatheretea.

19 **Großes Schöllkraut**

Chelidonium majus L.

Familie: Mohngewächse – Papaveraceae

Beschreibung: Eine ausdauernde, etwa 50 cm hohe, jedoch oftmals 1 m erreichende Pflanze. Die Wurzel ist groß, verzweigt, der Stengel aufrecht, rund, dünn, abstehend behaart, vor allem in der oberen Hälfte verzweigt. Alle Blätter sind fiederschnittig, die unteren groß, langgestielt, die oberen sitzend eiförmig, gekerbt, gelappt bis eingeschnitten, zerstreut behaart, unterseits heller. Die leuchtend gelben Blüten stehen einzeln oder in einer wenigblütigen Dolde. Sie besitzen zwei Kelchblätter, die die Blütenknospen umhüllen und bei der Entwicklung der Blüte abfallen. Die Kronblätter sind 4-zählig und eiförmig, die Staubblätter zahlreich. Die Frucht ist eine bis 5 cm lange, von unten nach oben aufplatzende, schotenartige Kapsel, die Samen sind schwarz, mit einem kammähnlichen Auswuchs. Die Pflanze besitzt einen orangegelben Milchsaft.

Blütezeit: Mai–September.

Areal und ökologische Ansprüche: Das Schöllkraut gilt als eurasiatische Art, die von den Ebenen bis zur Gebirgsstufe, und zwar vor allem auf Böden mit höherem Stickstoffgehalt (Nitrate) wie auf Schutthalden, ruderalen Standorten, in Robinienforsten, in Holunder-, Schlehdornhecken u. a. m. wächst.

Wirtschaftliche Bedeutung und Wissenswertes: Bereits im Altertum war das Schöllkraut eine geschätzte Heilpflanze. Die mittelalterlichen Alchimisten sahen in der gelben Wurzel den „Stein der Weisen". Die volkstümliche Verwendung war weitaus realistischer, z. B. gegen Warzen, Gelbsucht, Schüttelfrost, Wassersucht, Darm- und Leberschmerzen, gegen Hautkrankheiten, Gallensteine. Die Pflanze enthält mehrere Alkaloide, die als Nervengift wirken; sie sind auch gegen Bakterien und Schimmelpilze wirksam. Die Milch des Schöllkrauts ist giftig für kleinere Haustiere.

20 **Klatsch-Mohn**

Papaver rhoeas L.
Familie: Mohngewächse – Papaveraceae

Beschreibung: Eine einjährige, 20–90 cm hohe Pflanze. Der Stengel ist aufrecht, einfach oder schwach verzweigt, abstehend borstig. Die Blätter sind wechselständig, die unteren in den Stiel verschmälert, die oberen sitzend, alle borstig rauh, im Umriß länglich, einfach bis doppelt fiederschnittig mit scharf gezähnten Abschnitten. Die Blüten wachsen einzeln, auf langen achselständigen Stielen, sie sind nickend bis aufrecht, etwa 10 cm groß. Der Kelch ist grün, borstig und hinfällig, die Kronblätter sind rund, mehr oder weniger ganzrandig, scharlachrot (selten violett oder weiß), am Grunde zuweilen alle oder nur zwei mit einem schwarzen Fleck. Die zahlreichen Staubblätter sind fast schwarz. Die Narbe hat 10 (5–18) Lappen, die sich mit den Rändern überdecken. Die Frucht ist eine 1–2 cm lange, verkehrt eiförmige, kahle Kapsel (Mohnkapsel). Unter der lappigen Narbe sind Öffnungen, durch die kleine, braune, 0,6–1 mm lange Samen herausfallen.

Blütezeit: Mai–Juni.

Areal und ökologische Ansprüche: Eine europäische Art mit Verbreitungstendenz zu den subozeanischen Lagen hin. Der stark nitrophile Klatsch-Mohn kommt auf beinahe allen Schuttplätzen und vom Menschen beeinflußten Standorten und Phytozönosen von den Ebenen über die Hügelstufe bis in die Vorgebirgslagen vor. Ein Therophyt. Eine gegen Emissionen recht resistente Art, vor allem gegen Auspuffgase.

Wirtschaftliche Bedeutung und Wissenswertes: Der Klatsch-Mohn kommt als Ackerwildkraut vorwiegend im Wintergetreide, oft auch im Sommergetreide und Ölraps, mit Hackfrüchten und anderen landwirtschaftlichen Früchten vor. Die Samen bewahren ihre Keimfähigkeit sehr lange im Boden. Sie keimen auch bei niedrigeren Temperaturen (+1 °C) im Herbst oder Frühjahr. Die jungen Pflänzchen überwintern gut und setzen ihre Entwicklung im Frühjahr rasch fort. Werden die Samen zusammen mit Getreide gemahlen, dann färben sie Mehl gelb und dieses verdirbt leicht. Den höchsten Anteil des Alkaloids Rhoeadin in der Pflanze enthalten die Kronblätter. Sie finden Verwendung in der pharmazeutischen Industrie. Die Droge ist Bestandteil von Brusttees (species pectorales).

21 Hohler Lerchensporn, Hohlwurz

Corydalis cava Schweigg. et Koerte
Familie: Mohngewächse – Papaveraceae

Beschreibung: Eine ausdauernde, mit einer großen Knolle tief im Boden wurzelnde Pflanze. Zeitig im Frühjahr geht aus der Knolle ein 10–35 cm hoher, aufrechter, grüner oder rötlicher, kahler Stengel hervor. An diesem befinden sich meist nur zwei langgestielte, unpaarig einpaarig gefiederte Laubblätter mit doppelt geschnittenen Fiederblättchen. Die Blüten stehen in einer endständigen, dichten, vielblütigen Traube, jede wächst aus der Achsel eines eiförmigen, ganzrandigen Hochblattes. Sie sind gelbweiß oder trübrot, zweilippig, mit einem langen gebogenen Sporn und auffallendem Harzgeruch. Interessant sind zwei dreiteilige Staubblätter, die mittleren Staubbeutel haben je zwei Pollensäckchen, die seitlichen nur je eins. Die Frucht ist eine Kapsel, in der schwarzbraune Samen mit einem fleischigen Auswuchs liegen.

Blütezeit: Zeitig im Frühjahr, von März bis Mai.

Areal und ökologische Ansprüche: Der Lerchensporn ist eine europäische Art des subozeanischen Klimas. Er wächst von den Ebenen bis zur Gebirgsstufe auf tiefgründigen, humusreichen Waldböden. Am häufigsten kommt er in Laubmischwäldern, vor allem in Auenwäldern (Verband Fraxino-Quercion, Carpino-Ulmion, Alnion glutinoso incanae), aber auch in Eichen-Hainbuchenwäldern (Verband Eu-Carpinion) und reicheren Buchenwäldern (Asperulo-Fagion) vor. Häufig ist er auch in gut gedüngten Gärten und Weinbergen.

Wirtschaftliche Bedeutung und Wissenswertes: Pflanzen mit beiden Blütenfarben wachsen nebeneinander, die rote ist meist häufiger. Die Knolle stirbt von unten her ab, deshalb ist sie hohl. In der Vergangenheit war der Hohle Lerchensporn eine Heilpflanze (Parkinsonsche Krankheit), konnte sich aber wegen der ungleichmäßigen Wirkungen als offizinelle Pflanze nicht halten. In der gesamten Pflanze, vor allem aber in der Knolle, kommen etwa 20 Alkaloide vor. Am bekanntesten sind Korydalin und Bulbokapnin, das ein Steifwerden der Gliedmaßen hervorruft. Außerdem senkt es den Blutdruck und hemmt die peristaltischen Darmbewegungen. Vergiftungen wurden bisher nicht beobachtet.

22 **Gemeiner Erdrauch**

Fumaria officinalis L.
Familie: Erdrauchgewächse – Fumariaceae

Beschreibung: Eine einjährige, 10–40 cm hohe, kahle, blaugrüne Pflanze mit feiner, oft unregelmäßig gekrümmter Pfahlwurzel. Der Stengel ist aufrecht oder aufsteigend, verzweigt, mehr oder weniger gerillt und dicht beblättert. Die Blätter sind zart, gestielt, doppelt fiederschnittig, die Abschnitte sind kurzgestielt, die Zipfel länglich-linealisch, 2–3 mm breit. Der Blütenstand ist eine aufrechte, dichte Traube. Die Einzelblüten sind bis 8 mm lang, symmetrisch, mit 2 abfallenden Kelchblättern, 4 Kronblättern, die rot oder rosa und an der Spitze dunkelpurpurrot sind. Das obere äußere Blütenblatt ist gespornt, die beiden inneren sind vorn verwachsen. Nur zwei Staubblätter. Die Frucht ist ein nierenförmig-kugeliges, oben eingedrücktes, einsamiges Nüßchen, etwa 2–2,5 mm breit, grün oder gelbbraun.

Blütezeit: Von April bis Ende September.

Areal und ökologische Ansprüche: Eine europäische Art mit Schwerpunkt in ozeanischen Klimabedingungen. Der Erdrauch ist von den Ebenen bis zur Vorgebirgsstufe verbreitet. In höheren Lagen hält er sich nur an Südhängen. Er ist eine Schuttart, die humose, sandige oder lehmig-sandige, basenreiche Böden verlangt. Er ist in ruderalen Phytozönosen konzentriert und zwar vor allem in Gesellschaften der Verbände Caucalidion lappulae, Aphanion und Fumario-Euphorbion. Oft dringt er auch in sekundäre Buschgesellschaften ein.

Wirtschaftliche Bedeutung und Wissenswertes: Der Erdrauch wächst als Wildkraut in Gemüsebeeten, in Hackfrüchten und taucht auch in lockeren Getreideäckern auf. Die Samen keimen nach dem Ausreifen schwach und unregelmäßig, aber nach Überwinterung im Boden erhöht sich ihre Keimfähigkeit beträchtlich. Sie keimen im Boden das ganze Jahr über, so daß nach jeder Bodenbearbeitung wieder junge Pflänzchen erscheinen. Der Stengel (herba Fumariae) hat einen unangenehmen Geruch und scharfen, salzig-bitteren Geschmack, der von dem Alkaloid Fumarin oder Protopin herrührt. Außer Alkaloiden enthält die Pflanze auch Bitterstoffe und Harz. In der Pharmazie wird das Kraut für die Herstellung von Abkochungen und Tees gegen Hautkrankheiten verwendet. Da der Erdrauch giftig ist, wird er von Tieren nicht gern genommen.

23 Gemeines Lauchkraut, Knoblauchsrauke, Lauchhederich

Alliaria petiolata (M. Bieb.) Cavara et Grande
Familie: Kreuzblütengewächse – Brassicaceae

Beschreibung: Eine zweijährige, bei Bildung von Seitenknospen auch mehrjährige Pflanze. Die Wurzel ist spindelförmig, einfach. Der reich beblätterte Stengel ist aufrecht, einfach, nur im Blütenstand schwach verzweigt, kantig, bereift, im unteren Teil dünn abstehend behaart. Selten kommen auch strauchig verzweigte Exemplare vor, die bei vollem Licht wachsen. Die Blätter sind dünn, kahl, die untersten langgestielt, nierenförmig oder rund-eiförmig, meist gekerbt oder stumpf gesägt. Die oberen Blätter mit immer kürzer werdenden Stielen sind dreieckig bis länglich eiförmig, am Rand stumpf und meist sehr ungleich gesägt. Sie riechen stark nach Knoblauch. Die kleinen Blüten sind in einfachen Trauben angeordnet, die aus den Achseln der obersten Blätter herauswachsen. Sie haben vier hellgrüne Kelchblätter mit einem weißen Häutchen am Rand und vier weiße Kronblätter, die größer als die Kelchblätter sind, 6 Staubblätter, davon 4 längere und 2 kürzere. Die Frucht ist eine vierkantige Schote. Die Samen sind schwarzbraun, an der Oberfläche rauh.

Blütezeit: Von April bis Juni, in höheren Lagen auch später, bzw. im Herbst ein zweites Mal.

Areal und ökologische Ansprüche: Die Knoblauchsrauke zählt zu den Pflanzen mit europäischer und westasiatischer Verbreitung. Sie ist ein stark nitrophiler Waldhemikryptophyt, der tiefgründige, gut durchlüftete, lehmig-sandige bis kiesige Böden (Feingeröll) liebt. Schwerpunkt ihres Vorkommens ist in Laubwäldern des Verbandes Fraxino-Quercion (mesophile Auenwälder); Carpino-Ulmion, aber auch an Flußrändern (Klasse Galio-Urticetea) und in wärmeren Blockschuttwäldern (Verband Tilio-Acerion). Gegenüber dem chemischen Charakter des geologischen Substrats ist sie indifferent; Voraussetzung ist stets ein hoher Humusgehalt.

Wirtschaftliche Bedeutung und Wissenswertes: Früher wurde sie als Auflage auf entzündete eitrige Wunden und Geschwüre verwendet. In Frankreich bereitet man Salat aus ihr.

24 Echtes Barbarakraut, Winterkresse

Barbarea vulgaris R. Br.

Familie: Kreuzblütengewächse – Brassicaceae

Beschreibung: Eine zweijährige bis ausdauernde, 20–80 cm hohe, mehr oder weniger kahle Pflanze mit spindelförmiger Pfahlwurzel. Die Stengel sind aufrecht, gefurcht und verzweigt. Die Blätter sind wechselständig, am Grunde pfeilförmig stengelumfassend mit abstehenden Endlappen (Öhrchen), leierförmig-fiederschnittig, mit seitlichen Abschnitten in 2–4 Paaren. Die obersten Blätter sind fiederteilig oder tief gezähnt und sitzend. Die Blüten stehen in lockeren oder dichteren Trauben. Die einzelnen Blüten sind regelmäßig, kurzgestielt, die Kelchblätter 2,5–3,5 mm lang, die Kronblätter schmal verkehrt eiförmig, 5–7 mm lang, gelb oder goldgelb. Die Staubblätter sind viermächtig, der Fruchtknoten ist oberständig. Die Früchte sind abstehende Schoten mit etwa 1,3–1,5 mm langen Samen mit feiner Netzstruktur an der Oberfläche.

Blütezeit: April bis Anfang Juli.

Areal und ökologische Ansprüche: Ein Hemikryptophyt, der im meridionalen bis borealen Gebiet Europas und Westasiens verbreitet ist. In Mitteleuropa kommt das Echte Barbarakraut von den Ebenen bis zur Gebirgsstufe vor. Seine Bindung an bestimmte Standorte ist bei den Unterarten verschieden. B. v. subsp. rivularis (Martr.-Don.) Rothm. ist in Saumgesellschaften um Auenwälder, besonders des Verbandes Convolvulion verbreitet; B. v. subsp. vulgaris in dem Verband Agropyro-Rumicion crispi (junge Spülsäume der Flüsse). Bei der dritten subsp. [B. v. subsp. arcuata (Opiz ex J. et C. Presl) Simk.] ist die phytozönologische Zugehörigkeit wenig erforscht.

Wirtschaftliche Bedeutung und Wissenswertes: Das Barbarakraut vermehrt sich durch Samen und Wurzeltriebe. Die Samenproduktion ist hoch, wobei eine Pflanze bis zu 10 000 Samen ausbilden kann. Die reifen Samen keimen sofort, nach der Überwinterung läßt ihre Keimfähigkeit nach. Aus dem Saatgut von Futterpflanzen lassen sich seine Samen nur schwer entfernen. Es kann jedoch als Futterpflanze mittlerer Qualität genutzt werden. Die Blätter können für Salate verwendet werden. Auch Heilwirkungen sind bekannt.

25 **Gemeines Hirtentäschel**

Capsella bursa-pastoris (L.) Med.
Familie: Kreuzblütengewächse – Brassicaceae

Beschreibung: Eine ein- oder zweijährige, 20–50 cm hohe, behaarte Pflanze mit spindelförmiger Wurzel und verzweigtem Stengel. Die Blätter der grundständigen Rosette sind fiederschnittig bis ganzrandig. Die Stengelblätter sind sitzend und am Grunde pfeilförmig umfassend. Der Blütenstand ist eine anfangs dichte, später verlängerte Traube. Die Blüten sind klein mit schräg abstehenden Kelchblättern und einer weißen, seltener rosa gefärbten Krone, die zuweilen auch fehlen kann. Die Frucht ist ein dreieckiges, oben ausgerandetes Schötchen, meist mit 10–20, seltener auch mehr Samen, die etwa 1 mm lang, gelbbraun bis rotbraun sind.

Blütezeit: Vom zeitigen Frühjahr bis zum Spätherbst.

Areal und ökologische Ansprüche: Eine zirkumpolare Art, die von den Ebenen bis zur Vorgebirgs- und Gebirgsstufe verbreitet ist, einer der häufigsten therophytischen Vertreter der synanthropen Flora. Man findet sie auf Wegen, an Straßenrändern, an Bahnstrekken, auf Bahnhöfen, Hinterhöfen, Müllabladeplätzen, Brachen, in Gärten usw. Ihren Schwerpunkt hat sie in Gesellschaften der Klasse Chenopodietea, jedoch ohne größeren diagnostischen Wert.

Wirtschaftliche Bedeutung und Wissenswertes: Das Hirtentäschel ist morphologisch sehr vielgestaltig. Die Samen besitzen eine gute Keimfähigkeit, die sich nach Überwinterung im Boden wesentlich beschleunigt und über 5–6 Jahre im Boden erhalten bleiben kann. Das Hirtentäschel ist häufig vor allem in Getreidefeldern, schlecht gepflegten Hackfrüchten, Gemüsebeeten, in Gärten, Baumschulen u. a. m. Es wird als Heilpflanze gesammelt. In der Volksheilkunde wird es seit jeher bei Blutungen, bei starker Menstruation und nach Geburten verwendet. Aufgüsse in starker Konzentration bewirken Gefäßerweiterung. Das Kraut enthält 1 % Cholin und Thyramin sowie ein Glykosid, das schwefelhaltige ätherische Öle spaltet, Gerbstoffe, Zitronensäure und eine nikotinähnliche, wahrscheinlich aromatische Ammoniumbase, die Krämpfe hervorruft. Aus den Drogen bereitete Präparate werden vor allem bei Gebärmutterblutung und starker Menstruation verabreicht.

26 Wiesen-Schaumkraut

Cardamine pratensis L.

Familie: Kreuzblütengewächse – Brassicaceae

Beschreibung: Eine ausdauernde, bis etwa 50 cm hohe Pflanze mit unterirdischem, kurzem, einköpfigem Wurzelstock, aus dem ein oder mehrere hohle, gerade, unverzweigte Stengel hervorgehen. Die unpaarig gefiederten, gestielten Grundblätter bilden eine Rosette. Die Fiederblättchen wachsen in 2–5 Paaren, das oberste unpaarige Blättchen ist am größten, rund, mit breiten abgerundeten Zähnen. Die übrigen Fiederblättchen sind kleiner. Die Stengelblätter werden blütenwärts immer kleiner, die unteren sind länger, die oberen kürzer gestielt oder fast sitzend. Die Blüten stehen in einem mehr oder weniger reichblütigen traubigen Blütenstand. Die Kronblätter sind groß, hellviolett oder weiß, mit dunkler Nervatur, die Staubblätter haben gelbe Staubbeutel. Die Früchte sind gestielte Schoten, die über ihre ganze Länge gleich dick sind. Die Samen sind hellbraun.

Blütezeit: April–Juni.

Areal und ökologische Ansprüche: Eine eurasiatische Art mit Hauptverbreitung in Europa, Asien und Nordamerika, vor allem unter ozeanischen Klimabedingungen. Das Wiesen-Schaumkraut kommt von den Ebenen bis zu den Gebirgslagen ziemlich häufig vor, stets aber nur auf feuchten, eventuell auch nassen Standorten mit Moor- und Gleyböden. Als lichtliebender Hemikryptophyt ist es in einer ganzen Reihe von Phytozönosen vertreten, und zwar von Sumpfwiesen und Quellfluren (Verband Calthion) bis zu frisch-feuchten und teilweise austrocknenden Wiesen (Klasse Molinio-Arrhenatheretea). In Ausnahmefällen kommt es auch in Auenwäldern und Gebüschen, besonders auf schwereren Böden, vor.

Wirtschaftliche Bedeutung und Wissenswertes: Das Wiesen-Schaumkraut bildet im Frühjahr auf den Wiesen reiche Bestände, die schon von weitem durch die zarte Farbe auffallen. Die grundständigen Blätter werden oft als schmackhafter, appetitanregender und vitaminreicher Salat gegessen.

27 Gelbe Resede, Gelber Wau

Reseda lutea L.

Familie: Resedengewächse – Resedaceae

Beschreibung: Eine zweijährige bis ausdauernde Pflanze mit einfachem, aufrechtem oder ausgebreitet ästigem, bis 50 cm hohem, meist kahlem, seltener spärlich behaartem Stengel. Die unteren Blätter sind ungeteilt, länglich-lanzettlich oder länglich-elliptisch, zwei- bis dreilappig, die oberen Blätter doppelt dreizählig oder doppelt fiederteilig, länglich-lanzettlich, mit schmaleren, linealischen seitlichen Teilen und einem breiteren Mittelteil. Die Teilblättchen sind stets ganzrandig. Die Blüten sind in kurzen, sich später verlängernden Trauben am Ende des Stengels oder der Ästchen auf längeren Stielen angeordnet. Sie sind 6-zählig, die Kelchblättchen bleiben an den Früchten haften. Die gelbgrünen oder hellgelben Kronblättchen sind meist dreiteilig mit größeren, halbmondförmigen seitlichen Teilchen und einem linealischen oder fadenförmigen Mittelteil. Sie sind ungleich groß, die hinteren ein oder zwei Kronblättchen sind meist größer, breiter als das vordere, mit einem schmaleren Mittelteilchen. Die Kapseln sind aufrecht, rund dreikantig, oben geöffnet, mit drei scharfen Zähnchen. Die zahlreichen schwarzen Samen sind glatt und glänzend.

Blütezeit: Mai–Oktober.

Areal und ökologische Ansprüche: Das Areal der Gelben Resede umfaßt das meriodionale bis temperate und ozeanische Gebiet Europas. In Mitteleuropa ist sie vor allem in den Ebenen, weniger häufig auch in Hügelgebieten verbreitet. Sie wächst auf trockeneren Sand-Lehmböden mit höherem Humusgehalt. Am häufigsten sind das Hochufer der Flüsse, verlassene Felder und Gärten, selten auch Müllhalden. Das größte Vorkommen hat sie in den Gesellschaften des Verbandes Dauco-Melilotion und Caucalidion lappulae. Sie ist ein licht- und wärmeliebender Hemikryptophyt.

28 **Feld-Veilchen, Stiefmütterchen**

Viola arvensis Murray

Familie: Veilchengewächse – Violaceae

Beschreibung: Eine ein- oder zweijährige, mehr oder weniger kahle Pflanze mit zarter Pfahlwurzel. Der Stengel ist 10–20 cm hoch, halbkriechend oder aufsteigend, oft reich verzweigt, kahl oder spärlich behaart. Die Blätter sind gestielt, eiförmig-elliptisch, nur die unteren sind mehr oder weniger rundlich, sie sind 1–2 cm lang und gekerbt. Die Nebenblättchen sind fiederteilig mit einem großen eiförmigen bis lanzettlichen und gekerbten Endblättchen. Die Blüten wachsen aus den Blattachseln auf Stielen, die zwei- bis dreimal so lang wie die Blätter sind. Die Größe der Blüten ist 1–1,5 cm, die Kelchblättchen sind lanzettlich, spitz mit einem rundlichen Anhängsel; die Kronblättchen sind kürzer oder genauso lang wie der Kelch, sie sind hellgelb, am Sporn und oftmals auch am oberen Kronblättchen violett. Die Frucht ist eine eiförmige, kahle Kapsel. Die Samen sind länglich-eiförmig, 1,5–2 mm lang, gelb bis gelbbraun, an der Oberfläche schwach glänzend.

Blütezeit: Von April bis zum Spätherbst.

Areal und ökologische Ansprüche: Eine eurasiatische Art. Das Feld-Veilchen wächst am häufigsten auf Feldern, von den Ebenen bis zu den Vorgebirgslagen, auf frischfeuchten bis mäßig austrocknenden Sand-Lehmböden. Es ist indifferent gegenüber dem Bodensäuregehalt. Das Hauptvorkommen erstreckt sich auf Getreidegesellschaften der Klasse Secalietea, oft kommt es jedoch auch an Waldrändern, Straßenhängen, Brachen, Weinbergen u. ä. vor. Es ist ein Therophyt.

Wirtschaftliche Bedeutung und Wissenswertes: Das Feld-Veilchen vermehrt sich nur durch Samen, die aus der reifen Kapsel in die nahe Umgebung geschnellt und von Ameisen (Myrmekochorie) fortgetragen werden. Sie werden auch durch Tierkot verbreitet, da sie den Verdauungstrakt der Tiere oft unversehrt durchlaufen. Die Samenproduktion ist gewaltig, an einer Pflanze können mehrere Tausend heranreifen. Sie bewahren ihre Keimfähigkeit im Boden längere Zeit. In der Volksheilkunde wurde das Feld-Veilchen als Blutreinigungsmittel sehr geschätzt und vor allem bei verschiedenen Hautausschlägen verwendet. Der Stengel enthält geringe Mengen Alkaloide, Farbstoffe, Methylsalizylsäure, Zucker, Schleim, Weinsäure und hat einen hohen Gehalt an Saponinen (vor allem in den Wurzeln).

29 Hain-Veilchen

Viola riviniana Rchb.

Familie: Veilchengewächse – Violaceae

Beschreibung: Eine ausdauernde, 5–15 cm hohe Pflanze mit kurzem Wurzelstock, aus dem zuerst Blätter und später aufrechte oder aufsteigende, rasig ausgebreitete Stengel hervorgehen. Die Blätter sind langgestielt, breit herzförmig oder spitz, 3 × 5 cm groß. Die Grundblätter sind mitunter auch größer. Die Nebenblätter sind lanzettlich und am Rande dünn zerfranst. Die Blüten sind relativ groß, bis 25 mm lang, die langen, kahlen Blütenstiele gehen aus den Blattachseln hervor. Die Kelchblättchen sind lanzettlich, die vorderen haben lange, große, fast quadratische Anhängsel. Die Kronblättchen sind breit, verkehrt eiförmig, hellila gefärbt, nur am Grunde weiß. Der Sporn ist dick, stumpf und gewöhnlich hellblau. Der Griffel ist vorgebogen und endet in einer kahlen, hakenförmigen Narbe. Die Frucht ist eine dreifächrige Kapsel. Sie birgt viele Samen mit fleischigem Anhängsel.

Blütezeit: In den Frühlingsmonaten April und Mai.

Areal und ökologische Ansprüche: Eine im mediterranen, borealen und ozeanischen Gebiet Europas verbreitete Art. In Mitteleuropa besiedelt das Hain-Veilchen zumeist die Ebenen und Hügelgebiete, wo es in Laubwäldern, von den Auenwäldern (Verband Fraxino-Quercion) über die Eichen-Hainbuchenwälder der Ebenen (Carpino-Ulmion) bis zu den mesotrophen Eichen-Hainbuchenwälder der Hügelgebiete frische, gut mit Humus versorgte Böden anzeigt. Vereinzelt kommen wahrscheinlich Exemplare der Unterart V. r. subsp. minor (Murb. ex E. S. Gregory) Valentine in Rasengesellschaften vor. Ein Hemikryptophyt.

30 Acker-Hornkraut

Cerastium arvense L.

Familie: Nelkengewächse – Caryophyllaceae

Beschreibung: Eine ausdauernde, etwa 20–30 cm hohe, lockerrasige Pflanze mit zahlreichen sterilen Ausläufern, die fast genauso hoch wie die blühenden Stengel werden. Die zahlreichen blühenden Stengel sind zunächst waagerecht niederliegend, an den Knoten wurzelnd, am Ende nach oben gebogen, aufrecht, reichblättrig, ganz kurz filzig, im oberen Teil auch drüsig. Die gegenständigen Blätter sind lineal-lanzettlich, sitzend, mit dem Blattgrund verwachsen, bis 3 cm lang, die obersten gehen in Hochblätter über, die am Rande trockenhäutig und gewimpert sind. Aus den Blattachseln wachsen oft nichtblühende (sterile), reich beblätterte Ästchen. Drei bis sieben Blüten stehen in einem endständigen Dichasium (gabelig verzweigte Trugdolde) auf ungleichen Stielen. Die Blütenstiele sind gebogen, richten sich erst vor dem Öffnen der reifen Kapsel auf. Die Blüten sind relativ groß, ihre Kelchblättchen sind filzig, drüsig, am Rand trockenhäutig. Die weißen Kronblättchen mit einem einzigen Einschnitt, der fast bis zu einem Drittel reicht, sind zweimal so lang wie die Kelchblättchen. Die Samen sind winzig (bis 1 mm), braun, an der Oberfläche warzig.

Blütezeit: April–Oktober.

Areal und ökologische Ansprüche: Das Acker-Hornkraut zählt zu den zirkumpolaren, von den Ebenen bis zu den Berglagen verbreiteten Arten (je nach ökologischen Ansprüchen der jeweiligen Unterarten). Die Unterart C. a. subsp. arvense ist eine relativ wärmeliebende Pflanze, deren Populationen an Trockenrasen gebunden sind. Sie sind in die Ordnungen Festuco-Sedetalia und Sedo-Scleranthetalia eingeordnet. Mit Vorliebe wächst sie auch auf Sanddünen, deren xerotherme Vegetation zum Verband Corynephorion gehört, an Straßenrändern und in verschiedenen, durch menschliche Tätigkeit beeinflußten Gesellschaften. Ein Chamaephyt.

31 **Karthäuser-Nelke**

Dianthus carthusianorum L.

Familie: Nelkengewächse – Caryophyllaceae

Beschreibung: Eine ausdauernde, dichtrasige, kahle Pflanze mit mächtigem, verzweigtem Wurzelstock, aus dem zahlreiche blühende und kürzere nichtblühende Stengel hervorgehen. Die blühenden Stengel sind aufrecht, im oberen Teil vierkantig, selten verzweigt. Die Blätter sind gegenständig, sitzend, grasartig linealisch, spitz, am Grunde oft zu einer sehr langen Scheide verwachsend. Die Blüten sind sitzend, dicht gedrängt (zu 6–12) in einem endständigen Büschel von Dichasien. Sie haben lederartige, hell- oder dunkelbraune, verkehrt eiförmige, schuppenartige Hochblätter, in Grannen verschmälert, die halb so lang wie der Kelch sind. Der Kelch ist walzlich, vielnervig und zumindest im oberen Teil und an den spitzen Zähnchen dunkelpurpurbraun oder braunrot. Die Kronblätter sind breit eiförmig, vorn gezähnt, rosa oder purpurn, oberseits meist kurzbärtig, seltener kahl. Die längliche Kapsel enthält zahlreiche flache, rundliche Samen.

Blütezeit: Juni bis Ende August.

Areal und ökologische Ansprüche: Eine europäische Art submeridionaler Gebiete, die von den Ebenen bis zu den Gebirgslagen mit Schwerpunkt im ozeanischen Klima verbreitet ist. Als lichtliebende und relativ wärmeliebende bis xerotherme Pflanze wächst sie am liebsten in unechten Grassteppen auf Silikat- und Kalkuntergrund. Am häufigsten begegnet man der Karthäuser-Nelke in xerothermen Phytozönosen der Klasse Festuco-Brometea, für die sie als Kennart genannt wird. Verbreitet ist sie auch in Gesellschaften der Ordnung Corynephoretalia. Sie ist ein Chamaephyt.

32 Kuckucks-Lichtnelke

Lychnis flos-cuculi L.
Familie: Nelkengewächse – Caryophyllaceae

Beschreibung: Eine ausdauernde, 30–90 cm hohe Pflanze mit verzweigtem, vielköpfigem Wurzelstock, aus dem zahlreiche Triebe hervorgehen. Der Stengel ist aufrecht, einfach oder trugdoldig verzweigt, zerstreut rauhhaarig, unter den Knoten klebrig. Die unteren Blätter sind länglich-eiförmig mit kurzen Stielen, die höher stehenden sind lanzettlich. Der Blütenstand ist eine vielblütige, zusammengesetzte, gabelig verzweigte Trugdolde (Dichasium). Der Kelch ist röhrig-glockig mit 10 Nerven, grünlich-rosa bis rot. In der Krone mit 5 rosaroten, fein zerschlitzten Kronblättern befindet sich eine winzige, feingezähnte Scheinkrone. Die Frucht ist eine eiförmige, am apikalen Ende verschmälerte Kapsel, die sich mit fünf nach außen gebogenen Zähnchen öffnet. Die Samen sind braun und haben eine warzige Oberfläche.

Blütezeit: Mai–August.

Areal und ökologische Ansprüche: Eine europäisch-westsibirische Art. In Mitteleuropa wächst die Kuckucks-Lichtnelke von den Ebenen bis zu den Gebirgslagen, besonders in ozeanischem Klima. Sie ist eine typische Wiesenpflanze, im Frühjahr feuchter bis nasser, im Sommer etwas austrocknender Standorte. Sie stellt hohe Ansprüche an den Humus- und Mineralstoffgehalt des Bodens. Am meisten ist sie in den Gesellschaften der Klasse Molinio-Arrhenatheretea und hier vor allem in dem Verband Molinion vertreten. Recht häufig kommt sie auch in Flachmooren, in Sümpfen und in Quellgebieten vor. An großen Flüssen ist sie ein guter Anzeiger der oberen Überschwemmungslinie. Ein Hemikryptophyt.

Wirtschaftliche Bedeutung und Wissenswertes: Aus Stengeln und Blättern der Kuckucks-Lichtnelke wird ein Alkoholauszug bereitet, der in Form eines dunkelgrünen Präparates unter dem Namen Floskulin bekannt ist. Die Pflanze enthält auch eine große Menge Saponine und Alkaloide mit breiter Verwendung in der Pharmakochemie.

33 Gemeine Pechnelke, Gemeine Lichtnelke

Lychnis viscaria L.

Familie: Nelkengewächse – Caryophyllaceae

Beschreibung: Eine ausdauernde, 25–60 cm hohe Pflanze mit mehrköpfigem Wurzelstock und grundständiger Blattrosette. Der Stengel ist aufrecht, einfach oder verzweigt, dünn behaart oder fast kahl, vor allem im oberen Teil stark klebrig. Die Blätter sind verkehrt eiförmig, in den Stiel verschmälert, ebenfalls fast kahl. Der Blütenstand ist traubig-rispig, gabelig verzweigt. Die Blüten sind fünfzählig, der Kelch röhrig-glockig, mit 10 Nerven rötlicher Farbe. Die Kronblätter sind meist dunkelrosarot, selten weiß. Am Schlund ist eine einfache Scheinkrone entwickelt. Die Frucht ist eine eiförmige, in fünf Teile aufspringende Kapsel. Die Samen sind nierenförmig, zusammengepreßt.

Blütezeit: Mai–August.

Areal und ökologische Ansprüche: Eine europäische bis europäisch-westsibirische Art vor allem der subozeanischen Gebiete. In Mitteleuropa kommt sie von den Ebenen über die Hügel- bis zur Gebirgsstufe vor. Sie ist an trockene, skeletthaltige Substrate gebunden, wobei sie Kalkunterlagen meidet. Als xerothermer Hemikryptophyt bevorzugt sie Grassteppen (Ordnung Sedo-Sclerenthetalia, Brometalia), eventuell wärmeliebende Gebüschgesellschaften des Verbandes Berberidion. Verbreitet ist sie in subkontinentalen wärmeliebenden Eichenwäldern des Verbandes Quercion petraeae.

Wirtschaftliche Bedeutung und Wissenswertes: Es werden gefüllte Formen der Pechnelke gezüchtet.

34 Echtes Seifenkraut

Saponaria officinalis L.

Familie: Nelkengewächse – Caryophyllaceae

Beschreibung: Eine ausdauernde, stattliche, 30–70 cm hohe Pflanze mit kriechendem Wurzelstock. Die Stengel sind aufrecht, rund, kahl und mehr oder weniger rauh, nur im oberen Teil verzweigt. Die Blätter sind gegenständig, 5–6 cm lang, die unteren kurzgestielt, die oberen sitzend bis leicht verwachsen, elliptisch bis länglich, spitz, dreinervig, kahl oder etwas behaart und am Rande rauh. In den Blattachseln wachsen oft Büschel kleiner Blätter. Die Blütendichasien sind blattachselständig oder endständig. Die Blüten sind fünfzählig, 2–3 cm groß und kurzgestielt. Der Kelch ist walzlich, fünfzähnig, 2,5 cm lang, grün oder rötlich, behaart. Die Krone ist blaßrosa bis weiß, die Kronblättchen haben einen langen Nagel und sind an der Spitze flach ausgerandet. Die Frucht ist eine länglich-eiförmige Kapsel.

Blütezeit: Von Juni bis Anfang Oktober.

Areal und ökologische Ansprüche: Das Echte Seifenkraut zählt zu den europäischen bis europäisch-westsibirischen Arten und wächst im Tiefland und in der kollinen Stufe, selten auch höher. Auf alluvialen Terrassen und Fluren ist sie eine häufige Art in Gesellschaften der Verbände Dauco-Melilotion, Convolvulion und Arction. Auf Hangwiesen zeigt sie gefestigten, feinskeletthaltigen Gesteinsschutt an. Ein Hemikryptophyt.

Wirtschaftliche Bedeutung und Wissenswertes: Das Echte Seifenkraut enthält viele Saponine (am meisten in den Wurzelstökken), vor allem Saporubrin und das Glykosid Saponarin. Das Seifenkraut war früher eine technische Pflanze, bei der die schaumbildenden Eigenschaften des Saponins genutzt wurden. Eine Abkochung aus dem Wurzelstock wurde vor allem im Mittelalter zum Waschen von Seidenstoffen und anderen zartfarbigen Geweben, Spitzen usw. verwendet. Unter dem Namen „Seifenwurzel" wird sie in Südeuropa auch heute noch zum Waschen verwendet. Der Seifenkrautwurzelstock wurde als Zusatz zu Sodawasser mißbraucht, damit dieses stärker schäumte. Der Wurzelstock und die Blätter sind eine Heildroge, die vor allem in der Volksheilkunde zur Schleimlösung sowie als harntreibendes und in kleineren Dosen als schweißtreibendes Mittel verwendet wird.

35 Weiße Lichtnelke, Weißes Leimkraut, Weiße Nachtnelke

Silene alba (Mill.) E. H. L. Krause

Familie: Nelkengewächse – Caryophyllaceae

Beschreibung: Eine einjährige, überwinternde oder auch ausdauernde Pflanze. Die Wurzel ist meist dick, pfahlförmig, verzweigt, bis über einen Meter tief reichend. Aus dem Wurzelhals wachsen Seitensprosse, aus denen neue Stengel hervorgehen. Der Stengel ist aufrecht, verzweigt, bis etwa 1 m hoch, ganz weich behaart, im oberen Teil auch drüsig. Die unteren Blätter sind eiförmig, in den Stengel verschmälert, die oberen, sitzenden Blätter sind gegenständig, lanzettlich, spitz. Alle Blätter sind weich behaart und ganzrandig. Die großen Blüten wachsen in armblütigen Dichasien aus den Blattachseln oder an den Enden der Ästchen auf ungleich langen Stielen. Sie sind meist zweihäusig. Die weiblichen Blüten lassen sich an dem größeren, aufgeblasenen, bauchigen Kelch erkennen, die männlichen haben einen schlankeren, flaschenförmigen oder walzlichen Kelch. Die Kelche sind meist blaßgrün bis weißlich, nur die Rippen sind dunkelgrün oder auch rötlich, drüsig behaart, verwachsen und stumpfzähnig. Die Kronblätter sind weiß oder rosa, vorn tief zweispaltig. Die massive, eiförmige Kapsel wird von dem ausdauernden Kelch verdeckt. Die stark warzigen Samen sind grau.

Blütezeit: Mai–Oktober.

Areal und ökologische Ansprüche: Eine in Mitteleuropa von den Ebenen bis zur Gebirgsstufe verbreitete euroasiatische Art. Als ruderale Art kommt sie in einer breiten Skala von Ersatz- und synanthropen Pflanzengesellschaften vor, sie ist aber an keine von diesen stärker gebunden. Sie bevorzugt warme Lagen und zumindest im Sommer ziemlich trockenen Boden. Regelmäßig kommt sie in den Phytozönosen der Klassen Chenopodietea, Secalietea und Artemisietea (Verband Arction) vor. Ein Therophyt.

Wirtschaftliche Bedeutung und Wissenswertes: In den weiblichen Blüten der Weißen Lichtnelke sind oft verkümmerte Staubblätter zu finden (Zwitterblüte). Wird eine solche Blüte von dem Violetten Brandpilz (Ustilago violacea) befallen, dann wachsen die Staubblätter zwar heran, bilden aber anstelle des Blütenstaubs eine Menge violetter Sporen des genannten Brandpilzes aus. Die Weiße Lichtnelke bastardiert mit der Roten Lichtnelke (Silene dioica); ihre Hybriden sind fruchtbar.

36 Rote Lichtnelke, Rotes Leimkraut, Rote Nachtnelke

Silene dioica (L.) Clairv.

Familie: Nelkengewächse – Caryophyllaceae

Beschreibung: Eine zwei- bis mehrjährige, 60–100 cm hohe Pflanze. Sie besitzt einen mehrköpfigen Wurzelstock und einfache, aufrechte, im oberen Teil reich verzweigte Stengel. Die ganze Pflanze ist von dichten, weichen, teilweise drüsigen Haaren besetzt, nur der Stengel ist nicht drüsig behaart. Die unteren Blätter sind verkehrt eiförmig, spitz und am Grunde in einen kurzen Stiel verschmälert. Die oberen Blätter sind sitzend; alle sind dunkelgrün. Den Blütenstand bildet eine gabelästige Trugdolde. Die Blüten sind zweihäusig, mit kurzen Stielen, geruchlos, gewöhnlich leuchtend purpurrot, selten weiß. Der Kelch ist grünrot, langhaarig bis wollig. Die Kronblätter sind verkehrt eiförmig, zweiteilig. In der Krone befindet sich eine vierzähnige, rosarote oder weiße Scheinkrone. Das unterschiedliche Geschlecht der Blüten zeigt sich vor allem in der Morphologie des Kelches, an den männlichen Blüten ist er walziglänglich, zehnnervig. Zehn Staubbeutel sind an der Basis zu einem gemeinsamen Röhrchen verwachsen. Die weiblichen Exemplare haben einen stark aufgeblasenen Kelch mit zwanzig Nerven, jede Blüte enthält fünf nadelförmige Griffel. Die Frucht ist eine Kapsel, die sich mit zehn regelmäßigen Zähnchen öffnet. Sie enthält zahlreiche rundliche Samen.

Blütezeit: Ende April bis August.

Areal und ökologische Ansprüche: Die Rote Lichtnelke ist eine Art der europäisch-westsibirischen Flora, die ozeanisches Klima bevorzugt. Sie wächst ab der kollinen (seltener auch der planaren) Stufe. Sie liebt schattige Plätze in Wäldern auf frischfeuchten bis nassen Böden. Sie ist eine ursprüngliche Art der Erlen-Eschenwälder (Verband Alnion glutinoso-incanae), der Gesteinsschuttwälder (Aceri-Fagion) und einiger mesophiler Buchenwälder (Asperulo-Fagion) und greift sekundär in nitrophile Waldsäume (Galio-Urticetea), in die Umgebung von Waldwegen und seltener auch auf Fettwiesen der Gebirge (Arrhenatherion) über. Ein Hemikryptophyt.

Wirtschaftliche Bedeutung und Wissenswertes: Geologen bedienen sich ihrer als Indikator von Kupfer- und Schwermetallvorkommen. An den Standorten mit Übergangseigenschaften, beispielsweise an Waldrändern, kreuzt sie sich mit der Weißen Lichtnelke.

37 Große Sternmiere, Großblütige Sternmiere, Echte Sternmiere

Stellaria holostea L.
Familie: Nelkengewächse – Caryophyllaceae

Beschreibung: Eine ausdauernde, grasgrüne, dünnrasige Pflanze mit kriechendem, dünnem Wurzelstock, aus dem zweierlei Stengel, und zwar kurze, nichtblühende, und aufrechte, 10–30 cm hohe, zerbrechliche und vierkantige, blühende, an den Kanten rauhe Stengel hervorgehen. Die Blätter sind gegenständig, am Grunde etwas verwachsen, schmal lanzettlich, 5–7 × 40–70 mm groß, am Rand und unterseits rauh. Der Blütenstand ist ein sehr lockeres, armblütiges Dichasium, die Blütenstengel sind dünn, lang, abstehend fein behaart. Die Blüten sind durchschnittlich 2–3 cm groß, der Kelch ist eiförmig, lanzettlich, spitz, am Rand trockenhäutig, die Krone ist doppelt so lang wie der Kelch, die Kronblättchen sind weiß, tief herzförmig zweiteilig, 6–8 mm lang. Die Frucht ist eine im Kelch verborgene Kapsel. Sie öffnet sich mit sechs Klappen bis zur Basis. Die Samen sind zartwarzig auf einem kurzen Stielchen aufliegend.

Blütezeit: April–Juni.

Areal und ökologische Ansprüche: Die Große Sternmiere zählt zu den europäisch-westsibirischen Arten submeridionaler bis borealer und ozeanischer Gebiete. In Mitteleuropa kommt sie von den Ebenen bis zur kollinen Stufe, selten bis zu den Vorgebirgslagen vor. Sie ist eine typische Waldpflanze mit Verbreitungsschwerpunkt in mesophilen Eichen-Hainbuchenwäldern (Kennart des Eu-Carpinion), niedriger gelegenen Buchenwäldern und flußnahen Erlenwäldern. Sie verlangt tiefgründige, lehmige, humose Böden. In der Rheingegend ist sie auch auf Sanduntergrund (Stellario-Carpinetum) zu finden. Wie die meisten Laubwaldpflanzen überdauert auch diese Art auf Kahlschlägen und in sekundären Gebüschen. Ein Chamaephyt.

38 Vogel-Sternmiere, Vogelmiere

Stellaria media (L.) Vill.
Familie: Nelkengewächse – Caryophyllaceae

Beschreibung: Eine ein- bis zweijährige, zierliche, kleine Pflanze mit einer zarten Hauptwurzel und zahlreichen Nebenwurzeln. Der Stengel ist niederliegend und aufsteigend oder aufrecht, oft reich verzweigt, 5–30 cm lang, zerbrechlich, einreihig behaart, an den Knoten oft wurzelnd. Die Blätter sind gegenständig, eiförmig, spitz, die unteren langgestielt, die oberen sitzend. Die Blüten wachsen auf blattachselständigen, langen, dünnen Stielen. Die Kelchblätter sind eiförmig-lanzettlich, einnervig und wollig. Die Kronblätter sind kürzer oder ebenso lang wie der Kelch, weiß und tief gespalten. Die Frucht ist eine länglich-eiförmige Kapsel mit graubraunen, etwa 1,5 mm langen, nierenförmigen bis fast runden Samen, die an der Oberfläche in parallelen Reihen warzige und sternförmige Auswüchse aufweisen.

Blütezeit: Vor allem März bis November, häufig jedoch das ganze Jahr.

Areal und ökologische Ansprüche: Eine zirkumpolare Art. In fast ganz Mitteleuropa ist sie von den Ebenen bis zur Gebirgs-, in Ausnahmefällen bis zur subalpinen Stufe verbreitet. Sie ist die weitverbreitetste Art der Gattung, wenn nicht sogar der Samenpflanzen überhaupt. Die nitrophile Pflanze begleitet die Tätigkeit des Menschen – des Landwirts. Häufig ist sie auch in Sekundärwäldern. Sie ist sehr variabel. Drei Unterarten sind bekannt, die viele Autoren als selbständige Arten betrachten.

Wirtschaftliche Bedeutung und Wissenswertes: Die Vogelmiere zählt zu den typischen Ruderalarten. Besonders gedeiht sie auf fruchtbaren Böden, wo sie dichte Horste ausbilden kann. Man findet sie auf Feldern und in Gärten. Vor allem in Frühbeeten, Gewächshäusern und auf anderen intensiv bewirtschafteten Flächen im Garten- und Gemüsebau ist sie oft unbeliebt, obwohl sie das Ungeziefer anzieht und von den Nutzpflanzen ablenkt. Die Samen, von denen an einer Pflanze mehrere Tausend reifen, bewahren ihre Keimfähigkeit im Boden bis zu 20 Jahren. Am besten keimen sie in einer Tiefe von 1–2 cm. Das frische Kraut, vor allem jedoch die Knospen und Samen sind ein beliebtes Futter für Singvögel und Geflügel. Viele Samen durchlaufen den Verdauungstrakt von Haustieren und Geflügel und können deshalb durch Stallmist und Kot verbreitet werden. Die Inhaltsstoffe sind wenig erforscht.

39 Wasser-Knöterich, Sumpf-Knöterich

Polygonum amphibium L.
Familie: Knöterichgewächse – Polygonaceae

Beschreibung: Die Pflanze auf dem nebenstehenden Bild stellt die im Wasser lebende Form dieser amphibischen Art dar, auf die sich auch die folgende Beschreibung bezieht. Der Wasser-Knöterich ist eine ausdauernde Pflanze mit kriechendem, knotigem, verzweigtem Wurzelstock und hohlem, schwimmendem Stengel, der meist verzweigt ist und durch Schwimmblätter an der Wasseroberfläche gehalten wird. Er wird bis zu 1 m lang, ist kahl, durch Knoten in mehrere, bis 20 cm lange Glieder unterteilt, aus denen Nebenwurzeln wachsen. Die wechselständigen Blätter zweigen von der oberen Hälfte des Röhrchens (Tute) ab, sind langgestielt, lederartig, kahl, elliptisch oder länglich, am Grunde abgerundet bis herzförmig, an der Spreitenspitze spitz oder stumpf, glänzend. Auf der Blattoberseite haben sie zahlreiche schildförmige Drüsen. Der Blütenstand ist eine große, dichtblütige, rote Ähre, die in der Blütezeit stets aus dem Wasser ragt. Die Blüten haben sehr kurze Stiele, 5 rosa Blütenblätter und 5 Staubblätter, die länger als die Blütenblätter sind. Die braunschwarzen, kantigen Nüßchen sind in der ausdauernden Blütenhülle verborgen.

Blütezeit: Juni–Oktober.

Areal und ökologische Ansprüche: Der Wasser-Knöterich zählt zu den zirkumpolaren Arten. In Mitteleuropa ist er vor allem im Flachland als typischer Hemikryptophyt stehender Wasserflächen oder periodisch nasser Wiesen verbreitet. Er ist an sapropelen Torf mit schwankendem Wasserspiegel gebunden und kommt in Gesellschaften der Klasse Phragmitetea (Röhrichte und Großseggen-Sümpfe) vor, seltener auch in tieferen Gewässern, die mit Phytozönosen des Verbandes Nymphaeion (Schwimmblatt-Gesellschaften) bewachsen sind.

Wirtschaftliche Bedeutung und Wissenswertes: Im Röhricht, in Gräben, Pfützen und auf feuchten Äckern wächst eine zweite Form, die Landform des Wasser-Knöterichs. Sie unterscheidet sich von der Wasserform durch derbere, dichtbeblätterte Stengel, deren Glieder meist kurz sind, lanzettliche Blätter, bewimperte Tuten. Die Stengel und Blätter sind weich behaart, meist entwickeln sich nur nichtblühende Stengel. Bildet sich ein Blütenstand aus, dann ist er viel kürzer als bei der Wasserform. Diese Form ist ein zuverlässiger Zeiger schwerer, lehmiger, feuchter Böden der Ebenen.

40 Großer Sauerampfer, Wiesen-Sauerampfer

Rumex acetosa L.

Familie: Knöterichgewächse – Polygonaceae

Beschreibung: Eine ausdauernde, bis 60 cm hohe Pflanze, gewöhnlich von dunkler, sattgrüner Farbe. Aus dem vielköpfigen, verzweigten Wurzelstock treibt sie aufrechte, gefurchte, kahle, einfache Stengel. Die Blätter sind pfeilförmig, derb, angenehm säuerlich schmeckend. Die unteren Blätter haben längere Stiele, die oberen sind sitzend. Die Blattspreiten sind am Stiel ausgeschnitten, mit spitzen, nach unten gerichteten Lappen, ganzrandig mit stumpfer Spitze. Die Nebenblätter verwachsen zu Tuten, die durchscheinend, weiß oder rosa sind. Der Blütenstand ist wenig verzweigt, dicht gedrängt. Die gestielten Blüten werden gewöhnlich zu Scheinquirlen angenähert. Die Blütenblätter sind blaßgrün, am Rand rot, die äußeren zum Stengel zurückgebogen, die inneren doppelt so groß. Durch das Anwachsen der inneren Blütenhülle an die Frucht werden rund-eiförmige bis eiförmige Hüllkelche mit spinnwebartiger Nervatur und runden Schwielen ausgebildet. Die Früchte sind Nüßchen mit schwarzen, glänzenden Samen.

Blütezeit: Von Mai bis Juli bzw. im August zum zweiten Mal.

Areal und ökologische Ansprüche: Eine zirkumpolare Art, die in Mitteleuropa von den Ebenen bis zu den Gebirgslagen verbreitet ist. Der Sauerampfer ist ein lichtliebender Wiesenhemikryptophyt, der fast in allen Gesellschaften der Klasse Molinio-Arrhenatheretea (Wirtschaftswiesen) vorkommen kann. Er liebt frisch-feuchte, mineralkräftige sowie humose Böden.

Wirtschaftliche Bedeutung und Wissenswertes: Der Sauerampfer kann auf Wiesen in großen Mengen vorkommen. Die frischen, jungen Stengel sind saftig, durch Trocknung werden sie jedoch hart und bleiben als kahle Ruten im Heu zurück, da die Blätter mechanisch zerrieben werden und sich auf dem Weg vom Feld aus dem Futter verlieren. Daher ist sein Futterwert gering. Zuweilen wird er als Gemüse angebaut, da die jungen Blätter für die Bereitung von Speisen und Salaten verwendet werden können.

41 **Große Brennessel**

Urtica dioica L.

Familie: Brennesselgewächse – Urticaceae

Beschreibung: Eine ausdauernde, zweihäusige, selten einhäusige Pflanze mit verzweigtem, kriechendem, gelbem Wurzelstock und einem aufrechten, einfachen oder schwach verzweigten Stengel, der mit stechenden Borsten und Brennhaaren bewachsen ist. Die Stengelblätter sind gegenständig, gestielt, eiförmig bis länglich, lang zugespitzt, am Grunde herzförmig oder abgerundet und vor allem die oberen Blätter grob gesägt, graugrün, beiderseits mit angeschmiegten Brennhaaren bewachsen, 7–14 × 2–4 cm groß. Die Nebenblätter sind frei, linealisch bis lanzettlich. Die männlichen Blütenstände sind aufrecht, rispig, mit kurzen Ästchen, meist länger als die Blattstiele. Die weiblichen, während der Blütezeit herabhängenden Blütenstände haben längere Ästchen und Blüten mit einer grünen, mit Brennhaaren bewachsenen und borstigen Blütenhülle. Die Frucht ist ein eiförmiges Nüßchen, das von der ausdauernden Blütenhülle umgeben ist. Die Brennessel vermehrt sich oft vegetativ durch unterirdische Ausläufer. Die ganze Pflanze ist von Brennhaaren bedeckt. Das sind lange, schmal-kegelige, an der Basis zwiebelartig verdickte Zellen, die in einem vielzelligen Sockel eingesenkt sind. Die Spitze des Haares bricht leicht ab.

Blütezeit: Von Mai bis Ende September.

Areal und ökologische Ansprüche: Eine zirkumpolare Art. In Mitteleuropa ist die Brennessel häufig von den Ebenen bis zu den Hochgebirgslagen. Sie ist eine sichere Zeigerpflanze für hohen Nitrategehalt und gut verteilten Humus im Boden. Auch wenn sie als Kennart der Klasse Galio-Urticetea (mesophile Staudenfluren), d. h. waldnaher Phytozönosen angeführt wird, gedeiht sie ebenso gut im Wald.

Wirtschaftliche Bedeutung und Wissenswertes: In der Volksheilkunde wird die Brennessel zur Blutreinigung verwendet. Man sammelt die Blätter – folia Urticae, den Stengel – herba Urticae, die Wurzel – radix Urticae, (im Oktober) Samen – semina Urticae. Eine Abkochung aus Wurzeln, Kraut und vor allem aus Samen stillt Blutungen. Die jungen Brennesseln können gekocht und daraus eine Speise gegen Frühjahrsmüdigkeit bereitet werden. Bei der Behandlung von Rheuma ist die Methode der sogenannten Urtikation bekannt. Ein Brennesselextrakt wird auch in der Haarkosmetik verwendet.

42 Scharfe Fetthenne, Mauerpfeffer

Sedum acre L.

Familie: Dickblattgewächse – Crassulaceae

Beschreibung: Eine ausdauernde, bis 15 cm hohe, rasenbildende, kahle Pflanze mit dünnem, verzweigtem Wurzelstock. Die Stengel sind aufsteigend, die blütenlosen dicht, die blühenden locker beblättert. Die Blätter sind wechselständig, fleischig, eiförmig, stumpf, am Grunde am breitesten mit einem kurzen Sporn, meist pfefferartig schmeckend. Nach dem Verblühen fallen sie entweder ab oder bleiben, und werden blaß und papierartig trocken. Die gelben Blüten sind in endständigen, wenigzähligen, aus mehreren Wickeln bestehenden Blütenständen angeordnet. Sie haben kurze Stiele, stumpfe Kelchblätter von grünlicher Farbe, die spitzen Kronblättchen sind etwa dreimal so lang wie der Kelch und die gelben Staubblätter. Die Früchte sind Balg-Früchtchen, die zahlreiche kleine rostfarbige Samen bergen.

Blütezeit: Von Mai bis Ende August.

Areal und ökologische Ansprüche: Eine europäische Art mit Bevorzugung ozeanischer Klimalagen. Die Fetthenne wächst an sonnigen, trockenen Standorten, und zwar auf angewehten Sanden, aber auch auf felsigem Substrat, häufig an ruderalisierten Standorten. Sie ist eine licht- bis halbschattenliebende Pflanze, die in xerothermen Gesellschaften der Ordnungen Sedo-Scleranthetea (mauerpfefferreiche Fels-Pionierfluren) und Festuco-Sedetalia (Pionierfluren auf mineralkräftigen Sand- und Grusböden) sowie in Kiefernbeständen auf Sandboden (Dicrano-Pinion) oder in Gesellschaften des Verbandes Erico-Pinion auf Felsen wächst. Ein Hemikryptophyt.

Wirtschaftliche Bedeutung und Wissenswertes: Sie ist eine sehr veränderliche Art.

43 **Kleiner Odermennig**

Agrimonia eupatoria L.

Familie: Rosengewächse – Rosaceae

Beschreibung: Eine ausdauernde Pflanze mit kurzem Wurzelstock. Die ganze Pflanze ist mit sitzenden Drüsen und langen Haaren bedeckt. Die aufrechten, etwa 30–100 cm hohen Stengel sind im unteren Teil dichter beblättert. Im oberen Teil sind sie einfach oder verzweigt und enden in einer terminalen (gipfelständigen) Ährentraube kurzgestielter Blütchen. Die großen, mitunter rosettig angenäherten grundständigen Blätter sind unterbrochen unpaarig gefiedert mit einem größeren Endblättchen. Alle Fiederblättchen haben am Blattgrund abgerundete Spreiten, am Rand 5–10 Paar Zähnchen, sie sind oberseits weniger, unterseits dicht abstehend behaart und mit sehr zahlreichen Drüsen besetzt. Die Nebenblättchen ähneln kleinen Blättern, sie haben einen grobgezähnten Rand. Die mittleren Blätter sind kleiner, die obersten meist kürzer als die Internodien. Die kleinen, fünfzähligen Blüten wachsen aus den Achseln dreiteiliger Tragblätter, sie haben einen verkehrt kegelförmigen, dicht behaarten, becherförmigen Blütenboden mit 10 Furchen, am Ende mit einem Kranz weicher, hakenförmiger, aufrechter oder abstehender, aber nicht zurückgewandter Borsten. Sie entwickeln sich an der Stelle des Kelchs und bleiben an der Frucht, zusammen mit den geneigten Zähnchen des Innenkelchs. Die Kronblätter sind sattgelb bis orangegelb. Die Frucht ist ein einsamiges Nüßchen, das in dem verhärtendem Blütenbecher eingeschlossen ist.

Blütezeit: Juni–Oktober.

Areal und ökologische Ansprüche: Der Kleine Odermennig zählt zu den europäisch-westasiatischen Arten. Er bevorzugt ozeanische Klimagebiete in der planaren und kollinen Stufe sowie humus- und basenreiche Böden. Als lichtliebender Hemikryptophyt ist er in wärmeliebenden Saumgesellschaften, und zwar in den Verbänden Trifolion medii (mesophile Kleesäume und Schlagfluren), Cirsio-Brachypodion (kontinentale Halbtrockenrasen) und Mesobromion (submediterrane Halbtrockenrasen) konzentriert.

44 **Gelbgrüner Frauenmantel**

Alchemilla xanthochlora Rothm.
Familie: Rosengewächse – Rosaceae

Beschreibung: Eine ausdauernde Pflanze mit einem Wurzelstock, der mit den Resten abgestorbener Blätter bedeckt ist. Der Stengel ist bis zum Blütenstand abstehend behaart. Die Grundblätter sind in einer Rosette angeordnet. Auf der Oberseite sind sie blaugrün, im Umriß rund bis nierenförmig, handförmig gelappt bis handförmig gespalten. Die Blattspreite ist wie faltig zusammengesetzt, gewellt, abstehend behaart, vor allem an den Nerven. Es sind meist 9–13 Lappen, ihr Rand ist gezähnt (mit über 10 Zähnchen). Der Blütenstand ist ein dichtes, vielblütiges Knäuel aus unscheinbaren, grüngelben, zweigeschlechtigen Blüten, das auf einem kahlen oder zerstreut behaarten Stiel steht. Der Kelch ist vielzählig mit sternförmig ausgebreiteten Blättchen. Die Krone bilden vier Blütenblättchen. Staubblätter sind ebenfalls vier vorhanden. Die Frucht ist eine Nuß. Der Gelbgrüne Frauenmantel vermehrt sich gewöhnlich apomiktisch.

Blütezeit: Mai–September.

Areal und ökologische Ansprüche: Der Frauenmantel zählt zu den zirkumpolaren, beinahe in ganz Europa verbreiteten Arten. In Asien kommt er vom Kaukasus über das Himalaja-Gebirge bis nach Sibirien vor. In Nordamerika wächst er nur im östlichen Teil. Im europäischen Teil seines Verbreitungsgebietes ist er häufig von den Ebenen bis zu den Gebirgslagen. Er ist ein Hemikryptophyt, der kalkfreien, frischfeuchten, mineralreichen und stickstoffreichen Boden bevorzugt. Er ist eine Wiesen- und Waldart mit Verbreitungsschwerpunkt in den Gesellschaften der Verbände Polygono-Trisetion, Cynosurion und Arrhenatherion elatioris.

Wirtschaftliche Bedeutung und Wissenswertes: Dieses Pflänzchen mit den sehr unscheinbaren Blüten zieren glitzernde Tau- oder Regentropfen, die sich lange an den Härchen der faltig zusammengesetzten Blätter erhalten. In diesem „Himmelstau" sahen die Alchimisten ein Mittel für den Erwerb des Steines der Weisen. Der Gelbgrüne Frauenmantel zählte in der Vergangenheit zu den populärsten Heilpflanzen, man schrieb ihm universelle Heilkraft zu. Am meisten hat er sich jedoch bei Blutungen bewährt.

45 **Echtes Mädesüß, Große Spierstaude**

Filipendula ulmaria (L.) Maxim.
Familie: Rosengewächse – Rosaceae

Beschreibung: Eine ausdauernde, hohe Pflanze mit gegliedertem, verholzendem, derbem Wurzelstock und vielzähligen Faserwurzeln. Der derbe, gerade Stengel ist kahl, im oberen Teil verzweigt. Die Blätter sind groß, unpaarig gefiedert, faltig, an der Oberseite kahl, an der Unterseite mehr oder weniger weißfilzig, die großen Nebenblätter sind mit dem Stiel verwachsen. Die eiförmigen, spitzen Fiederblättchen haben ungleichmäßig scharf gesägte Ränder, das obere Fiederblättchen ist stets viel größer, handförmig dreilappig (meist bei Exemplaren des Flachlandes und der Rasengesellschaften) oder fünflappig (bei denen, die in feuchten, schattigen Wäldern wachsen). Die Blüten sind klein, gelblich-weiß und vereinigen sich zu einem reichen Blütenstand – einer vielarmigen Trugdolde. Es sind meist 5 oder 6 Kronblätter vorhanden und sehr viele Staubblätter, deren Fäden doppelt so lang wie die Kronblätter sind. Die Früchte sind kleine braune Balgfrüchte.

Blütezeit: Juni bis Ende Juli.

Areal und ökologische Ansprüche: Das Mädesüß zählt zu den eurosibirischen Arten mit subozeanischen Klimaansprüchen. Es ist in Mitteleuropa von den Ebenen bis zu den Gebirgslagen mit stellenweise sehr zahlreichem Auftreten verbreitet. Es ist eine halbschattenliebende Sumpfplanze, die sowohl in Hochstaudengesellschaften (Verband Filipendulion), Feuchtwiesen (Verband Molinion) als auch in Auenwäldern (Alnion glutinoso-incanae) und den sie begleitenden Gebüschen wächst. Am häufigsten ist es in Grauweidenbeständen (Verband Salicion cinereae).

Wirtschaftliche Bedeutung und Wissenswertes: In der Vergangenheit war das Mädesüß eine recht bedeutende Heilpflanze. Es wurden vor allem Blüten und Wurzelstock gesammelt und dann als Universalmittel zur Blutreinigung, als harntreibendes Mittel, gegen Rheuma, Appetitlosigkeit, äußerlich in Form von Auflagen gegen Fieber und als Essenz gegen Darmparasiten verwendet. Auch heute wird es noch in manchen Gegenden zur Aromatisierung vom Bier und Branntwein benutzt. Es wurden auch mehrere Zierformen gezüchtet, die in Parks oder Anlagen mit künstlichen Wasserbecken gepflanzt werden.

46 **Wald-Erdbeere**

Fragaria vesca L.
Familie: Rosengewächse – Rosaceae

Beschreibung: Eine ausdauernde Pflanze mit schrägem, verzweigtem Wurzelstock. Aus einer grundständigen Blattrosette gehen wurzelnde Triebe und aufrechte, in der oberen Hälfte wenig verzweigte, anliegend behaarte, blütentragende Stengel hervor. Die Blätter sind langgestielt, dreizählig, gezähnt. Die Zähnchen haben kurze, rote Spitzen. Ein wichtiges Erkennungsmerkmal ist, daß das mittlere Blättchen einen winzigen Stiel besitzt, die seitlichen hingegen sitzend sind. Das oberste Zähnchen an den Blättchen ist meist kürzer als das benachbarte. Die Blattoberseite ist dunkelgrün, die Unterseite mit glänzenden Sternhaaren bedeckt. Der Blütenstand ist eine doldige Rispe, die Blüten sind fünfzählig. Außer dem eigentlichen Blütenkelch ist noch ein Außenkelch mit schmaleren Zähnchen ausgebildet. Die Kronblätter sind weiß. Staubblätter sind etwa 20 vorhanden. Der Blütenboden wird bei der Fruchtreife zu einer fleischigen Scheinfrucht – der Erdbeere. Sie ist länglich-eiförmig, abfallend, süß schmeckend, von charakteristischem Duft, mit kleinen eingepreßten Nüßchen.

Blütezeit: Von April bis Juni, manchmal zweite Blüte im Herbst.

Areal und ökologische Ansprüche: Eine zirkumpolare Art, die von den Ebenen bis in die Hochgebirgslagen verbreitet ist. Die Wald-Erdbeere ist ein Hemikryptophyt. Ursprünglich ist sie in Wäldern, von den Flachlandauenwäldern über die Hügelland-Eichen-Hainbuchenwälder, Buchenwälder, Tannenwälder bis zu den Klimaxfichtenwäldern beheimatet. Sie ist häufig in Gebüschgesellschaften (Prunetalia) und ihren Säumen (Ordnung Circaeo-Stachyetalia, Origanetalia) und auf Kahlschlägen zu finden.

Wirtschaftliche Bedeutung und Wissenswertes: Die Wald-Erdbeere ist eine der beliebtesten Waldfrüchte, die auch für die industrielle Verarbeitung gesammelt wird. Von der Vielzahl der Kulturarten wird seit dem 18. Jahrhundert die F. x. ananassa – Garten-Erdbeere – gezüchtet. In früherer Zeit galt eine Abkochung aus Erdbeerblättern als universelles Heilmittel. Die Pflanze enthält viele Zitrate und Gerbstoffe. Bekannt ist ihre harntreibende Wirkung; heute wird sie bei Blutungen, Hautausschlägen und Nierenbeschwerden verschrieben.

47 **Bach-Nelkenwurz**

Geum rivale L.

Familie: Rosengewächse – Rosaceae

Beschreibung: Eine ausdauernde Pflanze mit unterirdischem, derbwalzlichem Wurzelstock, der alte Blattreste aufweist. Die Stengel sind aufsteigend oder gerade, einfach, in der oberen Hälfte schwach verzweigt, behaart und drüsig, oft rötlich gefärbt. Die langgestielten Grundblätter sind meist zu einer Rosette angenähert, sie sind unterbrochen gefiedert, das Endblättchen ist am größten, rund-eiförmig, dreilappig, die Fiederpaare sind ungleich groß, unregelmäßig gezähnt, an der Blattoberfläche spärlich anliegend behaart und drüsig. Die Nebenblätter der unteren Blätter sind groß, gelappt, am Stiel anwachsend. Die Blätter des oberen Stengelteils sind kleiner, einfacher, meist dreizählig. Die nickenden Blüten wachsen auf längeren, dicht behaarten Stielen in einem lockeren Blütenstand. Der Kelch besteht aus 5 braunroten, spitzen Blättern, der Außenkelch aus 5 linealischen, kurzen Blättern. Die 5 Kronblätter sind hellgelb oder rötlich, sie haben lange Nägel und ein schwach zweilappiges Blatt. Sie bleiben nach dem Verblühen lange erhalten. Die Fruchtköpfchen haben ein langes Anhängsel.

Blütezeit: April–Juli.

Areal und ökologische Ansprüche: Die Bach-Nelkenwurz kommt im gesamten gemäßigten Teil Europas, Asiens und Amerikas mit Verbreitungsschwerpunkt im subozeanischen Klima vor. Sie ist eine Sumpfpflanze, die entweder kleine Flußläufe oder strömendes Grundwasser begleitet. Sie erfordert mäßig basische Moorböden oder Schwarzerde. Man kann sie als ursprüngliche Art der Erlenwälder (Verband Alnion glutunoso-incanae) und der Hochstaudenfluren der Bäche und Quellgebiete (Verband Adenostylion) bezeichnen; sie greift auch in Sümpfe (Verband Calthion, Filipendulion) und frischfeuchte Wiesen (Verband Molinion) über. Ein Hemikryptophyt.

Wirtschaftliche Bedeutung und Wissenswertes: Der große, innen gelbliche oder rötliche Wurzelstock wurde in der Volksheilkunde bei verschiedenen Magenerkrankungen und chronischer Bronchitis angewandt. Heute wird er zu technischen Zwecken als aromatischer Zusatz zu Destillaten für Liköre und Weine für Genesende verwendet.

48 Echte Nelkenwurz

Geum urbanum L.

Familie: Rosengewächse – Rosaceae

Beschreibung: Eine ausdauernde, 30–100 cm hohe Pflanze mit starkem, walzigem, schrägem, selten verzweigtem Wurzelstock, der eine Grundblattrosette treibt. Die Stengel sind aufrecht, kantig, schwach verzweigt und wollig behaart. Die Grundblätter sind langgestielt, leierförmig fiederschnittig mit 3–9 rund-eiförmigen Abschnitten mit unregelmäßig doppelt gesägtem Rand. Die Stengelblätter sind kleiner, kurzgestielt oder sitzend. Die Blattspreite ist an beiden Seiten mit ein- bis dreizelligen Härchen und gestielten Drüsen bewachsen. Die Nebenblätter sind groß und ähneln den Blattabschnitten. Die Blüten stehen einzeln am Ende der Zweige, auf aufrechten, langen Stielen, die ebenfalls behaart und drüsig sind. Der Außenkelch ist klein, linealisch, der Fruchtkelch ist größer, aus fünf eiförmig-lanzettlichen, behaarten und während der Fruchtreife zurückgeschlagenen Kelchblättern bestehend. Die 5 Kronblätter sind rund bis verkehrt eiförmig, hellgelb. Die zahlreichen Staubblätter und Stempel ruhen auf einem kegeligen Blütenboden. Die Frucht ist eine borstig behaarte Schließfrucht bzw. eine Sammelfrucht aus Schließfrüchten.

Blütezeit: Mai–Oktober.

Areal und ökologische Ansprüche: Die Echte Nelkenwurz ist eine europäisch-westasiatische Waldart, ein Hemikryptophyt, der von den Ebenen bis zu den Vorgebirgs- und Gebirgslagen verbreitet ist. Sie ist ein ausgezeichneter Anzeiger einer günstigen Nitrifikation und Humifikation von Pflanzenabfall. Hauptschwerpunkt ihres Vorkommens ist in Laubwäldern der Ordnung Fraxinetalia (Auenwälder, Moorerlenwälder, Erlen-Eschenwälder, Weiden-Pappelauenwälder, Gesteinsschutt) sowie in deren Ersatzgesellschaften (Prunetalia, Circaeo-Stachyetalia u. a.).

Wirtschaftliche Bedeutung und Wissenswertes: Der Wurzelstock hat einen bitteren Geschmack und angenehmen Nelkenduft. Deshalb wird sie als Ersatz für Echte Nelken sowie als aromatisches und gesundheitsförderndes Gewürz verwendet. In der Volksheilkunde wurde sie früher bei Magenbeschwerden, gegen Durchfall, Erbrechen und Appetitlosigkeit verwendet. Der Wurzelstock wird auch in der Likör- und Bierherstellung verwendet.

49 Gänse-Fingerkraut

Potentilla anserina L.

Familie: Rosengewächse – Rosaceae

Beschreibung: Eine ausdauernde, niedrige Pflanze mit starkem, knollig verdicktem, verzweigtem Wurzelstock mit Resten abgestorbener Nebenblätter und Blattstiele, die im Winter die jungen Knospen bedecken. Der kriechende Stengel ist dünn, bis über 1 m lang, einfach, weich behaart, an den Knoten meist wurzelnd. Die Blätter sind länglich, unterbrochen paarig gefiedert, die Stengelblätter sind kleiner als die Grundblätter. Die Fiederblättchen sitzen wechselständig an der Spindel, sind länglich, scharf gesägt, oberseits kahl, unterseits seidig-silbrig. Die Nebenblätter sind an den Grundblättern trockenhäutig, ohrig, an den Stengelblättern grün, laubblattartig. Die langgestielten Blüten wachsen einzeln aus den Knoten. Der Außenkelch besteht aus drei seidenhaarigen Blättern, der Kelch aus fünf Zipfeln. Die fünf goldgelben Kronblätter haben etwa die doppelte Länge der Kelchblätter, es sind ungefähr 20 Staubblätter vorhanden. Die Nüßchen sind eiförmig, rotbraun.

Blütezeit: Von Mai bis zu den ersten Frösten.

Areal und ökologische Ansprüche: Das Gänse-Fingerkraut ist eine Art mit zirkumpolarer Verbreitung im submeridionalen bis borealen Gebiet Europas, Asiens, Amerikas und auch Australiens. In Mitteleuropa kommt es von den Ebenen bis zur kollinen Stufe vor, wo es sein Optimum erreicht, seltener auch in der Gebirgsstufe. Es ist salzertragend und zeigt verdichtete (sekundäre) Naßböden an, die abwechselnd naß und im Sommer austrocknend sind und zwar an Flußufern, in Senken im Wiesengelände, auf Äckern, an Straßen, Wegen u. a. Innerhalb der Klasse Plantaginetea majoris (Tritt- und Pionierrasen nährstoffreicher Standorte) bildet es eine selbständige Assoziation – Potentilletum anserinae.

Wirtschaftliche Bedeutung und Wissenswertes: Wegen des hohen Gerbstoffgehaltes zählt das Gänse-Fingerkraut schon lange zu den Heilpflanzen (Katarrhe der Verdauungswege, Koliken, starke Blutungen usw.). Man verwendet es als Tee, Weinaufguß, Abkochung. Mit den Blättern wird junges Geflügel gefüttert.

50 Aufrechtes Fingerkraut, Blutwurz, Tormentill

Potentilla erecta (L.) Räuschel
Familie: Rosengewächse – Rosaceae

Beschreibung: Eine ausdauernde Pflanze mit dickem, von Knoten bedecktem, holzigem Wurzelstock, der einen bitteren Geschmack, schwarzbraune Färbung, im Querschnitt einen roten sternförmigen Fleck aufweist. Aus dem Wurzelstock gehen aufrechte, aufsteigende oder niederliegende, trugdoldig-ästige Stengel und gleichzeitig langgestielte Blätter hervor. Die Grundblätter sind 3- bis 5-zählig gefingert mit länglich-eiförmigen, grobgezähnten Einzelblättern. Während der Blüte sind sie meist schon abgestorben. Die oberen Blätter sind sitzend oder kurzgestielt, dreizählig, mit großen Nebenblättern. Die Blüten sind einzeln, im Unterschied zu den Blüten anderer Fingerkräuter vierzählig, etwa 1 cm im Durchmesser. Sie haben einen Außenkelch, 16 Staubblätter und viele Fruchtknoten am Grunde des schüsselförmigen Blütenbechers. Die Blütenstiele sind 2–6 cm lang, auffallend dünn. Die Kronblätter sind gelb, verkehrt eiförmig, am Rand oft flach ausgerandet. Die Frucht ist eine trockene Sammelfrucht aus Nüßchen.

Blütezeit: Mai–September.

Areal und ökologische Ansprüche: Das Aufrechte Fingerkraut zählt zu den europäisch-westsibirischen Arten mit Verbreitung im meridionalen bis borealen Gebiet Europas und Asiens. In Mitteleuropa reicht seine vertikale Verbreitung von den Ebenen bis zu den Gebirgs- und Hochgebirgslagen. Es verlangt leicht saure, humose, frischfeuchte bis feuchte Böden, auf denen es in sämtlichen Pflanzenformationen zu finden ist. Vor allem kommt es in Gesellschaften des Verbandes Molinion, Calluno-Genistion und Nardion in sauren Kiefernforsten und Moorfichtenwäldern vor. Ein Hemikryptophyt.

Wirtschaftliche Bedeutung und Wissenswertes: Das Aufrechte Fingerkraut ist im offiziellen Drogenverzeichnis zu finden. Der Wurzelstock enthält viele Gerbstoffe. Er fand im Gerbereiweisen und in der Volksmedizin Verwendung. Nach der Konservierung im Branntwein verwendete man ihn als Arznei bei Magen- und verschiedenen Darmerkrankungen. Die Droge wird im Frühjahr, noch vor dem Entfalten der Blätter, gesammelt. Das Tormentillarot des Wurzelstocks wird in Färbereien verwendet.

51 Gemeiner Wundklee

Anthyllis vulneraria L.

Familie: Schmetterlingsblütler – Fabaceae

Beschreibung: Eine ausdauernde, 5–40 cm hohe Pflanze mit mehrköpfigem Wurzelstock. Die Stengel sind meist einfach, aufsteigend oder aufrecht, anliegend oder abstehend behaart. Die Grundblätter sind langgestielt, elliptisch, ganzrandig und rosettig angeordnet. Die Stengelblätter sind wechselständig, unpaarig gefiedert mit länglich-eiförmigen, elliptischen oder lanzettlichen, ganzrandigen, gelblich-grünen Fiederblättchen, die oberseits kahl oder anliegend behaart, an der Unterseite seidig-behaart sind. Das Endblättchen ist entweder gleich groß oder viel größer als die anderen Blättchen. Die Blüten stehen am Ende der Stengel in 1–2 dichten Blütenköpfchen, in der Achsel der breiten, 3–5-lappigen Tragblätter sitzend. Die Einzelblüten sind sitzend, aufrecht, 1–2 cm lang. Der Kelch ist 5-zähnig, walzlich, weißlich oder gelblich, im oberen Teil zuweilen rötlich, nach dem Verblühen aufgeblasen und trockenhäutig. Die Krone ist gelb, manchmal orange bis rötlich. Die zehn Staubblätter sind einbündelig. Die Frucht ist eine kleine, schräg-eiförmige Hülse mit ein bis zwei ganz in dem trockenen Kelch eingeschlossenen Samen.

Blütezeit: Mai bis Anfang September.

Areal und ökologische Ansprüche: Der Gemeine Wundklee ist eine europäische Art mit größerem Vorkommen in subozeanischen Gebieten. Aufgrund der ökologischen Spezialisierung der einzelnen Unterarten besitzt er eine breite phytozönologische Amplitude. Er ist von der Hügelzone (weniger auch den Ebenen) bis zur alpinen Stufe verbreitet. Als Hemikryptophyt ist er vor allem an Rasengesellschaften trockener und warmer Hänge (Klasse Festuco-Brometea), an trockene Glatthaferwiesen (Verband Arrhenatherion), trockene Reliktkiefernwälder (Erico-Pinion) und subalpine, kalkliebende Matten (Ordnung Seslerietalia) gebunden. Einige Unterarten sind auch auf Küstendünen (Verband Ammophilion borealis) spezialisiert.

Wirtschaftliche Bedeutung und Wissenswertes: Der Wundklee ist eine gute Futterpflanze. Früher wurde er in der Volksheilkunde als Wundheilmittel verwendet. Die Blüten werden als Zusatz zu aromatischen Kräuterbädern verwendet. Die Art besitzt vielgestaltige Unterarten.

52 Süße Bärenschote, Süßholz-Tragant

Astragalus glycyphyllos L.

Familie: Schmetterlingsblütler – Fabaceae

Beschreibung: Eine ausdauernde Pflanze mit starker Pfahlwurzel und niederliegendem, kantigem, verzweigtem Stengel, der mit einfachen, anliegenden Haaren übersät ist. Die Blätter sind unpaarig gefiedert mit eiförmigen oder elliptischen Fiederblättchen in 9 bis 12 Paaren. Die Nebenblätter der oberen Blätter sind ganz freistehend, lanzettlich, gelbgrün, durchscheinend. Die Blüten sind in dichten, einfachen Trauben auf kurzen Stielen angeordnet, ihre Tragblätter sind länger als die Stiele. Der Kelch ist gelblichweiß oder rötlich, die Zähne sind ahlenförmig, die Einschnitte abgerundet. Die Krone ist hellgelb, die Fahne länger als die Flügel und das Schiffchen. Die Frucht ist eine linealische, meist gebogene Hülse mit braunen, glatten Samen.

Blütezeit: Mai–September.

Areal und ökologische Ansprüche: Die Süße Bärenschote ist eine europäisch-westsibirische Art mit Verbreitung in submeridionalen und temperaten Gebieten. Sie wächst im subozeanischen Klimabereich von den Ebenen bis zu den Vorgebirgslagen, am häufigsten in der kollinen Stufe. Sie ist ursprünglich ein wärmeliebender Waldhemikryptophyt, der das Optimum seines Vorkommens in wärmeliebenden Eichenwäldern (Quercetalia pubescentis) und Reliktkiefernwäldern (Verband Erico-Pinion) hat und von hier auch auf Rodungen, in Waldsäume vordringt und dort verbleibt. Sie zeigt schwerere, gesetzte Böden an.

Wirtschaftliche Bedeutung und Wissenswertes: Die süßschmeckenden Blätter dieser Pflanze werden vom Vieh gern gefressen. In England wird sie als Weidenart vor allem auf ärmeren Böden angebaut. Sie soll auch als Trockenfutter geeignet sein. Wurzel und Stengel wurden früher für die Bereitung von Heilabkochungen verwendet, heute hat sie jedoch ihre Bedeutung als Heilpflanze verloren.

53 Gemeiner Hornklee, Wiesen-Hornklee

Lotus corniculatus L.

Familie: Schmetterlingsblütler – Fabaceae

Beschreibung: Eine ausdauernde, niederliegende Pflanze mit vielköpfiger, spindeliger Wurzel und vielen Stengeln. Die Stengel sind fast immer niederliegend oder aufsteigend, selten aufrecht. Sie wachsen meist aus der Mitte des Büschels nach allen Seiten, mitunter bis zu einer Länge von 50 cm. Sie sind schwach verzweigt, etwas kantig, markig, kahl oder auf verschiedene Weise behaart. Die Blätter sind dreizählig mit zwei blattartigen Nebenblättern, kahl, an der Unterseite heller, die Blättchen sind meist ei- oder rautenförmig, abgerundet, ganzrandig. Die Blüten stehen in den Blattachseln (meist zu fünf) in einer lang gestielten, köpfchenförmigen Dolde; sie haben einen sehr kurzen Stiel, einen Kelch mit 5 spitzen Zähnchen, gelbe, an der Außenseite orangenfarbige Kronblätter. Die Fahne ist groß, zurückgebogen, die Flügel sind breit, das Schiffchen ist schmal, kürzer als die Fahne. Die Hülsen sind linealisch-stielrund, hart, gerade, dunkelbraun, die Samen sind rund und braun.

Blütezeit: Schon ab Ende April oder Anfang Mai, während des ganzen Sommers, oft auch im Herbst.

Areal und ökologische Ansprüche: Der Gemeine Hornklee ist eine eurasiatische Art, die auch in Ostafrika vertreten ist. Er ist eine Pflanze des ozeanischen Klimas. In Mitteleuropa ist er vom Flachland bis zur Vorgebirgsstufe, selten bis zur montanen Stufe verbreitet. Eine ungemein variable Art, die auf einer ganzen Reihe von Standorten zu finden ist. Er wächst auf frischfeuchten Wiesen des Verbandes Arrhenatherion, aber auch in xerothermen Matten felsiger Unterlagen (Mesobromion, Cirsio-Brachypodion) sowie an Waldsäumen wärmeliebender und subxerophiler Eichenwälder.

Wirtschaftliche Bedeutung und Wissenswertes: Wegen mehrerer guter Eigenschaften des Gemeinen Hornklees, wie z. B. Ausdauer, geringe Ansprüche an Wasser und Nährstoffe, wurden Versuche unternommen, ihn in eine Kulturpflanze zu verwandeln. Es zeigte sich jedoch, daß die Futterproduktion nicht der der Luzerne oder des Klees gleichkommt. Darüberhinaus enthalten einige Formen in den Blättern giftige Glykoside.

54 Hopfenklee, Gelbklee

Medicago lupulina L.

Familie: Schmetterlingsblütler – Fabaceae

Beschreibung: Eine meist einjährige, seltener ausdauernde Pflanze mit spindeliger, vielköpfiger Wurzel. Der Stengel wird unterschiedlich hoch (10–60 cm), bei einem lockeren Wuchs ist er niederliegend, bei dichterem aufsteigend oder aufrecht, meist kahl oder kurz behaart, selten drüsig. Die dreizähligen Blätter haben ungleich lange Stiele, ihre Blättchen sind verkehrt eiförmig, der Vorderrand ist feingezähnt. Die eiförmigen Nebenblätter sind meist verschieden groß, mit dem Stiel verwachsen, ganzrandig oder gezähnt. Die langgestielten Blütenstände gehen aus den Blattachseln hervor. Die Blüten haben winzige Stielchen, wodurch der Blütenstand die Form eines kurzen Köpfchens annimmt, das sich nach dem Verblühen verlängert. Der Kelch ist ausdauernd, die Krone gelb. Die Frucht ist eine auffallend gerippte, fast nierenförmige Hülse, an der Oberfläche glatt oder etwa flaumig. Die Samen sind klein, gelb und flach.

Blütezeit: Von Mai bis zum Spätherbst.

Areal und ökologische Ansprüche: Der Hopfenklee gehört zu den eurasiatischen Arten. Er ist ein Therophyt oder Hemikryptophyt mit Vorkommen vom Flachland bis zur kollinen, selten auch Vorgebirgsstufe, eine lichtliebende und wärmeliebende Pflanze mit relativ hohen Ansprüchen an den Mineralstoff- und Basengehalt des Bodens. Das Optimum seines Vorkommens hat er in Phytozönosen unechter Grassteppen, wie zum Beispiel im Verband Mesobromion, Cirsio-Brachypodion, ferner auf Trockenwiesen des Verbandes Arrhenatherion, mitunter auch in wärmeliebenden Segetal- und Ruderalgesellschaften (Verband Caucalidion lappulae).

Wirtschaftliche Bedeutung und Wissenswertes: An verschiedenen Standorten und in verschiedenen Gesellschaften begegnet man Pflanzen von unterschiedlichem Aussehen (Behaarung, Drüsigkeit, Ausdauer usw.), die von Botanikern sehr unterschiedlich bewertet werden. Wegen seiner Anspruchslosigkeit wurde der Hopfenklee in manchen Gegenden als Futterpflanze gezüchtet, auch wenn er im Vergleich zu Klee und Saatluzerne nicht so ertragreich ist.

55 Echter Steinklee

Melilotus officinalis (L.) Pall.
Familie: Schmetterlingsblütler – Fabaceae

Beschreibung: Eine zweijährige oder überwinternde, bis über 1 m hohe Pflanze mit verzweigter Pfahlwurzel. Aus dieser wachsen einzelne aufrechte, bis 1 m hohe, kahle, meist verzweigte, spärlich beblätterte Stengel mit gestielten Blättern. Die ganzrandigen Nebenblätter sind schmal, lanzettlich, zugespitzt, leicht abfallend. Die kurzgestielten Blättchen sind länglich, verkehrt eiförmig, mit deutlichen 6–13 Nervenpaaren und fast am ganzen Rand unregelmäßigungleich groß gezähnt. Die Blättchen der oberen Blätter sind stets schmaler, elliptisch-lanzettlich, die mittleren Blättchen aller Blätter sitzen an längeren Stielen als die Seitenblättchen. Die Blüten sind zu 30–70 in reichen, langgestielten Trauben angeordnet. Die Stiele der Einzelblüten sind nach unten gebogen, deshalb sind alle Blüten nickend. Der Kelch ist glockig, mit aufsteigenden Nerven, deutlich kantig, genauso lang wie die lang zugespitzten, lanzettlichen Kelchzähne. Die gelben Kronen haben ein Schiffchen und Flügel, die etwas kürzer als die Fahne sind. Die eiförmige kleine Hülse ist deutlich genervt. Die Samen sind klein, gelbgrün, seltener purpurstreifig.

Blütezeit: Mai–Oktober.

Areal und ökologische Ansprüche: Der Echte Steinklee zählt zu den europäisch-westasiatischen Taxa. Er gilt als subkontinentale Art und ist ein ruderaler Hemikryptophyt mäßig trockener bis trockener Böden, sehr häufig auf erhöhten Flußablagerungen, verlassenen Kieshalden usw. Am häufigsten kommt er in Schutthaldengesellschaften der Ordnung Onopordetalia und des Verbandes Arction vor.

Wirtschaftliche Bedeutung und Wissenswertes: Die ganze Pflanze duftet angenehm nach Cumarin, das auch für die getrocknete, für medizinische und technische Zwecke verwendete Droge charakteristisch ist. Als Heilpflanze ist der Echte Steinklee seit dem Altertum bekannt und wird auch heute noch in einigen Ländern so verwendet (Wundbehandlung, Schwellungen, Schmerzlinderung usw.). Er wird als Tabakzusatz und zerrieben als Mottenpulver benutzt. Die Blüten sind eine gute Bienenweide.

56 Dornige Hauhechel

Ononis spinosa L.
Familie: Schmetterlingsblütler – Fabaceae

Beschreibung: Ein sehr dorniger Zwergstrauch mit kurzem Wurzelstock und verholzendem Stengelgrund, meist reich verzweigt. Die Äste sind teils aufsteigend, teils aufrecht, mit zahlreichen scharfen Dornen. Die Stengel sind über die ganze Länge ein- oder zweireihig behaart, anfangs grün, später rotbraun. Die Blätter sind dreizählig, sehr veränderlich in Größe und Form je nach dem Standort, meist mit ovalen, leicht abfallenden, drüsig behaarten Blättchen. Die Blüten wachsen einzeln an Brachyblasten, sekundär können sie sich zu verlängerten, traubenähnlichen, durch zahlreiche Blätter unterbrochenen Gebilden entwickeln. Sie besitzen eine große, schmetterlingsförmige rosa Krone und einen spitzgezähnten und langbehaarten Kelch. Die einsamigen Hülsen sind weichhaarig, schwarz und reichen nicht über die Kelchlänge hinaus. Die Samen sind rund, braun, dunklerfleckig mit höckeriger Oberfläche.

Blütezeit: Juni–Oktober.

Areal und ökologische Ansprüche: Die Dornige Hauhechel ist eine europäisch-westasiatische, subozeanische Art. Wegen der unterschiedlichen Ansprüche ihrer zwei Unterarten kann sie als Pflanze mit relativ breiter ökologischer Valenz betrachtet werden. Sie ist vom Flachland bis zu den subalpinen Lagen verbreitet, wobei sie stellenweise auch ganz fehlen kann. Die ökologische Spannbreite ermöglicht ihr die Beteiligung an den verschiedensten, vor allem aber an Rasengesellschaften. An erster Stelle sind dies Halbtrocken- und Trockenrasen (Mesobromion, Cirsio-Brachypodion – O. s. subsp. spinosa), wechselfeuchte Wiesen (Molinion – O. s. subsp. austriaca), sie wächst aber auch auf gering salzbeeinflußten Böden an der Boddenküste der Nord- und Ostsee (O. s. subsp. abberans).

Wirtschaftliche Bedeutung und Wissenswertes: Heute wird diese Pflanze nur noch in der Volksmedizin als Antiseptikum und harntreibendes Mittel (Wurzelstock, Kraut, Blüten), stellenweise auch zur Herstellung von gelbem und grünem Farbstoff verwendet.

57 Rot-Klee

Trifolium pratense L.
Familie: Schmetterlingsblütler – Fabaceae

Beschreibung: Eine ausdauernde, 20–50 cm hohe Pflanze mit büscheligem, kriechendem Wurzelstock und einer Grundblattrosette. Die Stengel sind aufrecht oder aufsteigend, meist einfach, mehr oder weniger kantig und behaart. Die Blätter sind wechselständig, dreizählig, meist langgestielt (10–20 cm), nur die obersten kurzgestielt oder sitzend. Die Blättchen sind fast sitzend, 15–30 mm lang, verkehrt eiförmig bis breit elliptisch, ganzrandig, an der Spitze leicht ausgerandet, oberseits kahl, mit einem quer verlaufenden, halbmondförmigen weißen oder rotbraunen Fleck, unterseits anliegend behaart und am Rand bewimpert. Die Nebenblättchen sind eiförmig-lanzettlich, plötzlich in eine lange Spitze verschmälert und weit mit dem Blattstiel verwachsen. Die Blüten stehen in eiförmigen, 2 (3) cm großen Köpfchen. Die Einzelblüten sind sitzend, 13–18 mm lang. Ihr Kelch ist glockig-walzig, zehnnervig, ungleich 5-zähnig und bewimpert. Die Krone ist purpurn, seltener weiß und die Kronblätter sind an der Basis zu Röhrchen verwachsen. Die Staubblätter sind doppeltbündelig und an der Krone angewachsen. Die Hülsenfrucht hat meist nur einen Samen.

Blütezeit: Mai–Oktober.

Areal und ökologische Ansprüche: Eine europäisch-westasiatische Art, in Mitteleuropa vom Flachland bis zu subalpinen-alpinen Lagen verbreitet (breite ökologische Amplitude der einzelnen Unterarten). Ein Hemikryptophyt, der auf Wiesen- und Weidestandorten lehmig-sandigen, humus- und mineralreichen Boden verlangt. Der Rot-Klee durchzieht beinahe alle Wiesen und Weidegesellschaften. Einige Unterarten sind in xerothermen Matten (T. p. subsp. pratense) zu finden, andere sind an Küstendünen [T. p. subsp. maritimum (Zabel) Rothm.] und wieder andere auch an alpine Lagen [T. p. subsp. nivale (Koch) Arcang.] gebunden.

Wirtschaftliche Bedeutung und Wissenswertes: Der Rot-Klee zählt zu den besten Futterpflanzen mit 10–20 % Eiweißgehalt. Die Blüten sind eine gute Bienenweide. Den vierblättrigen Kleeblättern wird von allen Völkern Zauberkraft zugeschrieben. Die Blüten geben einen beliebten Zusatz zu aromatischen Bädern und Tees. Eine Abkochung wird bei Durchfall und Bronchialbeschwerden verwendet.

58 **Weiß-Klee**

Trifolium repens L.

Familie: Schmetterlingsblütler – Fabaceae

Beschreibung: Eine ausdauernde, 10–30 cm hohe und kahle Pflanze mit Wurzelstock. Die Stengel sind kriechend oder niederliegend, am Ende aufsteigend, wurzelnd und nach allen Seiten ausgebreitet, oft sind sie violett angelaufen und mitunter im Oberteil schwach behaart. Die Blätter sind dreizählig und haben bis zu 20–25 cm lange Stiele. Die Nebenblätter sind häutig, verwachsen, spitz. Die Blätter sind sitzend, herzförmig-eiförmig oder breit elliptisch, fein gezähnelt, oberseits mit einem weißen, halbmondförmigen Fleck. Die Blüten stehen in dichten, 40 bis 80-blütigen kugeligen Köpfchen, die auf noch längeren Stielen als die Blätter wachsen. Die Einzelblüten sind kurzgestielt, 6–12 mm lang, sie haben einen glockigen Kelch mit 3 kleineren und 2 größeren, meist grünen oder roten Zähnen und eine weiße, rötliche, rosa oder grünliche, nach dem Verblühen hellbraune Krone mit spitzer Fahne, die etwa ein Drittel länger als die Flügel ist. Die Früchte sind langgestreckte, etwa 2–4-samige Hülsen.

Blütezeit: Er blüht sehr lange, von Mai bis Oktober.

Areal und ökologische Ansprüche: Der Weiß-Klee zählt zu den zirkumpolaren Arten. In Mitteleuropa ist er vom Flachland bis zu den Gebirgslagen, seltener bis zur subalpinen Stufe verbreitet. Ein Hemikryptophyt, der frisch-feuchten, mineral- und humusreichen Boden verlangt. Eine typische Art der Weiden, Gartenrasen, Höfe, Weiler sowie Kulturwiesen. Er gilt als Charakterart des Verbandes Cynosurion (Fettweiden).

Wirtschaftliche Bedeutung und Wissenswertes: Der Weiß-Klee wird als Futterpflanze angebaut. Die Blütenköpfchen werden trocken gepflückt und gern als Zusatz zu aromatischen Bädern und Tees verwendet. Aus den Blüten dieser und anderer Klee-Arten wurden Flavon-Farbstoffe isoliert. Die Droge enthält Gerbstoffe, ätherische Öle und Harz. In der Volksheilkunde wird sie in Form von Tee allgemein als Mittel gegen Durchfall und Bronchialbeschwerden verwendet. Die Drogen haben sich in Nachkriegszeiten gegen epidemisch auftretende Enteritis (Dünndarmerkrankung) bewährt.

59 **Vogel-Wicke**

Vicia cracca L.

Familie: Schmetterlingsblütler – Fabaceae

Beschreibung: Eine ausdauernde, 20–150 cm hohe, kurz anliegend behaarte Pflanze mit einem starken und kriechenden Wurzelstock. Die Stengel sind klimmend oder kriechend, schwach verzweigt, fest und kantig. Die Blätter sind wechselständig, paarig gefiedert mit 6–10 (12) Fiederpaaren. Die Fiederblättchen sind sitzend, schmal, eiförmig-lanzettlich bis linealisch, 8–11 mm lang, manchmal auch länger und unterseits mehr oder weniger anliegend behaart. Die Fiederspindel endet in einer langen, verzweigten Wickelranke. Die Nebenblätter sind klein und lanzettlich bis halbpfeilförmig. Die Blüten stehen in einer dichten, 20–30 und mehrblütigen, einseitswendigen, langgestielten Traube, die nur etwas länger als das Tragblatt ist. Die Einzelblüten sind kurzgestielt, nickend, 8–11 mm lang, der Kelch ist kurz, schräg-glockig, ungleich gezähnt, die Krone blauviolett bis rotviolett, selten weißlich mit verkehrt eiförmiger oder verkehrt herzförmiger und zurückgebogener Fahne, deren Blatt so lang wie der Nagel ist. Die Frucht ist eine kurzgestielte, 2–3 cm lange, kahle Hülse mit schwarzen Samen.

Blütezeit: Juni bis Mitte August.

Areal und ökologische Ansprüche: Die Vogel-Wicke ist eine im mediterranen bis borealen Teil Europas, Asiens und Nordamerikas verbreitete eurasiatische Art. In Mitteleuropa kommt sie vom Flachland bis zur montanen Stufe vor. Sie ist eine Wiesenart mit Optimum ihres Vorkommens in den Gesellschaften der Klasse Molinio-Arrhenatheretea (Wirtschaftswiesen), von wo sie auch an Waldränder, auf Äcker, in Obstgärten u. a. m. vordringt. Sie liebt mäßig trockene, gut durchlüftete und mäßig humose Böden. Ein Hemikryptophyt.

Wirtschaftliche Bedeutung und Wissenswertes: Eine gute Futterpflanze und ausgezeichnete Bienenweide. Die Samen sind ein beliebtes Vogelfutter.

60 Zaun-Wicke

Vicia sepium L.

Familie: Schmetterlingsblütler – Fabaceae

Beschreibung: Eine ausdauernde Pflanze mit dünnem, kriechendem Wurzelstock. Die Stengel sind aufrecht oder klimmend, 30–60 cm lang, einfach oder im unteren Teil verzweigt, vierkantig, kahl oder mit kurzen, weichen Haaren bedeckt. Die Blätter sind wechselständig, 5–10 cm lang, paarig gefiedert mit 4–8 Fiederpaaren und einer geteilten Ranke. Die Fiederblättchen sind gegenständig, kurzgestielt oder sitzend, elliptisch oder eiförmig, an der Spitze leicht ausgerandet, an dieser Ausrandung befindet sich eine kleine Spitze (Stachel), unterseits und an den Rändern sind sie kurz behaart. Die Nebenblättchen sind klein, gezähnt, unterseits mit einer roten Drüse, aus der an heißen Tagen Honigsaft ausgeschieden wird. Die Blüten entspringen aus den Blattachseln und stehen in kurzgestielten Trauben mit 2–5 Blüten. Der Kelch ist kurz, glockig, ungleich 5-zähnig. Die Krone ist rotviolett oder purpurrot, selten verblaßt bis weiß, mit einer verkehrt eiförmigen, violettnervigen Fahne und einem kurzen, vorn dunkelvioletten Schiffchen. Die Staubblätter sind zweibündelig, 9 sind verwachsen und eines ist frei, der Griffel ist rechtwinkelig gebogen und ist unterhalb der Narbe behaart. Die Frucht ist eine 2–3 cm lange, zusammengedrückte Hülse, in der Reifezeit kahl, schwarz glänzend, mit 3–10 schwarzen oder glänzenden Samen.

Blütezeit: Von Mai bis zur zweiten Julihälfte.

Areal und ökologische Ansprüche: Die Zaun-Wicke ist eine europäisch-westsibirische Art mit subozeanischem Klimaanspruch. In Mitteleuropa ist sie von den Ebenen bis zur kollinen Stufe verbreitet. Sie ist ursprünglich eine Waldpflanze, wahrscheinlich der Auenwälder und des Gesteinsschutts [Ordnung Carpino-Fagetalia (eutrophe Buchen- und Hainbuchenwälder)], die sich sekundär in deren Säume (Circaeo-Stachyetalia, Verband Trifolion medii), später auch auf frische Wiesen des Verbandes Arrhenatherion (Fettwiesen) ausgebreitet hat. Ein Hemikryptophyt, der tiefgründige, humose, frischfeuchte Böden beansprucht.

Wirtschaftliche Bedeutung und Wissenswertes: Die Zaun-Wicke besitzt einen hohen Futterwert und enthält bis zu 24 % Eiweiß, deshalb wird sie auch als gute Futterpflanze empfohlen. Die Blüten sind eine gute Bienenweide.

61 Gemeiner Reiherschnabel

Erodium cicutarium (L.) L'Hér.

Familie: Storchschnabelgewächse – Geraniaceae

Beschreibung: Eine ein- oder zweijährige, behaarte bis drüsig behaarte, sehr veränderliche Pflanze. Die Stengel sind meist 10–50 cm hoch, aufrecht oder ausgebreitet und gewöhnlich verzweigt. Die Grundblätter stehen in Rosetten, die Stengelblätter locker, sind sehr verschiedengestaltig, kurzgestielt, die oberen sitzend, im Umriß elliptisch, fiederschnittig. Der Blütenstand ist eine langgestielte, achselständige, 3–8-blütige Dolde, ein- bis dreimal so lang wie das Tragblatt. Die Blüten sind meist aufrecht, die Kelchblättchen haben eine kurze Granne, die Krone ist hellkarminrot bis violett, mit verkehrt-eiförmigen Blütenblättchen. Die Frucht ist eine schnabelförmige, 3–4 cm lange, in fünf einsamige Teilfrüchtchen zerfallende Spaltfrucht.

Blütezeit: Von April bis zum Spätherbst.

Areal und ökologische Ansprüche: Der Reiherschnabel ist eine zirkumpolare Art, deren Vorkommen im Mitteleuropa an Flach- und Hügelland gebunden ist. Er ist ein Therophyt, der trockene, lehmig-sandige oder reine Sandböden mit höherem Humusgehalt erfordert. Er gilt als charakteristische Art der Ordnung Festuco-Sedetalia (Pionierfluren auf mineralkräftigen Sand- und Grusböden), kommt jedoch auch in Getreidefeldern (Klasse Secalietea) und in Ruderalfluren (Ordnung Polygono-Chenopodietalia), auch in Weinbergen vor.

Wirtschaftliche Bedeutung und Wissenswertes: Auf gedüngten Kulturböden bildet der Reiherschnabel üppige Horste. Er ist sehr widerstandsfähig, verträgt gut Trockenheit und niedrige Temperaturen. Die langgrannigen Samen (Teilfrüchtchen) werden oft als primitiver Feuchtigkeitsmesser verwendet, da sich die Granne unter dem Einfluß der sich ändernden Feuchtigkeit entweder zusammenrollt (bei Trockenheit) oder ausstreckt (bei Feuchtigkeit), wodurch gleichzeitig auch der Samen gedreht wird und sich so in den Boden bohrt. In einigen Ländern wird der Reiherschnabel als Futterpflanze angebaut. Die Blüten werden viel von Bienen besucht. Die Droge enthält Gerbstoffe, Gallsäure, Fette, Wachs und in geringer Menge auch Coffein. Die hämostatische Wirkung dieser Pflanze bei Blutungen war schon den Ärzten des Altertums und Mittelalters bekannt.

62 Stinkender Storchschnabel

Geranium robertianum L.
Familie: Storchschnabelgewächse – Geraniaceae

Beschreibung: Eine einjährige, 20–40 cm hohe, unangenehm riechende Pflanze mit aufrechten oder niederliegenden, reich verzweigten, zerbrechlichen, ganz abstehend behaarten und rosa gefärbten Stengeln. Die Grundblätter vertrocknen sehr rasch. Die Stengelblätter sind gegenständig, langgestielt, ihre Blattspreiten im Umriß dreieckig, zwei- bis dreifach fiederschnittig, gesägt. Die Blüten entspringen meist zu zweien aus den Tragblattachseln, auf auch nach dem Verblühen aufrechten Stengeln. Die Kelchblätter sind scharf dreinervig, drüsig behaart, die Basis der Blüte und Frucht umschließend. Die Kronblätter sind karminrosa, verkehrt eiförmig, zweimal so lang wie der Kelch, am Grunde zu einem langen Nagel verschmälert. Die Frucht ist schnabelförmig, kahl oder an der Basis zerstreut behaart.

Blütezeit: Blüht sehr lange, von Mai bis Oktober.

Areal und ökologische Ansprüche: Der Stinkende Storchschnabel ist eine eurasiatische, in Waldgesellschaften der Flachland- bis subalpinen Stufe häufig vertretene Art. In einigen Teilen Mitteleuropas kommt er nur bis zu den Vorgebirgslagen vor. Er zeigt einen hohen Gehalt an gut verteiltem Humus im Boden an (nitrophile Art). Er stammt aus den Waldgesellschaften der Ordnung Fraxinetalia (Auenwälder, Erlenbruchwälder, Schotterfluren), von wo er sich auch in mesophile Gebüsche (Ordnung Prunetalia, Ordnung Rubo-Sambucetalia) und deren Säume (Ordnung Circaeo-Stachyetalia) ausgebreitet hat.

Wirtschaftliche Bedeutung und Wissenswertes: Früher wurde diese Pflanze vielfach in der Volksheilkunde verwendet. Das zerstampfte Kraut wurde auf Wunden und Geschwüre gelegt, eine Abkochung aus Stengeln und Wurzeln gegen Durchfall und Dysenterie verabreicht. Das Kraut fand bei verschiedenen inneren und äußeren Blutungen Verwendung. Wegen dieser Eigenschaften wird der Stinkende Storchschnabel auch heute noch während der Blütezeit gesammelt.

63 **Echter Sauerklee, Wald-Sauerklee**

Oxalis acetosella L.

Familie: Sauerkleegewächse – Oxalidaceae

Beschreibung: Eine ausdauernde, etwa 15 cm hohe, zarte Pflanze mit einem dünnen, kriechenden und weit verzweigten Wurzelstock und zahlreichen Faserwurzeln. Der Wurzelstock ist mit fleischigen, rötlichen Schuppen und verdickten Blattbasen bedeckt. Stengel werden nicht ausgebildet. Die Blätter sind grundständig, langgestielt, dreizählig, die Blättchen verkehrt eiförmig, annähernd gleichgroß, an der Unterseite dünn behaart. Die Blattstiele haben oft eine rötliche Farbe, sind völlig behaart, an dem verdickten Blattgrund von einem kleinen, eiförmigen, spitzen Nebenblättchen bedeckt. Die Blüten stehen einzeln auf Stielen, die etwas länger als die Blätter sind und zwei kleine, gegenständige, verwachsene Schuppen in der Mitte haben. Die Kelchblättchen sind oval, stumpf oder abgerundet, oberseits kahl. Die am Rand gewimperten weißen Kronblättchen sind rötlich oder violett genervt. Die Frucht ist eine Kapsel, deren Samen von Ameisen verschleppt werden.

Blütezeit: Von April bis Ende Mai.

Areal und ökologische Ansprüche: Der Echte Sauerklee ist eurasiatisch in ozeanischem Klima verbreitet. Er ist eine schattenliebende Waldpflanze, ein Geophyt oder Hemikryptophyt mit sehr breiter ökologischer und phytozönologischer Amplitude. Der Schwerpunkt seiner Verbreitung liegt in Vorgebirgstannenwäldern und Gebirgsfichtenwäldern (Klasse Vaccinio-Piceetea), er ist aber recht häufig auch in Laubmischwäldern (Buchen-, Eichen-Hainbuchen-, ja sogar in Auenwäldern).

Wirtschaftliche Bedeutung und Wissenswertes: In der Vergangenheit fand er als technische und Heilpflanze Verwendung. Wegen des hohen Oxalsäuregehaltes wird er gegen Rachitis, als Gegengift bei Arsen- und Quecksilbervergiftungen, als menstruationsregelndes Mittel, neuerdings auch gegen Arteriosklerose verabreicht. Bei seiner Verwendung ist jedoch gewisse Vorsicht geboten. Früher wurde er auch für die Herstellung von Ameisensäure, im Färbereiwesen, als Reinigungsmittel und für die Bereitung von Erfrischungsgetränken, Suppen und Salaten verwendet.

64 Zypressen-Wolfsmilch

Euphorbia cyparissias L.

Familie: Wolfsmilchgewächse – Euphorbiaceae

Beschreibung: Eine ausdauernde, 10–50 cm hohe Pflanze mit holzigem, verzweigtem Wurzelstock. Die Stengel wachsen einzeln oder in Büscheln, sie sind aufrecht, einfach oder verästelt, am Grunde fast blattlos und rot, im oberen Teil dicht beblättert. Die Blätter sind wechselständig, sitzend, abstehend, linealisch, 1–2 cm lang und stumpf oder mit kurzer Spitze und kahl. Die Tragblätter unter dem Blütenstand sind von ähnlicher Gestalt. Der Blütenstand ist eine vielstrahlige, doldenähnliche Scheinblüte (Cyathium). Die Hüllblätter sind breit eiförmig, spitz, gelb, während der Fruchtreife rot. Die Drüsen des Blütenstandes sind zweihörnig-bohnenförmig und wachsgelb. Die Frucht ist eine dreiseitige, feinwarzige Kapsel mit 3 Samen, die rundlich-eiförmig sind und am Grunde einen gelblichen Auswuchs (Caruncula) haben.

Blütezeit: In den Monaten April bis Juli, vereinzelt auch später.

Areal und ökologische Ansprüche: Eine europäische Art, die in Mitteleuropa von den Ebenen bis zur Gebirgsstufe verbreitet ist. Diese lichtliebende, hemikryptophytische Pflanze hat den Schwerpunkt ihres Vorkommens in Rasengesellschaften. Das sind vor allem Schwingelgrasmatten trockener, kiesig-steiniger Unterlagen (Klasse Festuco-Brometea, Sedo-Scleranthetea). Gemein ist sie auch in Gebüschen, Mänteln und Säumen der Laubmischwälder, doch kommt sie ebenfalls häufig in Waldgesellschaften vor und dringt gleichzeitig auch in ruderalisierte Standorte ein.

Wirtschaftliche Bedeutung und Wissenswertes: Die Zypressen-Wolfsmilch vermehrt sich durch Samen und vegetativ durch Wurzelstockteile und Wurzelknospen, vor allem bei der Bodenbearbeitung. Wegen ihres Giftstoffgehaltes ist sie eine gefährliche Futterbeimengung, das Weidevieh weicht ihr aus. Sie ist Zwischenwirt des Erbsenrostpilzes (Uromyces pisi Pers.), der eine Verunstaltung der blütentragenden und blütenlosen Triebe verursacht. Ihr Vorkommen in der Nähe von Erbsenfeldern ist deshalb besonders gefährlich und unerwünscht. In den Milchdrüsen enthält sie scharfe bis giftige Milch, die früher vielfach in der Volksheilkunde Verwendung fand. Die Milch enthält etwa 2,5 % reinen Kautschuk, Saponine, Gall-, Apfel-, Weinsäure, ätherisches und Fettöl.

65 Wald-Bingelkraut – Ausdauerndes Bingelkraut

Mercurialis perennis L.
Familie: Wolfsmilchgewächse – Euphorbiaceae

Beschreibung: Eine ausdauernde Pflanze mit ästigem, kriechendem Wurzelstock, der bei Trockenheit dunkelviolett gefärbt ist. Der Stengel ist am Grunde schuppig, mehr oder weniger aufrecht, 10–40 cm hoch, unverzweigt, vierkantig, kahl oder zerstreut behaart. Die Blätter sind kurzgestielt, länglich-eiförmig bis elliptisch-lanzettlich, zwei- bis dreimal so lang wie breit, gekerbt-gezähnt, am Grunde jäh verschmälert, anliegend behaart bis kahl, die Nebenblättchen sind etwa 2 mm lang. Die Blüten sind unscheinbar, mit grünlicher Blütenhülle, eingeschlechtig. Die männlichen Blüten sind in lockeren, aus kleinen Knäulen bestehenden Trauben angeordnet, die weiblichen wachsen zu 1–2 auf langen Stielen in den oberen Blattachseln. Die Frucht ist eine borstige, 4–5 mm lange Kapsel.

Blütezeit: April–Juni.

Areal und ökologische Ansprüche: Das Wald-Bingelkraut ist eine europäisch-ozeanische Art, die vom Flachland bis zur Gebirgsstufe, besonders auf Kalkgestein, verbreitet ist. Auf anderen Gesteinen endet seine Verbreitung in der Vorgebirgsstufe. Es ist eine nitrophile Pflanze, die tiefgründige, frischfeuchte Böden verlangt. Es gilt als charakteristische Art des Verbandes Asperulo-Fagion (Waldmeister-Buchenwälder), in dem es in mehreren Assoziationen auch eine führende Stellung einnimmt (Assoziation Asperulo-Fagetum). In Buchenwäldern zeigt es günstig verteilten, mit Mineralteilchen vermischten Laubhumus an, den günstigsten Bodenzustand für die zu fördernde natürliche Erneuerung des Waldes durch Samen. Es ist auch in Eichen-Hainbuchenwäldern sowie in Auenwäldern häufig. Ein Geophyt.

66 Echtes Springkraut

Impatiens noli-tangere L.

Familie: Balsaminengewächse – Balsaminaceae

Beschreibung: Eine einjährige, krautige, bis 1 m hohe Pflanze. Der Stengel ist aufrecht, im unteren Teil knotig verdickt und blattlos, im oberen Teil verzweigt, völlig kahl, durchscheinend, an der Oberfläche von einer feinen Wachsschicht bedeckt. Die Blätter sind wechselständig, gestielt, kahl, eiförmig-länglich, spitz, grob gezähnt, am Grunde vereinzelt drüsig. Die Blüten sind 3–4 cm groß, sie wachsen in achselständigen, 2–6-blütigen Trauben. Der Kelch ist gelb, aus drei bis fünf Kelchblättern bestehend, von denen das hintere am größten ist und in einen hohlen, hakenförmig gebogenen Sporn übergeht. Die gelbe Krone besteht aus fünf Kronblättern, von denen das vordere am größten und im Schlund rot punktiert ist. Je zwei Seitenblättchen sind miteinander verwachsen, deshalb scheint es, als ob die Krone nur drei Kronblättchen besäße. Die 5 Staubblätter haben kurze, dicke Staubfäden. Die Samenkapsel ist oberständig. Die Frucht ist eine walzig-lanzettliche, kahle, elastisch aufspringende, 15–25 mm lange Kapsel.

Blütezeit: Juli–September.

Areal und ökologische Ansprüche: Das Echte Springkraut zählt zu den eurasiatisch-westamerikanischen Arten der subozeanischen Klimagebiete. Es kommt auf feuchten, schattigen Plätzen in Waldgesellschaften der Ebenen bis subalpinen Lagen vor. Es bevorzugt Moorböden in der Umgebung von Quellgebieten und fließendes Grundwasser (sickerfeuchte Standorte). Als Zentrum seines Ursprungs in den Waldgesellschaften können Auenwälder, Erlenbruchwälder und feuchte Blockschuttwälder (Ordnung Fraxinetalia) angesehen werden, von denen aus es sich auch in Fichtenwälder und sekundäre Standorte ausgebreitet hat.

Wirtschaftliche Bedeutung und Wissenswertes: In der Volksheilkunde wird eine Abkochung des Krautes als harntreibendes und Abführmittel verwendet. Es enthält einen bitterschmeckenden Harzstoff, der nach dem Einnehmen starkes Erbrechen und Schwindelgefühl verursacht. Der ganze Stengel mit den Blättern kann zur Gelbfärbung von Wolle benutzt werden.

67 Echtes Johanniskraut, Tüpfel-Hartheu

Hypericum perforatum L.

Familie: Hartheugewächse – Hypericaceae

Beschreibung: Eine aufrechte, im oberen Teil verzweigte und dicht beblätterte, bis 1 m hohe Pflanze mit einem reich verzweigten Wurzelstock, aus dem blütentragende und blütenlose Stengel hervorgehen. Diese sind zweikantig, kahl, im oberen Teil vereinzelt drüsig. Die Blätter sind elliptisch-länglich bis linealisch, sitzend, kahl, durchscheinend punktiert, gewöhnlich am Rand mit schwarzen Drüsen. Die in einer gabelig verzweigten Doldenrispe angeordneten, zahlreichen Blüten sind gestielt, sie stehen in den Achseln der gegenständigen Hochblätter. Die Kelchblätter sind lanzettlich mit vielen runden oder linealischen Drüsen. Die Kronblätter sind goldgelb, die Staubblätter meist sehr zahlreich. Die Frucht ist eine drüsige Kapsel mit schwarzen, feinwarzigen Samen.

Blütezeit: Während des ganzen Sommers, von Mai bis September.

Areal und ökologische Ansprüche: Das Echte Johanniskraut ist eine europäisch-westasiatische, subozeanische Art. Ursprünglich ist es eine Waldpflanze wärmeliebender Eichenwälder (Quercetalia pubescentis), von dort gelangte es in die Mantelgesellschaften und Säume (Origanetalia, Prunetalia). Häufig ist es auch in den Gesellschaften der unechten Felssteppen (Festuco-Brometea) und sandigen Substrate (Festuco-Sedetalia). Interessant ist das Vorkommen dieser Art in den Gesellschaften der Ordnung Nardetalia (Borstgras-Weiden).

Wirtschaftliche Bedeutung und Wissenswertes: Ein zahlreiches Vorkommen dieser Pflanze auf Wiesen beeinträchtigt die Heuqualität („Hartheu"). Das Echte Johanniskraut ist eine alte Heilpflanze, die fast für alle Krankheiten verwendet wurde. Eine Abkochung aus dem Kraut hat sich gegen Darmparasiten und bei Verdauungsbeschwerden sowie äußerlich für Umschläge bewährt. In Volksmärchen und im Volksaberglauben spielte es ebenfalls eine bedeutende Rolle. Die nordischen Völker verwendeten es wegen des Bitterstoffgehaltes der schwarzen Drüsen als Bierzusatz. In den Blüten ist der rote Farbstoff Hypericin enthalten, durch den sich die Milch der Tiere, die mit Hartheu gefüttert werden, manchmal verfärbt. Hypericin hat eine lichtsensibilisierende Wirkung, es ruft vor allem bei albinotischen Personen Empfindlichkeit gegen Sonnenlicht hervor.

68 Gemeiner Blutweiderich

Lythrum salicaria L.

Familie: Blutweiderichgewächse – Lythraceae

Beschreibung: Eine ausdauernde Pflanze mit kurzem, holzigem, unterirdischem Wurzelstock. Der Stengel wird zuweilen bis über 1 m hoch, er ist aufrecht, einfach oder verzweigt, scharf geflügelt, vierkantig, kurz behaart. Alle Blätter sind sitzend, die unteren oft zu dreien in Quirlen, im mittleren und oberen Teil gegenständig, lanzettlich, am Grunde herzförmig ausgeschnitten, unterseits mit aufsteigenden, kurz behaarten Nerven. Aus den oberen Blattachseln wachsen oftmals blütenlose, beblätterte Äste. Die Blüten sind quirlig in langen Ähren angeordnet. Der Blütenstand steht am Ende der Stengel oder Äste. Unter jeder Blüte befinden sich zwei kleine Blättchen. Der Kelch hat 12 Zähne am Rand des röhrigen Bechers (durch Verwachsen der basalen Teile von Kelch, Krone und Staubblättern entstanden), die teils breit dreieckig, teils pfeil- oder ahlenförmig sind. Die Anzahl der roten Kronblätter ist unbeständig (4–8). Die Frucht ist eine in den ausdauernden Blütenbecher eingeschlossene Kapsel. Die zahlreichen Samen sind braungelb.

Blütezeit: Juni–September.

Areal und ökologische Ansprüche: Der Blutweiderich ist eine eurasiatische Art, in Mitteleuropa vom Flachland bis zur Gebirgszone verbreitet. Er ist ein Hygrophyt, der an allen stehenden und fließenden Gewässern auf Gleyböden oder sapropelen Moorböden mit hohem Grundwasserspiegel verbreitet ist. Er verträgt auch längere Trockenheitsperioden, ist pflanzensoziologisch vage, wird aber zuweilen als Charakterart des Verbandes Phragmition (See- und Teichröhrichte) angeführt.

Wirtschaftliche Bedeutung und Wissenswertes: Aufgrund seiner Fähigkeit, an verschiedenen Standorten zu wachsen, ist der Blutweiderich in seinem Aussehen und innerem anatomischen Bau (vor allem des grundständigen Stengelteils) sehr vielgestaltig. Der Gemeine Blutweiderich wird bis heute an manchen Orten noch in der Volksheilkunde zum Blutstillen bei Verletzungen verwendet. Die jungen Triebe werden als Gemüse gegessen, der Blütenfarbstoff kann in der Zuckerindustrie verwendet werden.

69 **Schmalblättriges Weidenröschen**

Epilobium angustifolium L.

Familie: Nachtkerzengewächse – Onagraceae

Beschreibung: Eine ausdauernde Pflanze mit kurzem, kriechendem Wurzelstock, aus dem zahlreiche, mit weißen, fleischigen Schuppen besetzte unterirdische Ausläufer und mehrere, bis über 1,5 m hohe, in dichten Blütentrauben endende Stengel hervorgehen. Sie sind stielrund, aufrecht, einfach, bei Einzelwuchs sind sie meist verzweigt, in der Regel kahl, rötlich. Die Blätter sind wechselständig, länglich bis lineal-lanzettlich, sitzend oder kurzgestielt, unterseits heller, mit zahlreichen hervortretenden Blattnerven; die oberen gehen in schmale Tragblätter über. Die Blüten sind rot, die Kelchblätter außen schwach behaart. Die Kronblätter sind meist ungleich groß, am Ende abgerundet oder ausgeschnitten. Die Frucht ist eine linealische, sehr kurz behaarte Kapsel, deren Klappen sich nach dem Öffnen biegen, mit sehr vielen Samen, von denen jeder eine Fluganlage aus weißen Härchen (Haarschopf) besitzt.

Blütezeit: Von Anfang Juni bis Ende August, vereinzelt auch später.

Areal und ökologische Ansprüche: Das Schmalblättrige Weidenröschen ist eine zirkumpolare Art, als subkontinentaler Typ zählt es zu den borealen Florenelementen. In Mitteleuropa ist es an das Waldmilieu, vor allem an Nadelwälder (Klasse Vaccinio-Piceetea) gebunden. Auf Kahlschlägen, an Waldrändern, inWaldgräben und ähnlichen Standorten bildet es nach der Rodung dichte Bestände, die als selbständige Gesellschaften eingeordnet werden (Epilobietea angustifolii). Es zeigt humusreichere Böden oft auch auf kleinen Flächen an. Ein Hemikryptophyt.

Wirtschaftliche Bedeutung und Wissenswertes: Vom Zuchtvieh und von Waldtieren wird es gemieden. Früher galt es als Heilpflanze, die Blätter wurden als Tee-Ersatz verwendet.

70 Giersch, Geißfuß

Aegopodium podagraria L.
Familie: Doldengewächse – Apiaceae

Beschreibung: Eine ausdauernde Pflanze mit kriechendem, an den Knoten verdicktem Wurzelstock und zahlreichen unterirdischen Ausläufern. Der Stengel ist kurz behaart (unter Vergrößerungsglas), etwa 50–100 cm hoch, aufrecht, hohl, gefurcht, nur im oberen Teil verzweigt. Die unteren Stengelblätter haben lange, scheidige Stiele, zweimal dreifach geteilte Spreiten, oft mit sehr ungleichen Abschnitten, wobei der Endabschnitt meist am größten ist. Die Abschnitte sind gestielt, unsymmetrisch eiförmig, spitz und einfach bis doppelt gesägt. Die obersten Blätter sind am einfachsten, auf einem scheidigen Grund sitzend. Die Blattstiele sind markig voll, sie haben gerade oder im Querschnitt schwach nach außen gewölbte Seiten und sind stets glatt, wodurch diese Pflanze leicht von ähnlichen Arten zu unterscheiden ist. Die Blüten stehen in großen Dolden, ohne jede Hülle, sie sind zweigeschlechtig oder nur männlich. Die Blütenstiele sind rauh, die Kronblätter weiß oder schwach rosa, zweiteilig, mit vorgebogenem mittlerem Lappen. Die Frucht ist eine zweiteilige Spaltfrucht (Doppelachäne) von brauner Farbe, mit helleren Rippen.

Blütezeit: Mai–September.

Areal und ökologische Ansprüche: Der Giersch ist eine europäisch-westasiatische Art mit hauptsächlicher Verbreitung unter ozeanischen Klimabedingungen. Er wächst in den Gesellschaften der Auenwälder, der Eichen-Buchenwälder und Buchenwälder. Von diesen Phytozönosen dringt er in Waldmantel- (Gebüsche) und Waldsaumgesellschaften vor. Sein pflanzensoziologisch-diagnostischer Wert ist relativ gering. Dafür kann man ihn als gute Zeigerart für hohen Humus- und Stickstoffgehalt im Boden betrachten. Ein Hemikryptophyt.

Wirtschaftliche Bedeutung und Wissenswertes: In der Vergangenheit war der Giersch eine weit bekannte Heilpflanze. Er wurde in der Volksheilkunde gegen Gicht und Podagra verwendet (daher der lateinische Name). Man legte ihn auf Wunden und heilte mit ihm angeblich auch Blutvergiftungen. Mancherorts wurde er auch zur Salat- und Suppenbereitung verwendet.

71 Wald-Engelwurz, Brustwurz

Angelica sylvestris L.
Familie: Doldengewächse – Apiaceae

Beschreibung: Eine zweijährige bis ausdauernde Pflanze von mächtigem Wuchs, die bis zu 2 m hoch werden kann. Die derbe, spindelige, im unteren Teil verzweigte Wurzel ist von weißlicher Farbe, sie hat einen bitteren bis brennend scharfen Geschmack und Mohrrübengeruch. Der Stengel ist aufrecht, stielrund, nur im oberen Teil etwas kantig, hohl, kahl und etwas verzweigt. Die unteren Blätter haben scheidige Stiele, im Querschnitt mit einer charakteristischen halbmondförmigen Aushöhlung, die oberen sitzen an großen Scheiden. Alle Blätter sind zwei- bis dreifach fiederschnittig, die unteren größer und komplizierter, die oberen kleiner und einfacher. Die Blüten bilden endständige Dolden, die aus 20–55 Döldchen bestehen. Die Hüllen fehlen, die Hüllchen bestehen aus zahlreichen, linealischen, abstehenden Blättchen. Den Kelch bilden unscheinbare Zähnchen, die Kronblätter sind klein, eiförmig oder elliptisch, weiß. Die Staubgefäße sind auffällig lang, die Griffel meist aus der Blüte gebogen. Die Frucht ist eine dorsiventral zusammengedrückte, an der Rückenseite von drei dünnen Rippen und zwei breiten Randflügeln gekennzeichnete Teilfrucht.

Blütezeit: Juli–September.

Areal und ökologische Ansprüche: Die Wald-Engelwurz zählt zu den eurosibirischen floristischen Elementen mit ozeanischem Areal. In Mitteleuropa ist sie in Ebenen- und Hügellandlagen, weniger in der submontanen und montanen Stufe verbreitet. Sie ist eine ursprünglich waldgebundene Art mit Schwerpunkt im Verband Salicion albae (Silberweiden-Gehölze), und in Moorgebüschen, von wo sie sich auch in deren Ersatzgesellschaften (Ordnung Molinietalia – Feuchtwiesen), Ordnung Galio-Alliarietalia – Sträucher und Stauden u. a. ausbreitete. Sie zeigt einen höheren Humusgehalt im Boden an. Ein Hemikryptophyt.

Wirtschaftliche Bedeutung und Wissenswertes: Die zerstampften Samen dienten in der Vergangenheit als Insektenvernichtungsmittel, vor allem gegen Läuse. Die Wurzel (radix Angelicae sylvestris) wurde zur Anregung der Magentätigkeit verwendet.

72 Wiesen-Kerbel

Anthriscus sylvestris (L.) Hoffm.
Familie: Doldengewächse – Apiaceae

Beschreibung: Eine zweijährige oder ausdauernde, 30–150 cm hohe, mehr oder weniger kahle Pflanze mit derbem, vielköpfigem Wurzelstock und überwinternder Grundblattrosette. Die Stengel sind aufrecht, hohl, scharf gefurcht, kahl oder borstig, eventuell behaart, im oberen Teil verzweigt. Die Blätter sind im Umriß dreieckig eiförmig, doppelt bis dreifach fiederschnittig mit länglich-lanzettlichen bis linealischen gezähnten Abschnitten. Die unteren Blätter sind groß, gestielt, die oberen kleiner, auf großen Scheiden sitzend, mit weißwolligem Rand. Die Blattspreiten sind am Rand anliegend gewimpert, oberseits mehr oder weniger kahl, unterseits behaart bis kahl. Die zusammengesetzten Dolden wachsen am Ende der Äste, sie sind langgestielt, mit meist 8–16 Döldchen mit kahlen Stielen. Die Hülle unter der zusammengesetzten Dolde fehlt, die Hüllchen unter den Döldchen werden von mehreren (5–8) breit lanzettlichen, am Rand gewimperten und meist herabhängenden Blättchen gebildet. Die Blütenstiele haben am Ende einen Haarkranz. Die einzelnen Blüten besitzen einen unauffälligen Kelch, eine weiße, manchmal gelbliche bis grünliche, schwach strahlige, bis 3 mm lange Krone. Die Früchte – Doppelachänen – sind länglich-lanzettlich, bis 6 mm lang, dunkelbraun bis schwarz.

Blütezeit: Von Mai bis Ende August, vereinzelt auch später.

Areal und ökologische Ansprüche: Der Wiesen-Kerbel ist eine eurasiatische, in Mitteleuropa von den Ebenen bis zur Vorgebirgs-, selten auch Gebirgslage verbreitete Art. Sie ist ein stark nitrophiler Hemikryptophyt und zeigt bei Massenauftreten Überdüngung an. Er ist in den verschiedensten Formationen verbreitet. Er kommt in Überschwemmungsgebieten (Auenwälder, Auengebüsche, Saumgesellschaften der Auenwälder, gespeichertes organisches Material), auf Schutthalden in der Nähe von Städten und Dörfern, in Gärten, auf Brachen, Fettwiesen und ähnlichen Standorten vor.

Wirtschaftliche Bedeutung und Wissenswertes: Das Kraut ist harntreibend und wird bei Harnblasenentzündungen für Auflagen verwendet. In der Volksheilkunde wurde es häufig vor allem bei Magenschmerzen und Erkrankungen der Atemwege verwendet.

73 **Wilde Möhre**

Daucus carota L.
Familie: Doldengewächse – Apiaceae

Beschreibung: Eine einjährige oder zweijährige bis ausdauernde Pflanze mit spindeliger Wurzel. Im ersten Jahr treibt sie nur Blätter, im zweiten wollig behaarte, gerippte, einfache oder in der oberen Hälfte verzweigte, oft bis 1 m hohe Stengel. Die Blätter sind im Umriß dreieckig eiförmig, doppelt bis dreifach fiederschnittig, scheidig, wollig behaart. Die unteren sind meist gestielt, die oberen kleiner und sitzend. Der Blütenstand ist eine reichblütige, zusammengesetzte, während der Blüte flach ausgebreitete Dolde, die von langen, fiederteiligen, während der Fruchtreife zusammengezogenen Hüllblättern getragen wird. Die Hüllchen werden meist von ungeteilten Blättern gebildet. Die Blüten sind entweder zweigeschlechtig oder nur männlich bzw. nur weiblich (Stempelblüten). Sie haben einen kleinen Kelch und eine gelblichweiße Krone. Inmitten der Dolde sind meist mehrere Blüten oder mindestens eine Blüte violett. Dies sind sterile Blüten, deren Aufgabe es ist, bestäubende Insekten anzulokken. Die Frucht ist eine 2–4 mm lange Doppelachäne. Die elliptischen oder eiförmigen Teilfrüchte besitzen stachelige Rippen.

Blütezeit: Juni–Juli.

Areal und ökologische Ansprüche: Die Wilde Möhre ist eine europäisch-westasiatische und in den subtropischen und tropischen Zonen Afrikas verbreitete Art, in Mitteleuropa mit Vorkommen von den Ebenen bis zu den Vorgebirgslagen. Sie stellt hohe Ansprüche an den Mineralstoff- und Humusgehalt. Die Anpassungsfähigkeit an eine breitere Feuchtigkeitsamplitude ermöglicht ihr das Wachstum in Sumpfgesellschaften (Verband Calthion), auf trockeneren Wiesen (Arrhenatherion), aber auch unter subxerophilen Bedingungen (Mesobromion).

Wirtschaftliche Bedeutung und Wissenswertes: Die Möhre zählt zu den am meisten angebauten Wurzelgemüsearten. Die wild wachsende Möhre besitzt eine dünne, stark verholzende und ungenießbare Wurzel. Die Gartenmöhre unterscheidet sich vor allem durch die Form und Farbe der Wurzel. Der goldgelbe Farbstoff Carotin ist das Provitamin A. In der Volksmedizin ist die Möhre ein traditionelles Mittel zur Austreibung von Darmparasiten. Möhrenkuren haben sich bei Erkrankungen der Verdauungsorgane bewährt.

74 **Gemeiner Bärenklau**

Heracleum sphondylium L.
Familie: Doldengewächse – Apiaceae

Beschreibung: Eine ausdauernde, mächtige Pflanze mit starkem, vielköpfigem Wurzelstock. Der Stengel ist 50–150 cm hoch, verzweigt, aufrecht, hohl, kantig gefurcht, mit rückwärts gerichteten Borsten, seltener kahl. Die Blätter sind sehr vielgestaltig, entweder einfach und gelappt oder meist fiederschnittig mit 3–5 (7) Abschnitten, die breit eiförmig bis spitz lanzettlich, gekerbt oder gesägt sind. Die unteren großen Blätter haben lange, rinnige Stiele, die oberen kleineren Blätter sitzen auf großen Scheiden. Alle Blätter sind borstig behaart bis fast kahl, unterseits an der Nervatur steif-borstig. Der Blütenstand ist eine zusammengesetzte Dolde, aus 15–30 Döldchen bestehend, deren Stiele kantig, ungleich lang, an der Innenseite behaart sind. Die Hüllen fehlen gewöhnlich (mit Ausnahme der Seitendolden), die Hüllchen bestehen aus gewimperten Blättchen. Die Blüten haben weiße, selten rötliche oder gelbgrüne, strahlige Blütenkronen. Die Frucht ist eine elliptische bis runde, 6–10 mm lange und kahle, an der Rückenseite dreirippige, an den Seiten schmalflügelige Doppelachäne.

Blütezeit: Von Mai bis August, vereinzelt auch länger.

Areal und ökologische Ansprüche: Der Bärenklau ist eine europäische Art, die in Mitteleuropa vom Flachland bis zur Gebirgslage, besonders unter ozeanischen Klimabedingungen häufig vorkommt. Er stellt relativ hohe Ansprüche an den Gehalt von mineralischen und organischen Stoffen im Boden. Er kommt auf frischen Wiesen (Ordnung Arrhenatheretalia), Ruderalstandorten (Verband Arction), an größeren Flüssen (Verband Convolvulion) und direkt in Auenwäldern vor (Verband Fraxino-Quercion – hier scheint er sein Optimum zu haben). Ein Hemikryptophyt.

Wirtschaftliche Bedeutung und Wissenswertes: Die Pflanze entwickelt beim Zerreiben einen unangenehmen Geruch. Kraut und Wurzel (herba et radix Heracleae sphondylii) wurden als Mittel zum Weichmachen von Schwellungen und gegen Durchfall verwendet. Die Früchte enthalten bis zu 3 % ätherischen Öls, unreif auch Methyl- und Äthylalkohol sowie den stickstoffreien Stoff Heraclin. Bei Haustieren soll sie angeblich Vergiftungen verursachen. Die Wurzelstöcke enthalten Zucker, Arginin und Glutamin.

75 Gemeiner Pastinak

Pastinaca sativa L.

Familie: Doldengewächse – Apiaceae

Beschreibung: Eine zweijährige Pflanze mit kegelförmiger Wurzel und Möhrengeruch. Der Stengel ist aufrecht, gerippt, kurzhaarig, verzweigt. Die Blätter sind unpaarig (in Ausnahmefällen auch doppelt) fiederschnittig, die unteren gestielt, die oberen auf Scheiden sitzend, alle aus 2–7 eiförmigen Zipfeln mit grob gekerbtem Rand bestehend. Auf der Oberseite sind sie glänzend und kahl, auf der Unterseite kurzhaarig. Das Endblättchen ist meist 3-lappig. Der Blütenstand ist eine zusammengesetzte Dolde mit 5–15 gestielten Döldchen. Hülle und Hüllchen fehlen. Die Blüten sind winzig, gelb, teils zweigeschlechtig, teils nur männlich. Der Kelch ist unscheinbar. Die Frucht ist eine Doppelachäne, die sich nach dem Ausreifen senkrecht in einsamige, rundlich-eiförmige Teilfrüchtchen mit geflügeltem, seitlich eingeschnürtem Rand teilt.

Blütezeit: Juli–August.

Areal und ökologische Ansprüche: Diese Art ist ursprünglich in der meridional-temperaten Zone Europas und Westasiens beheimatet und hat sich mit der Kultur auch in anderen Gebieten ausgebreitet. Sie wird als subozeanischer Typ bezeichnet. In Mitteleuropa tritt sie vorwiegend in Ebenen und Hügelländern auf. Die hemikryptophytische, nitrophile Art verlangt mineralreiche, frischfeuchte (und austrocknende) Böden. Ihr derzeitiges Optimum ist in den Gesellschaften des Verbandes Arrhenatherion (Frischwiesen und Weiden); aus den übrigen wurde sie durch Melioration verdrängt. Oft begleitet der Pastinak Uferzonen mit rasiger Vegetation zwischen Feldern und dem eigentlichen Fluß.

Wirtschaftliche Bedeutung und Wissenswertes: Bereits die alten Griechen und Römer kannten und bauten den Gemeinen Pastinak (in der Unterart subsp. sativa) wegen seiner eßbaren Wurzel an. Es wurden mehrere Sorten gezüchtet, die sich vor allem durch die Form der Wurzel unterschieden. Ende des 17. Jahrhunderts ging der Anbau von Pastinak-Kulturen in Mitteleuropa zurück, heute widmet man ihm wieder mehr Aufmerksamkeit, und in manchen Gebieten ersetzt er Petersilienwurzel im Suppengemüse. Er wird auch als Viehfutter verwendet. Er enthält mehrere wertvolle Stoffe: Sacharose, Glukose, Mineralien und Vitamin C.

76 **Wald-Sanikel**

Sanicula europaea L.
Familie: Doldengewächse – Apiaceae

Beschreibung: Eine ausdauernde, 20–40 cm hohe, kahle Pflanze mit kriechendem, kurzem, mit Blattresten bedecktem Wurzelstock. Der Stengel ist aufrecht, mehr oder weniger einfach, scharfkantig. Die Grundblätter sind langgestielt, ihre Blattspreiten sind im Umriß herzförmig, durchschnittlich 4–8 cm lang, handförmig drei- bis fünfteilig. Die Blatteile sind verkehrt eiförmig, am Grunde keilförmig, zwei- bis dreispaltig. Die Stengelblätter fehlen entweder völlig oder es sind höchstens zwei kurzgestielte oder sitzende Blätter vorhanden. Die Pflanze bildet einen endständigen Blütenstand in Form einer armblütigen Dolde aus, deren Strahlen trugdoldig verzweigt sind. Die Hüll- und Hüllchenblätter sind kurz. Die kopfigen Blüten sind sowohl zweigeschlechtig als auch eingeschlechtig, die zweigeschlechtigen sitzend und die männlichen kurzgestielt. Die Kelchzähne sind breit lanzettlich, die Kronen weiß, mit verkehrt eiförmigen Kronblättern.

Blütezeit: Mai–Juli.

Areal und ökologische Ansprüche: Der Wald-Sanikel ist eine europäisch-westasiatische Art, die auch aus dem tropischen und nördlichen Afrika gemeldet wird. Er kommt fast in ganz Europa mit Ausnahme des nördlichen und östlichen Randes vor, im Süden nur von den Ebenen bis zur montanen Stufe. Man kann ihn als typische Art der Laubmischwälder (Ordnung Carpino-Fagetalia – eutrophe Buchen- und Hainbuchenwälder) sowie der Blockschuttwälder (Tilio-Acerion – Linden-Blockhaldenwälder) charakterisieren. Er bevorzugt Böden auf Kalkgestein und anderen basischen Gesteinen, ist aber auch keine Ausnahme auf silikathaltigem Untergrund, besonders auf tiefgründigen Böden. Ein Hemikryptophyt.

77 Gemeiner Gilbweiderich

Lysimachia vulgaris L.
Familie: Primelgewächse – Primulaceae

Beschreibung: Eine ausdauernde Pflanze mit mächtigem, verzweigtem Wurzelstock und langen unterirdischen Ausläufern. Die ganze Pflanze ist dicht abstehend behaart. Der Stengel ist aufrecht, walzig oder undeutlich kantig, bis 1,5 m hoch, verzweigt. Die großen, breit lanzettlichen, lang zugespitzten, ganzrandigen Blätter mit vereinzelten rötlichen Drüsen sind gewöhnlich zu 3–4 in Quirlen angeordnet. Die Blüten wachsen in reichen, trugdoldigen Rispen aus den oberen Blattachseln. Der Kelch ist bis zum Grunde geteilt, die Kelchblätter sind spitz, mit rötlichen Streifchen und Drüsen an den Rändern. Die goldgelben, eiförmigen Kronblätter sind am Rand kahl. Die Frucht ist eine hellbraune Kapsel mit warzigen Samen.

Blütezeit: Von Juni bis Ende August.

Areal und ökologische Ansprüche: Der Gemeine Gilbweiderich zählt zu den eurasiatischen, in der meridional-montanen und temperaten Zone verbreiteten Arten. In Mitteleuropa ist er vom Flachland bis zur Gebirgsstufe zu finden. Er ist ein Chamaephyt, der Moorgley- bis Torfmoorboden mit Grundwasserspiegel dicht an der Oberfläche (zumindest im Frühjahr) sucht. Er ist eine typische Pflanze der Sumpfwälder, vor allem der Erlenbruchwälder (Alnetalia glutinosae, Alnion glutinoso-incanae), der Fichten-Moorwälder und der Moorgesellschaften (Scheuchzerio-Caricetea fuscae – Kleinseggensümpfe), Oxycocco-Sphagnetea – Hochmoorgesellschaften). Häufig ist er auch in Gräben an Waldwegen, auf steinigen Unterlagen und in bewachsenden stehenden Gewässern.

Wirtschaftliche Bedeutung und Wissenswertes: Früher wurde er als Heilpflanze verwendet. Dem Jungvieh schadet er. Aus der Wurzel wurde brauner, aus den Stengeln gelber Farbstoff zum Färben von Stoffen gewonnen. Eine sehr ähnliche, aber weitaus seltenere Art ist der Drüsige Gilbweiderich (Lysimachia punctata L.), der ähnliche Standortansprüche wie der Gemeine Gilbweiderich hat. Er unterscheidet sich durch einen deutlich vierkantigen, drüsigen und weich flaumig behaarten Stengel. Die Blüten sind zitronengelb, die Kelchblätter grün (ohne rötlichen Rand) und die Kronblätter am Rand drüsig-gewimpert. Er ist in Osteuropa und Kleinasien verbreitet. Er wird oft als Zierpflanze gezogen.

78 Hohe Schlüsselblume

Primula elatior (L). Hill
Familie: Primelgewächse – Primulaceae

Beschreibung: Eine ausdauernde, 5–30 cm hohe Pflanze mit kurzem Wurzelstock, aus dem eine Grundblattrosette und ein Schaft hervorgehen. Die Blätter sind einfach, jung an den Rändern eingerollt, mehr oder weniger runzelig, unterseits graugrün, später eiförmig oder länglich eiförmig, an der Spitze abgerundet, am Grunde jäh in einen geflügelten Stiel verschmälert. Die Ränder sind ungleich gekerbt oder gezähnt, oberseits grün, unterseits blaugrün. Die Blüten sind 15–25 mm groß, sie stehen auf längeren Stielen am Ende des Schaftes in einer einseitswendigen Dolde. Der Kelch ist ausdauernd, röhrig, schmal, eng an der Kronröhre anliegend, er ist gelbgrünlich mit scharfen grünen Kanten. Die Krone ist glockig, die Zipfel sind verkehrt eiförmig, nie aufgeblasen-bauchig. Sie ist satt zitronengelb, nur im Schlund des Röhrchens apfelsinenfarbig. Die Frucht ist eine walzliche, etwa 15 mm lange Kapsel mit einer Vielzahl kleiner, flacher Samen.

Blütezeit: Zeitig im Frühjahr. Von Mitte März bis Ende Mai.

Areal und ökologische Ansprüche: Die Hohe Schlüsselblume ist eine eurasiatische bis westsibirische, vorwiegend subozeanische Art, die in der kollinen und submontanen (seltener auch montanen) Stufe verbreitet ist. Ursprünglich war sie in den Waldgesellschaften der Ordnung Fraxinetalia (Edellaubholz-Mischwälder) und Carpino-Fagetalia (eutrophe Buchen- und Hainbuchenwälder) beheimatet, hat sich aber auch in den Gebüschen um diese Wälder bzw. auf den waldnahen Wiesen ausgebreitet. Sie bevorzugt mineralreichen, mittelhumosen, frischen, tiefgründigen Boden, ist kalkliebend.

Wirtschaftliche Bedeutung und Wissenswertes: Wegen ihres schönen Aussehens und der zeitigen Blüte wird sie oft in Gärten angepflanzt. Wurzelstock und Blüten enthalten verschiedene Glykoside (Primulaverin), Saponine (Primulin), ätherische Öle und andere Stoffe. Eine Abkochung aus dem Wurzelstock, den Wurzeln und Blüten kann bei verschiedenen Erkrankungen der Atemwege und Nierenentzündungen verabreicht werden. Geschützt!

79 **Wiesen-Schlüsselblume**

Primula veris L.

Familie: Primelgewächse – Primulaceae

Beschreibung: Eine ausdauernde, kurzhaarige oder kahle, manchmal rötlich-drüsige Pflanze. Die aus dem Wurzelstock hervorgehenden Blätter bilden eine Grundrosette. Im Umriß sind sie eiförmig bis länglich-eiförmig, die Blattspreite ist jung an den Rändern eingerollt, runzelig und ungleichmäßig gekerbt, an der Spitze abgestumpft bis abgerundet, am Grunde in einen geflügelten Stiel verschmälert. Aus der Mitte der Rosette wächst ein 10–20 cm hoher, dicht behaarter Schaft, der in einer einfachen Blütendolde endet. Die Blüten sind 1–2 cm groß und duftend. Der Kelch ist ausdauernd, röhrig, etwas aufgeblasen, vom Kronröhrchen abstehend, kantig und fünfzähnig, blaß oder gelblichgrün. Die Krone ist glockig, dottergelb, im Schlund orange. Die fünf Staubgefäße sind an der Kronröhre angewachsen. Die Frucht ist eine eiförmige, einfächerige, von dem ausdauernden Kelch umhüllte Kapsel.

Blütezeit: Zeitig im Frühjahr, im April und Mai, vereinzelt auch im Juni.

Areal und ökologische Ansprüche: Die Wiesen-Schlüsselblume ist eine europäisch-westasiatische Art mit ozeanischer Verbreitung. In Mitteleuropa wächst sie nur im Flachland und Hügelland, seltener in höheren Lagen. Im Unterschied zur P. elatior ist sie mehr oder weniger eine Wiesenart und reicht sekundär in anthropogen beeinflußte Laubmischwälder (z. B. Primulo veris-Carpinetum). Ihren Schwerpunkt hat sie in den Verbänden Mesobromion (submediterrane Halbtrockenrasen) und Cirsio-Brachypodion (kontinentale Trokkenrasen), weniger auch im Verband Arrhenatherion (Fettwiesen).

Wirtschaftliche Bedeutung und Wissenswertes: Die Pflanze enthält Saponine (mit Ausnahme der Blütenkrone), ätherische Öle, Gerbstoffe, Karotin, Glykoside, Primaverin und Primulaverin. Die Blätter enthalten viel Vitamin C. Eine Abkochung aus den Blüten wurde in der Volksheilkunde als Arznei gegen Erkrankungen der Harnorgane und gegen Rheumatismus verwendet. Ein Tee aus den Blüten wird als Mittel gegen Schlaflosigkeit und Migräne empfohlen. Eine Abkochung aus dem Wurzelstock, den Wurzeln und Blüten wird bei Erkrankungen der Atmungsorgane, bei Lungenkrankheiten und Nierenentzündungen genommen. In zahlreichen Formen wird sie auch in Gärten als Zierpflanze gepflanzt. Sie ist eine sehr variable Art. Geschützt!

80 **Heidelbeere, Blaubeere**

Vaccinium myrtillus L.

Familie: Heidekrautgewächse – Ericaceae

Beschreibung: Ein niedriger, 50 cm hoher, dicht verzweigter Zwergstrauch mit grünen, eingepreßt gerippten, kahlen Ästen und hellgrünen, abfallenden Blättern. Die Blätter sind wechselständig, eiförmig, spitz, am Rand zart gesägt, sehr kurzgestielt, kahl. Die nickenden Blüten stehen einzeln in den Blattachseln auf 3–5 mm langen Stielen. Sie haben einen kleinen, unscheinbaren Kelch ohne Zähnchen, eine kugelige, am Schlund stark verschmälerte Krone mit 4–5 kurzen Zipfeln, meist grünlich oder hellrosa. Die 10 Staubgefäße sitzen auf einer Scheibe über der Frucht, sie haben gelbe Staubbeutel mit zwei hörnchenförmigen Anhängseln an der Rückenseite. Die Samenkapsel ist unterständig, aus 4–5 Fruchtblättern bestehend. Die saftigen Heidelbeeren sind in der Reife schwarz, an der Oberfläche bläulich bereift.

Blütezeit: Mai–Juni.

Areal und ökologische Ansprüche: Die Heidelbeere zählt zu den eurosibirischen Arten. Vom Flachland bis zu den Hochgebirgslagen kommt sie stellenweise sogar massenhaft vor. Sie zeigt oligotrophen Boden mit Rohhumus an der Oberfläche an. Sie kann pflanzensoziologisch nicht genau eingeordnet werden, da sie auf sauren Böden aller Wälder von den Ebenen (Dicrano-Pinion – Hagermoos-Kiefernwälder) über bodensaure Eichenmischwälder der Hügelzone (Quercetalia robori-petraeae), bodensaure Buchenmischwälder (Luzulo-Fagion), Klimaxfichtenwälder (Vaccinio-Piceetea), bis zum Knieholz und oberhalb der Waldgrenze zu finden ist. Außerdem kommt sie auch in Gesellschaften außerhalb der Wälder (z. B. Vaccinio-Genistetalia) vor.

Wirtschaftliche Bedeutung und Wissenswertes: Die getrockneten Beeren sind ein bewährtes Mittel bei Fieber und Durchfall, ähnlich wie Tee aus ihren Blättern. Beeren und Blätter enthalten organische Säuren, einen indifferenten Farbstoff und viele Gerbstoffe; aus den Früchten wird Konfitüre und Kompott bereitet.

81 **Preiselbeere, Kronsbeere**

Vaccinium vitis-idaea L.

Familie: Heidekrautgewächse – Ericaceae

Beschreibung: Ein niedriger, 5–25 cm hoher Zwergstrauch mit unterirdischen, holzigen, dicht verzweigten Ausläufern. Aus diesen wachsen in dichten Bulten beblätterte, blühende oberirdische Stengel. Die immergrünen Blätter sind fest, lederig, oberseits glänzend, dunkelgrün, unterseits heller, punktiert, verstreut drüsig behaart. Sie haben kurze Stiele, die ovalen oder verkehrt eiförmigen Spreiten sind an der Spitze abgerundet oder wenig ausgerandet, an den Rändern leicht zurückgerollt. Die Blüten sind in leicht nickenden, kleinblütigen Trauben angeordnet. Sie haben einen kleinen, 4–5-zähligen, häutigen Kelch, eine krugförmige bis glockige, weiße oder rötliche, duftende Krone, meist 8–10 Staubgefäße, die Narbe ragt aus der Blüte heraus. Die runden Beeren sind anfangs weiß, reif leuchtend rot, bitter-sauer schmeckend.

Blütezeit: Mai–Juni.

Areal und ökologische Ansprüche: Diese zirkumpolar-subkontinental verbreitete Art erscheint von den Ebenen (selten) und der Hügelstufe bis zu den Hochgebirgslagen. Ihr Hauptvorkommen hat sie in oligotrophen Klimaxfichtenwäldern und deren Ersatzgesellschaften (Vaccinio-Piceion, Nardo-Galion, Vaccinio-Genistetalia). Auf Silikatgesteinen hat sie einen weiteren Schwerpunkt in bodensauren Eichenmischwäldern des Hügellandes (Klasse Quercetalia robori-petraeae).

Wirtschaftliche Bedeutung und Wissenswertes: Aus den Früchten wird ein ausgezeichnetes Kompott bereitet. Sie enthalten Zitronen-, Apfel- und Benzoesäure. In den Blättern ist außer Tannin und Chininsäure auch Arbutin und Hydrochinon enthalten. Eine Abkochung aus den getrockneten Blättern wird in der Volksheilkunde als harntreibendes Mittel angewandt.

82 Echte Zaunwinde

Calystegia sepium (L.) R. Br.

Familie: Windengewächse – Convolvulaceae

Beschreibung: Eine ausdauernde Pflanze, die mit einem verzweigten, fleischigen Wurzelstock bis zu 2 m tief im Boden verwurzelt ist. Der rechtswindende Stengel ist einfach, nur im oberen Teil verzweigt, bis zu 3 m lang, stumpfkantig. Die großen langgestielten Blätter sind dreieckig, mit herzförmig-pfeilförmigen Blattgrund. Die einzelnen Blüten wachsen auf langen Stielen aus den Blattachseln. Unter dem Kelch sind zwei breite, ausdauernde, lanzettliche Vorblätter, die sich mit den Rändern nicht überdecken und deshalb den Kelch auch nicht ganz umhüllen. Die Vorblätter und Kelchblätter sind völlig kahl. Die verwachsene Krone ist im Durchmesser 4,5 cm groß, trichterförmig, leuchtend weiß, sehr selten rosa. Die runde Kapsel birgt kantige, schwarze, rauhe Samen.

Blütezeit: Juni–Oktober.

Areal und ökologische Ansprüche: Ursprünglich wahrscheinlich eine eurasiatische Art, kommt die Zaunwinde heute kosmopolitisch in den Ebenen und in der montanen Vegetationsstufe vor. Die typische Unterart (subsp. sepium) folgt in Mitteleuropa Flüssen und Uferwaldgesellschaften (Alnion glutinosae, Alnion glutinoso-incanae, Salicetea purpureae) sowie ihren Gebüschmänteln und Säumen (Verband Convolvulion, Filipendulion). Eine andere, seltenere Unterart (subsp. baltica) wird nur für die Röhrichtbestände der litoralen Zone an der Ostsee angeführt.

Wirtschaftliche Bedeutung und Wissenswertes: Der Wurzelstock hat eine leicht reinigende Wirkung, wird aber nur noch in der Volksheilkunde verwendet.

83 Acker-Winde

Convolvulus arvensis L.

Familie: Windengewächse – Convolvulaceae

Beschreibung: Eine ausdauernde Pflanze mit langem, kriechendem Wurzelstock, aus dem viele Seitenwurzeln hervorgehen. Der Stengel ist kriechend oder linkswindend, verzweigt, kantig, kahl. Die Blätter sind einfach, wechselständig, langgestielt, ganzrandig, mit eiförmiger Blattspreite und pfeil- oder spießförmigem Blattgrund, die Zipfel am Stiel sind ungleich, an der Spreite der unteren Blätter sind sie größer, an den Spreiten der Blätter unterhalb der Stengelspitze kleiner. Die langgestielten Blüten wachsen aus den Blattachseln, sie haben zwei kleine linealische Vorblättchen an den Stielen. Der Kelch ist verwachsen, sein Rand ist bräunlich, trockenhäutig. Die breite, trichterförmige Krone ist gewöhnlich weiß oder rosa, außen meist dunkler. Die Kapsel ist eiförmig, spitz, zweifächrig und hellbraun. Die Samen sind schwarzbraun, punktiert.

Blütezeit: Von Mai bis Ende September.

Areal und ökologische Ansprüche: Die Acker-Winde zählt zu den zirkumpolaren Arten der gemäßigten Zone und ist von den Ebenen über die Hügelzone bis zu den Vorgebirgslagen verbreitet. Ihren Verbreitungsschwerpunkt hat sie jedoch in den Ebenen. Sie kommt in Getreidegesellschaften (Secalietalia), auf Hackfruchtäkkern (Polygono-Chenopodietalia), auf Brachen (Convolvulo-Agropyrion) sowie auf trockenen und warmen Schuttplätzen (Sisymbrion – ruderale Rauken- und Melden-Fluren) u. a. vor und wächst sowohl auf schweren Böden als auch auf angewehten Sanden. Ein Hemikryptophyt.

Wirtschaftliche Bedeutung und Wissenswertes: Sie vermehrt sich sehr gut durch Samen (die ihre Keimfähigkeit jahrelang bewahren), aber vor allem durch Wurzeltriebe. Das Wurzelsystem dringt bis in eine Tiefe von über 3 m vor, deshalb läßt es sich mechanisch nur schwer beseitigen, dafür entzieht sie aber den Kulturpflanzen keine Nährstoffe. Pflügen und andere Bodenlockerungen regen die Bildung von Ausläufern und damit die Entstehung neuer Exemplare an. Es empfiehlt sich, stark verunkrautete Felder von Schafen und Schweinen (die sie sehr gern fressen) abweiden zu lassen und dann eine dichtere Aussaat von Futterpflanzen vorzunehmen. Die Acker-Winde war eine Heilpflanze (Abführmittel, Gallenbeschwerden, Fieber), wurde aber wegen der unzuverlässigen Wirkung durch andere Drogen ersetzt.

84 Gemeiner Natterkopf, Blauer Natterkopf

Echium vulgare L.

Familie: Borretschgewächse – Boraginaceae

Beschreibung: Eine zweijährige oder ausdauernde hohe Pflanze mit spindelförmiger oder rübenartig verdickter, dunkelbrauner Wurzel. Der Stengel wächst aus der Mitte der Blätter einer grundständigen Rosette, er wird je nach Standort bis über 1 m hoch, ist derb, grün, rotgefleckt, abstehend steif behaart. Die Blätter sind länglich-lanzettlich, die grundständigen in den Stiel verschmälert, die oberen sitzend, alle behaart, ganzrandig. Die Blüten wachsen stets aus den Blattachseln, in dichten, langen, anfangs eingerollten, zum Zeitpunkt der völligen Entfaltung ausgebreiteten Wickeln. Mit dem allmählichen Öffnen der Blütenknospen richtet sich der Stengel auf und die letzte Blüte gelangt an das Ende des Astes. Die Blüten haben einen 5-zähligen, ausdauernden, nach dem Verblühen wachsenden Kelch und eine große, in der Knospe rosa, später blauviolette Krone. Staubgefäße und Narbe sind rot. Die Staubgefäße sind meist s-förmig und geben den Insekten Halt bei der Nektaraufnahme. Die Frucht zerfällt in der Reifezeit in vier dunkelbraune Nüßchen (Klausen). Sie haben eine rauhe, warzige Oberfläche und gezähnte Kanten.

Blütezeit: Mai–Oktober.

Areal und ökologische Ansprüche: Der Gemeine Natterkopf ist europäisch-westasiatischen Ursprungs und hat eine ozeanische Verbreitung. Als wärmeliebender Hemikryptophyt kommt er vor allem in Ebenen und Hügelländern vor, in der Vorgebirgsstufe nur auf basischen Böden weiter wärmerer Täler. Er ist eine ruderale Pflanze, die trockenen, kiesig-sandigen Schwemmboden oder trockenen Flugsand besiedelt. Gegenüber dem Säuregehalt (pH-Wert) des Bodens ist er indifferent. Er gilt als Charakterart der Ordnung Onopordetalia (wärmeliebende Eselsdistelgesellschaften), häufig ist er auch in halbnatürlichen Fels- und Rasensteppen (Klasse Festuco-Brometea).

Wirtschaftliche Bedeutung und Wissenswertes: Der Name Natterkopf ist dadurch entstanden, daß seine Wurzel früher bei Schlangenbiß verwendet wurde (seinerzeit eine Heilpflanze). Er ist eine gute Honigpflanze.

85 Sumpf-Vergißmeinnicht

Myosotis palustris (L.) L. in Nath.
Familie: Borretschgewächse – Boraginaceae

Beschreibung: Eine ausdauernde Pflanze mit langer, kriechender Wurzel und Adventivwurzeln. Der Stengel ist gerade oder aufsteigend, bei im Wasser wachsenden Pflanzen bis zu 1 m hoch, sonst nur 30–40 cm hoch werdend. Er ist weich, kahl oder anliegend behaart, durch die herablaufenden Blätter scharf vierkantig. Die unteren Blätter sind kurzgestielt, lanzettlich, die oberen sitzend, am Grunde verschmälert, zugespitzt. Die Blüten wachsen meist in zweiarmigen Wickeln, ohne Blätter, anfangs dicht, später sich verlängernd. Die Blütenstiele sind etwa genauso lang wie die anliegend behaarten, glockigen Kelche mit spitzen Zipfeln. Beim Öffnen der Blüte sind die Kronblätter rosa, später hellblau, im Schlund gelb. Bei einigen Arten sind die Blüten ständig rosa oder reinweiß. Die Nüßchen (Klausen) sind glatt, glänzend, schwarzbraun mit scharfen Kanten.

Blütezeit: Mai–Oktober.

Areal und ökologische Ansprüche: Das Sumpf-Vergißmeinnicht ist eine europäisch-sibirisch-ostamerikanische Art, die die submeridionale bis boreale Zone mit subozeanischem Klima besiedelt. Unter mitteleuropäischen Bedingungen ist es vor allem im Flachland und Hügelland verbreitet. Als Waldhemikryptophyt war es ursprünglich wahrscheinlich in Sumpf-Moor-Erlenwäldern (Verband Alnion glutinosae) beheimatet. Von hier gelangte es in die Sümpfe des Verbandes Calthion (stickstoffliebende Naßwiesen), Filipendulion (Hochstaudensäume der Fließgewässer), Röhrichte, Großseggensümpfe der Ordnung Phragmitetalia u. a.

Wirtschaftliche Bedeutung und Wissenswertes: Es wird als ausdauernde Zierpflanze in Parks in großen Gruppen oder an den Rändern von Bächen oder Wasserbecken angepflanzt.

86 Echtes Lungenkraut

Pulmonaria officinalis L.
Familie: Borretschgewächse – Boraginaceae

Beschreibung: Eine ausdauernde Pflanze mit stark verzweigtem schwarzem Wurzelstock. Der saftige Stengel ist etwa 30 cm hoch, ganz rauhborstig, drüsig und weich behaart. Die Blätter der Grundrosette entwickeln sich zeitig im Frühjahr, fast gleichzeitig mit den Blüten, sie sind langgestielt, die Blattspreite ist eiförmig, zugespitzt, der herablaufende Grund jäh verschmälert. Auf der Oberseite sind sie dunkler grün mit weißlichen, rundlichen Flecken, auf der Unterseite heller grün, rauhborstig. Die unteren Stengelblätter haben relativ kurze geflügelte Stiele. Die oberen sind beinahe ohne Stiel, fast sitzend. Die Wickel des Blütenstandes sind ziemlich dichtblütig, am Grunde beblättert mit drüsigen Blütenstielen. Der zunächst röhrige, in fünf gleichen, dreieckigen Zähnen endende Kelch vergrößert sich während der Fruchtreife. Die trichterförmige Krone ist anfangs rot, später schmutzigviolett, im Schlund mit einem Haarkranz. Die Früchte sind 4 braune bis schwärzliche Nüßchen (Klausen).

Blütezeit: März–Mai.

Areal und ökologische Ansprüche: Das Echte Lungenkraut ist im submediterranen Gebiet Europas unter subozeanischen Bedingungen, vom Flachland bis zur Vorgebirgsstufe, selten auch in höheren Lagen verbreitet. Es ist eine Pflanze der Laubmischwälder und ihrer Gebüschmäntel, ohne stärkere Bindung an eine bestimmte Waldgesellschaft. Es bevorzugt jedoch humusreiche, frischfeuchte, gut durchlüftete, mäßig skeletthaltige Böden. Gegenüber den chemischen Eigenschaften des geologischen Substrates ist es indifferent. In Mitteleuropa gilt es als Charakterart der gesamten Klasse Carpino-Fagetea (mesophile Laubmischwälder). Ein schattenliebender Hemikryptophyt.

Wirtschaftliche Bedeutung und Wissenswertes: Das Echte Lungenkraut ist eine alte Heilpflanze, die vor allem im Mittelalter sehr bekannt war. Wegen der gefleckten Blätter und der veränderlich gefärbten Blüten wird es zuweilen auch als Zierpflanze verwendet.

87 **Gemeiner Beinwell**

Symphytum officinale L.
Familie: Borretschgewächse – Boraginaceae

Beschreibung: Eine ausdauernde, stattliche, rauhhaarige Pflanze mit kurzem, mehrköpfigem, oft rübenartig verdicktem, lilaschwarzem Wurzelstock. Die Stengel sind aufrecht, mitunter bis 1 m hoch, geflügelt-kantig, im oberen Teil verzweigt. Die Blätter sind wechselständig, groß, länglich-lanzettlich und lang zugespitzt, ganzrandig. Auf der Unterseite der Blattspreite befindet sich eine sehr auffällige Nervatur. Die Blüten sind kurzgestielt, fünfzählig, nickend, in dichtblütigen Doppelwickeln stehend. Der Kelch ist verwachsenblättrig, fünfteilig bis -spaltig mit fünf lanzettlichen Zähnen. Die Krone ist 1–2 cm lang, purpurn oder rötlich, röhrig-glockig, im oberen Teil mit zurückgebogenem Kronsaum. Der Kronschlund ist durch längere schuppige Auswüchse völlig verschlossen. Es sind 5 Staubgefäße vorhanden, die mit den Staubfäden an der Krone angewachsen sind. Der oberständige Fruchtknoten hat einen geraden, einfachen Griffel. Die Frucht ist ein Carcerulus, der in vier glänzende, zartrunzelige, am Boden des ausdauernden Kelchs angewachsene Klausen zerfällt.

Blütezeit: Von Mitte Mai bis Anfang Juli.

Areal und ökologische Ansprüche: Der Beinwell ist eine im submediterranen, gemäßigten bis ozeanischen Gebiet Europas und Asiens verbreitete Pflanze. Er bevorzugt Moor- und Gleyböden, die die meiste Zeit des Jahres von einem hohen Grundwasserspiegel beeinflußt sind. Er ist ursprünglich in Sumpf-Erlenwäldern (Verband Alnion glutinosae), in flußnahen Erlen-Eschen-Wäldern (Verband Alnion glutinoso-incanae), in feuchteren Hartholz-Auenwäldern (Verband Fraxino-Quercion), sekundär auch in See- und Teichröhrichten (Verband Phragmition) sowie auf wechselfeuchten Wiesen der Ebenen und Hügelländer (Verband Molinion) beheimatet.

Wirtschaftliche Bedeutung und Wissenswertes: Der Wurzelstock enthält viel Schleim, Gerbstoffe und verschiedene Alkaloide. In der Volksheilkunde wird er für Umschläge bei Knochenbrüchen und Quetschungen verwendet (daher der Name). In einigen Ländern wird er bei Magengeschwüren genommen, in anderen wiederum, zum Beispiel in Island, werden die jungen Blätter als Salat zubereitet. Er ist eine gute Futterpflanze. Während der Blüte bietet er eine gute Bienenweide.

88 Kriechender Günsel

Ajuga reptans L.
Familie: Lippenblütler – Lamiaceae

Beschreibung: Eine ausdauernde, bis 30 cm hohe Pflanze mit kurzer Hauptwurzel und verzweigten Nebenwurzeln, einer Grundblattrosette, oberirdischen, beblätterten, wurzelnden, bis 30 cm langen Ausläufern und einem aufrechten, einfachen Stengel, der in einem traubigen Blütenstand endet. Im unteren Teil ist er kahl, im oberen behaart, vierkantig, grün, aber oft rötlich gefärbt. Die in einer Rosette angeordneten Grundblätter sind meist groß, verkehrt eiförmig, gestielt, gekerbt, flach ausgeschnitten (ausgerandet) oder ganzrandig. Die Stengelblätter sind gegenständig, kurzgestielt bis fast sitzend. Die obersten gehen in grüne oder violett überhauchte, behaarte, meist ganzrandige Hochblätter über, aus deren Achseln die Blüten herauswachsen. Der Blütenstand ist eine von 2- bis 6-blütigen Scheinquirlen gebildete Traube. Die Blüten haben kurze Stiele, einen glockigen, behaarten, während der Fruchtreife größer werdenden Kelch. Die Krone ist lebhaft lilablau, selten rosa oder weiß, an der Außenseite behaart, die obere Lippe ist kurz, die untere dreilappig, länger, herabhängend. Die Klausen sind eiförmig, an der Oberfläche genetzt, sie besitzen ein ölhaltiges Anhängsel, weswegen sie von Ameisen verschleppt werden.

Blütezeit: April–Juli.

Areal und ökologische Ansprüche: Der Kriechende Günsel ist eine europäische, besonders in den Gebieten mit ozeanischem Klima verbreitete Art; ursprünglich ein Waldhemikryptophyt, der die Wälder der Ordnung Fraxinetalia (Edellaubholz-Mischwälder) und Carpino-Fagetalia (eutrophe Buchen- und Hainbuchenwälder), besonders auf frischfeuchten und mineral- und humusreichen Böden begleitet. Er zeigt gut verteilte organische Stoffe im Boden auch in den Saum- und Gebüschgesellschaften (Ordnung Circaeo-Stachyetalia, Rubo-Sambucetalia – Hexenkraut-Ziest – sowie Brombeer-Holundergebüsche) und ähnliche bodenökologische Verhältnisse in Fettwiesen der Klasse Molinio-Arrhenatheretea an.

Wirtschaftliche Bedeutung und Wissenswertes: In der Vergangenheit wurde er als Heilpflanze verwendet, heute ist er in Vergessenheit geraten. Rosa oder weißblütige Formen werden in Gärten angepflanzt.

89 Stechender Hohlzahn, Gemeiner Hohlzahn

Galeopsis tetrahit L.
Familie: Lippenblütler – Lamiaceae

Beschreibung: Eine einjährige, 10–40 cm hohe Pflanze mit einfachem oder verzweigtem Stengel, der unterhalb der Knoten verdickt und vor allem dort abstehend borstig behaart, ansonsten oft kahl ist. Die Blätter sind gegenständig, gestielt, eiförmig bis lanzettlich, 3–8 cm lang, am Grunde abgerundet bis keilförmig, grob und stumpf gezähnt, weichhaarig. Den Blütenstand bilden reichblütige, unterbrochene, ährige Scheinquirle in den oberen Blattachseln mit stechenden und steifen Vorblättern. Die Einzelblüten haben einen glockigen Kelch mit langen, grannigen, steifen Zähnen, die Krone ist zweilippig, annähernd 15 mm lang, die Kronröhre ist länger als der Kelch, weichhaarig, rosarot, selten weiß, die Früchte sind dreieckige, eiförmige, kahle Klausen.

Blütezeit: In den Sommermonaten von Juli bis September.

Areal und ökologische Ansprüche: Der Gemeine Hohlzahn ist im meridionalen bis borealen Europa in subozeanischer bis ozeanischer Klimalage verbreitet. Er ist ein Therophyt mit relativ zahlreichem Vorkommen von den Ebenen bis zur Gebirgsstufe. Er erfordert Böden, die reich an gut verteiltem Humus sind (Nitrophyt), weshalb man ihn am häufigsten auf ruderalen Standorten und in Getreideäckern, auf Schuttplätzen u. a. (Klasse Secalietea, Chenopodietea, Ordnung Epilobietalia angustifoliae u. a.) findet. In den Waldökosystemen gilt er als synanthrope (apophytische) Art, die die Eingriffe des Waldwirts begleitet (Holzexport).

90 Gundermann, Gundelrebe

Glechoma hederacea L.

Familie: Lippenblütler — Lamiaceae

Beschreibung: Eine ausdauernde, 10—20 cm hohe Pflanze mit langen, kriechenden, wurzelnden Trieben. Die Stengel sind vereinzelt behaart oder kahl, aufsteigend, verästelt, kantig, weich, saftig, ihre Triebe können bis zu 1 m lang werden. Die Blätter sind gegenständig, ihre Stiele stets kürzer als die Stengelglieder, bei der typischen, auf unserer Abbildung dargestellten Unterart breit herzförmig oder nierenförmig, 1—3 cm lang, mit grob gekerbtem Rand. Die Blüten wachsen aus Blattachseln, meist zu 2—4, auf kurzen Stielen. Der Kelch ist röhrig, schwach zweilippig. Die Krone ist meist nur kurz oder bis zweimal so lang wie der Kelch, lilablau bis rötlich (selten auch weiß), im Schlund des Röhrchens mit einem Haarkranz versehen. Die Oberlippe ist zweilappig, die Unterlippe dreilappig mit einem großen, verkehrt eiförmigen, tiefgespaltenen Mittelzipfel. Die Früchte sind dreihäutige Klausen.

Blütezeit: Von März bis August, oft bis zu den ersten Frösten.

Areal und ökologische Ansprüche: Als eurasiatisches floristisches Element ist der Gundermann in ganz Europa, in den gemäßigten Zonen Asiens, in Sibirien und in Nordamerika verbreitet. In Mitteleuropa kommt er von der Ebene bis zur Gebirgsstufe in den subozeanischen Klimagebieten vor. Er zeigt stickstoffreiche und gut mineralsalzhaltige Böden an. Obwohl er ursprünglich eine Waldpflanze ist (Klasse Carpino-Fagetea), findet man ihn häufig auch in Wiesengesellschaften (Klasse Molinio-Arrhenatheretea), in Gärten und auf Feldern in mehrjährigen Futter- und Hackfruchtkulturen. Ein Hemikryptophyt.

Wirtschaftliche Bedeutung und Wissenswertes: Er vermehrt sich durch Samen, meist jedoch durch die wurzelnden Triebe. Da er kein Umpflügen verträgt, wird er bei normaler Agrotechnik nicht übermäßig häufig. Er ist eine alte Heilpflanze. Heute wird er nur noch für die Bereitung von Desinfektionslösungen bei verschiedenen Entzündungen verwendet. Wegen des angenehm würzigen Geruchs und Geschmacks wird er zu verschiedenen Speisen (Suppen) als gutes Gewürz beigegeben.

91 Goldnessel, Gelbe Taubnessel

Lamiastrum galeobdolon (L.) Ehrend. et Polatschek
Familie: Lippenblütler – Lamiaceae

Beschreibung: Eine ausdauernde, 10–40 cm hohe, verstreut behaarte Pflanze mit reich beblätterten und wurzelnden Ausläufern, die sich erst nach der Blütezeit ausbilden. Die Stengel sind aufrecht, einfach, vierkantig, die Blätter gegenständig, mit unterschiedlich (1–3 cm) langen Stielen, die Blattspreiten sind 3–4 cm lang, herzförmig, zugespitzt, am Rand grob und unregelmäßig gesägt. Die Hüllblätter sind borstlich. Die Blüten stehen in den Achseln der oberen Blätter bzw. Hochblätter in 6–10-blütigen Scheinquirlen. Sie sind sitzend, 15–20 mm lang. Der Kelch ist verwachsenblättrig, röhrig, mit auseinanderstehenden, ahlen- oder pfriemenförmigen Zähnen, fünfnervig. Die Krone ist verwachsenblättrig, zweilippig, mit annähernd gerader Kronröhre. An der Unterlippe hat sie drei deutlich entwickelte Lappen, sie ist hellgelb, innen braungefleckt. Die Staubblätter haben gelbe und kahle Staubbeutel. Die Frucht zerfällt in vier am Grunde des ausdauernden Kelchs sitzende, schwarze, weißfleischige Klausen.

Blütezeit: April–August.

Areal und ökologische Ansprüche: Sie ist eine europäische, in den submeridionalen und gemäßigten Zonen verbreitete Art. In Mitteleuropa kommt sie von den Ebenen bis zur Gebirgsstufe vor. Als Waldchamaephyt begleitet sie Laubwaldarten auf mineralreichen, frischfeuchten, mäßig humosen Böden. Sie gilt als Charakterart der gesamten Klasse Carpino-Fagetea mit engerer Bindung an die Ordnung Fraxinetalia und an die Ordnung Carpino-Fagetalia (eutrophe Buchen- und Hainbuchen-Wälder).

Wirtschaftliche Bedeutung und Wissenswertes: Unlängst wurde Lamiastrum montanum (Pers) Ehrend. als selbständige Art beschrieben. Sie unterscheidet sich dadurch, daß die Ausläufer bereits während der Blütezeit ausgebildet werden, die Blätter größer, 4–7 cm lang, ei-lanzettlich, lang zugespitzt sind. Die Hochblätter sind lanzettlich bis länglich-lanzettlich. Beide Arten unterscheiden sich auch durch die Chromosomenzahl. Die erste hat 2n=18 und die zweite 2n=36 Chromosomen. Die genaue Verbreitung ist bisher nicht bekannt.

92 Weiße Taubnessel

Lamium album L.

Familie: Lippenblütler – Lamiaceae

Beschreibung: Eine ausdauernde, 10–40 cm hohe Pflanze mit kriechenden, beblätterten und wurzelnden Ausläufern. Die Stengel sind meist einfach, aufrecht oder aufsteigend, unten kahl werdend und violett überhaucht. Die Blätter sind kreuzgegenständig, die unteren mit längeren, die oberen mit kürzeren Stielen. Die Blattspreite ist eiförmig, am Grunde herzförmig oder abgerundet, an der Blattspitze lang zugespitzt, 4–7 cm groß, mit gesägtem Rand. Die Scheinquirle der Blüten wachsen in den obersten Blattachseln, die Blüten sind sitzend, 2–2,5 cm lang. Sie haben einen glockigen Kelch mit lanzettlichen Zähnen, weiße bis gelbliche, zweilippige Kronen mit gekrümmten Röhrchen und einer fast vierkantigen gezähnten Unterlippe. Die vier Staubblätter haben dunkelbraune Staubbeutel. Die Frucht bilden eiförmige Klausen.

Blütezeit: Von Mai bis Mitte August.

Areal und ökologische Ansprüche: Sie zählt zu den eurasiatischen, besonders unter subozeanischen Klimabedingungen verbreiteten Arten. In Mitteleuropa ist sie eine häufige Pflanze der wärmeren Ebenen und Hügelländer, selten kommt sie auch in Vorgebirgslagen vor. Sie verlangt mineralreichen Boden mit gut mineralisiertem Humus (Stickstoffanzeiger – Nitrophyt). Sie ist eine ruderale Pflanze ohne merkliche Bindung an einen bestimmten Vegetationstyp, sehr häufig auf stickstoffreichen Müllhalden in Wohngebieten.

Wirtschaftliche Bedeutung und Wissenswertes: Die Blüten, genauer nur die Kronen, werden für die pharmazeutische Industrie gesammelt. Sie duften nach Honig und haben einen bitterschleimigen Geschmack. Sie enthalten Alkaloide, etwa 10 % Gerbstoffe, Schleime, Saponine, Zucker. Eine Abkochung ist ein altes Volksheilmittel gegen Hals- und Magenschmerzen, Bronchialkatarrhe, Koliken, Blutung, Dysenterie und Prostatabeschwerden. Im Volk wurde sie auch Taube Brennessel genannt, da sie, bevor sie erblüht, der Brennessel ähnelt; daher der Name Taubnessel.

93 Gefleckte Taubnessel

Lamium maculatum L.

Familie: Lippenblütler – Lamiaceae

Beschreibung: Eine ausdauernde, 10–50 cm hohe Pflanze mit unterirdischen und oberirdischen Ausläufern. Die Stengel sind meist einfach, aufrecht oder aufsteigend, vierkantig, unten kahl und rötlich, oben abstehend behaart. Die Blätter sind gegenständig, die unteren mit langen, die oberen mit kurzen Stielen, die Blattspreite ist herzförmig oder herz-eiförmig, 3–6 cm lang, grob gezähnt und auf der Oberseite bisweilen hell gefleckt. Die Blüten sind sitzend, 2–3 cm lang, sie stehen in Scheinquirlen in den Blattachseln. Der Kelch reicht bis zur Hälfte der Krone, er ist ausdauernd, verwachsenblättrig, glockig, mit fünf auseinanderstehenden, langen, ahlenförmigen Zähnchen und fünf deutlichen Nerven, die in die Zähnchen auslaufen. Die Krone ist rosarot, seltener weiß, zweilippig, mit gekrümmtem und unten verengtem Röhrchen. Die Oberlippe ist behaart, der mittlere Lappen der Unterlippe besitzt eine auffallende violette Zeichnung. Die vier Staubblätter sind zweimächtig, mit dem Grunde der Staubfäden an dem Kronröhrchen angewachsen und haben rote bis violettbraune Staubbeutel. Der Griffel ist lang, am Ende in zwei Narben geteilt. Die Frucht zerfällt in 4 dreieckige, grüne, am Grunde des ausdauernden Kelchs sitzende Klausen.

Blütezeit: Blüht sehr lange, vom Frühjahr bis zum Herbst.

Areal und ökologische Ansprüche: Sie ist ein typisches europäisches floristisches Element und kommt vom Flachland bis zur montanen Stufe in der submeridionalen und temperaten Zone in subozeanischer Klimalage vor. Als Waldchamaephyt sucht sie durchlüftete, stark humose, wechselfeuchte, basenreiche Böden. Daher findet man sie meist im Auenweidengesträuch, in Uferfluren, Hartholzauenwäldern und feuchteren Laubmischwäldern, die zur Ordnung Fraxinetalia zählen. Von hier dringt sie auch in die Ränder dieser Wälder oder bis zu feuchteren, ruderalisierten Ufern vor.

Wirtschaftliche Bedeutung und Wissenswertes: Für die montane und subalpine Stufe wurde die Lamium maculatum (L.) L. subsp. cupreum (Schott) Hadač beschrieben. Sie besitzt honigrote Blüten, einen längeren Kelch, der bis zu zwei Dritteln der Krone reicht. An dem Kelch sind 10 auffallende Nerven. Sie wächst meist in Fichtenwäldern, im Knieholz und auf Bergwiesen in Waldnähe.

94 Kleine Braunelle, Gemeine Braunelle

Prunella vulgaris L.

Familie: Lippenblütler – Lamiaceae

Beschreibung: Eine ausdauernde Pflanze mit dünnem, kriechendem Wurzelstock, aus dem viele Stengel und wurzelnde, kriechende Triebe hervorgehen. Die blühenden Stengel sind aufsteigend, vierkantig, grün oder rötlich, dünn behaart, meist verzweigt. Alle Blätter sind gestielt, eiförmig, die grundständigen in einer Rosette, das letzte Blattpaar unmittelbar unter dem Blütenstand stehend. Sie sind ganzrandig oder feingekerbt, die Nerven aufsteigend. Die oberen Stengelblätter haben kurze Stiele, unter dem Blütenstand sind sie fast sitzend, allmählich in Deckblätter übergehend. Alle Blätter sind gegenständig. Die Blüten sind in einem Köpfchen aus Scheinquirlen angeordnet. Der Kelch ist meist grün oder bräunlich behaart, die Krone zweilippig, meist blauviolett, zuweilen weiß. Die Früchte sind kleine dunkle Nüßchen.

Blütezeit: Juni–September.

Areal und ökologische Ansprüche: Diese Pflanze zählt zu den zirkumpolaren, in den Gebieten mit ozeanischen Klimabedingungen verbreiteten Arten. Sie ist ein Chamaephyt, der in Mitteleuropa von den Ebenen bis zur Gebirgsstufe vorkommt. Sie wächst auf feuchteren und trockeneren Standorten, auf Wiesen und Weiden, an Waldrändern, auf Lichtungen sowie an Wegrändern. Sie stellt höhere Ansprüche an den Mineralstoffgehalt des Bodens und wird als Charakterart der mesophilen Wiesen der Klasse Molinio-Arrhenatheretea betrachtet.

Wirtschaftliche Bedeutung und Wissenswertes: Sie verträgt Mahd und Abweiden gut, die das Wachstum der kriechenden Triebe und damit auch den rasigen Charakter dieser Pflanze unterstützen. Früher galt sie als Heilpflanze (Entzündungen der Atemwege, Augenkrankheiten usw.). Heute wird sie nicht mehr verwendet.

95 Wiesen-Salbei

Salvia pratensis L.
Familie: Lippenblütler – Lamiaceae

Beschreibung: Eine ausdauernde, bis 80 cm hohe Pflanze mit langer, verholzender Pfahlwurzel. Die Stengel sind gerade oder aufsteigend, vierkantig, abstehend behaart, gefurcht, einfach oder im Blütenstand verzweigt. Die unteren Blätter sind meist groß und langgestielt, zu einer dichteren und lockeren Rosette angenähert. Die runzelige Blattspreite ist eiförmig, länglich, am Stiel meist herzförmig, vorn spitz, mit unregelmäßig gekerbtem Rand. Die Stengelblätter haben kurze Stiele, die oberen Blätter sind sitzend. Die Blüten stehen auf kurzen Stielen in 6-12-gliedrigen Scheinquirlen. Die Deckblätter sind grün. Der Kelch ist glockig, zweilippig, dicht drüsig behaart. Die Krone hat ein langes Röhrchen, sie ist deutlich zweilippig, dunkelblauviolett bis violettrot. Die Oberlippe ist helmförmig, die Unterlippe kürzer, gerade, breit. Die Nüßchen sind glatt, schwarzbraun.

Blütezeit: Von Mai bis August, vereinzelt auch im Oktober.

Areal und ökologische Ansprüche: Der Wiesen-Salbei ist eine europäische Art, die in den gemäßigten und submeridionalen Gebieten von den Ebenen bis zur Vorgebirgsstufe (hier nur auf Kalkgestein und wärmeren Unterlagen) verbreitet ist. Er bevorzugt trockenere, mineralreichere Böden. Als typische Wiesenart wird er als Bestandteil des Verbandes Arrhenatherion betrachtet. Mit Vorliebe wächst er an Wegrändern und Straßenböschungen, wo es zu einer ständigen Bereicherung des Bodens durch den Straßenstaub kommt. Auf mineralreicheren, verfestigten Halden zählt er zu den Pionierbesiedlern.

Wirtschaftliche Bedeutung und Wissenswertes: Er ist eine minderwertigere Futterpflanze, die getrockneten Blätter zerkrümeln und verlieren sich aus dem Heu, die Stiele sind hart und wertlos. Früher war er eine Heilpflanze (Augenkrankheiten). Man verwendete ihn auch als Desinfektionsmittel und zur Geschmacks- und Geruchsverbesserung von Bier und Wein.

96 Wald-Ziest, Waldnessel

Stachys sylvatica L.

Familie: Lippenblütler – Lamiaceae

Beschreibung: Eine ausdauernde, bis 1 m hohe Pflanze mit langen, unverdickten unterirdischen Ausläufern und angenehmem Geruch. Der Stengel ist aufrecht oder am Grunde kurz aufsteigend, ganz dicht und weich behaart, im oberen Teil drüsig, einfach oder häufiger ästig. Die gestielten, kreuzgegenständigen Blätter haben eine herzförmige, zugespitzte, grob gesägte, oberseits und unterseits behaarte Blattspreite. Der Blütenstand ist eine endständige Traube aus Scheinquirlen, in denen etwa 6 Blüten aus den Achseln lanzettlicher bis linealischer, gesägter oder ganzrandiger grüner Deckblätter hervorgehen. Der glockige Kelch hat 10 dicht drüsig behaarte Nerven. Er ist fünfzähnig. Die Krone ist schmutzigrot oder rotviolett. Das Röhrchen ist länger als der Kelch, die kürzere Oberlippe ist ungeteilt, die Unterlippe mit 3 rundlichen Zipfeln ist bis doppelt so lang. Der mittlere Zipfel der Unterlippe ist am größten. Die dreieckigen, glatten Nüßchen sind bis 2 mm lang.

Blütezeit: Juni–September.

Areal und ökologische Ansprüche: Der Wald-Ziest ist eine europäisch-westasiatische Art und bevorzugt ozeanisch-subozeanische Klimabedingungen. In Mitteleuropa ist er von den Ebenen bis zur Vorgebirgsstufe verbreitet. Er liebt stickstoffreiche, fast über die gesamte Vegetationsperiode frischfeuchte Böden. Sein Vorkommen konzentriert sich in Auenwäldern (Alnion glutinoso-incanae), in feuchteren Eichen-Hainbuchen- und Buchenwäldern, vor allem an Stellen mit gut verteiltem Pflanzenabfall (Anzeiger hochwertigen Humusbodens in Wäldern). Wie die meisten Waldarten begleitet auch der Wald-Ziest Ersatzgesellschaften der Wälder. Ein Hemikryptophyt.

97 **Schwarze Tollkirsche**

Atropa belladonna L.

Familie: Nachtschattengewächse – Solanaceae

Beschreibung: Eine ausdauernde, bis 2 m hohe Pflanze. Sie wurzelt im Boden mit einer braunen, starken, walzigen Wurzel. Der stumpfkantige Stengel ist im oberen Teil stark verzweigt, ganz feinflaumig, drüsig. Die Blätter stehen meist zu zweien, sie sind scheingegenständig, kurzgestielt, eiförmig, spitz, mit herablaufendem Blattgrund, ganzrandig. Die fünfzähligen, nickenden Blüten wachsen einzeln oder zu zweien aus den Blattachseln. Sie haben einen fünfteiligen, grünen, verwachsenblättrigen Kelch, eine glockige, braunrote bis scharlachrote Krone und eine kugelige, saftige, glänzend schwarze Beerenfrucht in einem vergrößerten, sternförmig ausgebreiteten Kelch.

Blütezeit: Von Mai bis Ende August.

Areal und ökologische Ansprüche: Die Tollkirsche ist ein eurasiatisches floristisches Element mit Hauptverbreitung in den subatlantisch-mediterranen Gebieten Europas. Ihr lokales Vorkommen ist an Ebenen, Hügelländer und den unteren Teil der montanen Stufe (hier stets nur an wärmere Standorte) gebunden. Sie verlangt einen hohen Gehalt an hochwertigem Humus, aber auch anderen Nährstoffen im Boden und ist mäßig wärmeliebend. Zusammen mit anderen nitrophilen Arten bildet sie eine selbständige Vegetationseinheit – den Verband Atropion belladonnae, der auf Laubwaldkahlschlägen häufig ist. Ein Hemikryptophyt.

Wirtschaftliche Bedeutung und Wissenswertes: Die Tollkirsche zählt zu den sehr alten Arzneipflanzen. Die ganze Pflanze enthält tödlich giftige Alkaloide (Hyoscyamin, Atropin, Belladonin, Scopolamin usw.), die seit jeher in der pharmazeutischen Industrie Verwendung fanden. Im Mittelalter benutzten die Frauen eine Abkochung des Krautes zur Vergrößerung der Pupillen, was damals als Schönheitsmerkmal galt (daher der Name bella donna – schöne Frau). Zusammen mit anderen Tollkirschenarten wurde sie zur Herstellung von „Zaubersalben“ verwendet. In den Händen eines Arztes ist sie eine Wohltat für den Menschen, in unerfahrenen Händen eines Laien hingegen kann sie zu einer gefährlichen, äußerst giftigen Droge werden. Deshalb ist große Vorsicht bei der Sammlung, Trocknung oder anderweitigen Handhabung dieser Pflanze geboten.

98 Großblütiger Fingerhut

Digitalis grandiflora Mill.

Familie: Braunwurzgewächse – Scrophulariaceae

Beschreibung: Eine ausdauernde, 50–100 cm hohe Pflanze. Sie besitzt einen Wurzelstock, aus dem im Frühjahr eine Rosette großer, lanzettlicher, gezähnter, in den Stiel verschmälerter Blätter und aufrechte, einfache, im oberen Teil drüsig behaarte Stengel hervorgehen. Die Stengelblätter sind wechselständig, ei-lanzettlich, mit einem rundlichen bis ausgerandeten Blattgrund am Stengel sitzend; die Blattspreiten sind feingezähnt, völlig kahl, nur unterseits an der Nervatur behaart. Im oberen Teil des Stengels gehen die Blätter in lanzettliche Deckblätter über, aus deren Achseln einzelne, kurzgestielte, nach einer Seite nickende Blüten hervorgehen und eine einseitswendige Traube bilden. Die Blütenstiele sind drüsig behaart, der Kelch ist verwachsenblättrig, fünfspaltig, mit spitzen Kelchzipfeln, von denen der hintere unscheinbar ist. Die Krone ist groß, röhrig-glockig, mit schrägem, fünflappigem Kronsaum, zitronen- oder ockergelb, innen braungefleckt, behaart, außen drüsig. Die Frucht ist eine eiförmige, septizide, im Kelch eingeschlossene und ganz drüsige Spaltkapsel.

Blütezeit: Juni–September.

Areal und ökologische Ansprüche: Der Großblütige Fingerhut kommt in Europa unter ozeanischen Klimabedingungen vor. Höhenmäßig ist er von den Ebenen bis zur montanen Stufe (hier nur an wärmeren Standorten) verbreitet. Er ist eine Pionierpflanze, die lichte Laubwälder auf nährstoffreichem (kiesigem) kalkarmem, trockenerem Feinskelettschotter besiedelt. Er gilt als Charakterart der Ordnung Carpino-Fagetalia (Assoziation Aceri-Tilietum – Blockhalden-Lindengehölze), kommt jedoch auch in anderen Laubwäldern (wärmeliebende Eichenwälder), vor allem in ihren Säumen (Verband Geranion sanguinei) vor. Er zählt zu den Hemikryptophyten.

Wirtschaftliche Bedeutung und Wissenswertes: Man pflanzt ihn in Gärten und Parks als Zierpflanze. Blätter, aber auch andere Teile enthalten ein Gemisch von Digitalisglykosiden, von denen Digitalin am bekanntesten ist. Es wird als sehr wirksame und unentbehrliche Arznei bei Herz- und Nervenerkrankungen eingenommen. Geschützt!

99 Wiesen-Wachtelweizen

Melampyrum pratense L.

Familie: Braunwurzgewächse – Scrophulariaceae

Beschreibung: Eine einjährige, 20–60 cm hohe Pflanze mit dünner, schwach verzweigter Wurzel. Der gegliederte, vierkantige Stengel ist aufrecht, meist sparrig verästelt, kahl oder fein behaart. Die Blätter sind kurzgestielt, fast sitzend, lanzettlich, ganzrandig. An der Spitze der Stengel und an den Ästen gehen sie in kleinere, grüne, am Blattgrund scharf gezähnte Deckblätter über. Die kurzgestielten Blüten bilden einen einseitswendigen, traubenförmigen Blütenstand am Ende des Hauptstengels sowie der Seitenäste. Der Kelch ist kurzglockig, 4-zähnig, kahl, nur an den Nerven rauh. Die mäulchenähnliche, klaffende Krone hat ein langes, trichterförmiges Röhrchen, an dessen Grund ringförmig angeordnete Haare sitzen (Erkennungsmerkmal dieser Art). Sie ist weiß bis zitronengelb mit gelber, nicht umgebogener Unterlippe, im Schlund verschlossen. Die zweimächtigen Staubblätter sind mit den Staubfäden an der Krone angewachsen. Der Fruchtknoten ist oberständig, mit einer Honigdrüse im unteren Teil. Die Frucht ist eine eiförmig-langgestreckte, zweifächrige, von den Seiten eingedrückte, kahle Kapsel, die eiförmigen Samen sind glatt, in jedem Fach je zwei.

Blütezeit: Von Juni bis Ende September.

Areal und ökologische Ansprüche: Der Wiesen-Wachtelweizen hat eine eurasiatische Verbreitung, die in Mitteleuropa, besonders im subozeanischen Klima, von den Ebenen bis zur montanen Stufe reicht. Er kommt auf oligotrophen Böden in Eichenwäldern und Buchenwäldern (Klasse Quercetea robori-petraeae, Verband Luzulo-Fagion) bzw. in deren Ersatzgesellschaften (Klasse Betulo-Franguletea – bodensaure Laubgesträuche, Verband Melampyrion pratensis, Ordnung Vaccinio-Genistetalia – Beerkraut-Ginsterheiden) vor. Sie gilt als Charakterart bodensaurer Laub- und Nadelwälder.

Wirtschaftliche Bedeutung und Wissenswertes: Die Wachtelweizen sind Halbschmarotzer, die sich mit den Würzelchen an den Wurzeln benachbarter Pflanzen festsaugen und ihnen Nährstoffe entziehen. An den Deckblättern scheiden sie bis zum völligen Ausreifen der Früchte einen süßen Saft aus, den die Ameisen lieben. Der Wiesen-Wachtelweizen ist morphologisch und ökologisch eine sehr vielgestaltige Art. Auf unserer Abbildung ist die Unterart M. p. subsp. pratense dargestellt.

100 Gamander-Ehrenpreis

Veronica chamaedrys L.

Familie: Braunwurzgewächse – Scrophulariaceae

Beschreibung: Eine ausdauernde, niedrige Pflanze mit kriechendem Wurzelstock und aufsteigendem Stengel. Dieser ist einfach oder im Blütenstand schwach verzweigt mit zwei Längsreihen von Haaren. Die Blätter sind gegenständig, im unteren Stengelteil kurzgestielt, im oberen Teil mit einem runden, herzförmigen Blattgrund sitzend. Die Blattspreite ist eiförmig, gekerbt-gezähnt, beiderseits behaart. Die Blüten sind in zwei einfachen, lockeren, gegenständigen Trauben, die aus den Blattachseln der oberen Blätter hervorgehen, angeordnet. Die Stiele sind kurz, behaart, die Deckblätter schmal. Die Zipfel des vielzähligen Kelches sind fast gleich, lanzettlich, die vierzipfelige Krone ist blau, selten rosa oder weiß. Im unteren Teil ist sie zu einem Röhrchen verwachsen. Sie besitzt nur zwei Staubblätter. Die Frucht ist eine zweifächrige, abgeflachte, herzförmige Kapsel.

Blütezeit: Während der ganzen Vegetationsperiode von Mai bis Oktober.

Areal und ökologische Ansprüche: Der Gamander-Ehrenpreis ist eine eurasiatische Art, die in Mitteleuropa von den Ebenen bis zur Gebirgsstufe, seltener auch Hochgebirgsstufe, vor allem im ozeanischen Klima vorkommt. Ursprünglich ist er wahrscheinlich in den trockenen, wärmeliebenden Flaumeichenwäldern (Ordnung Quercetalia pubescentis) beheimatet, häufig ist er aber auch in Wirtschaftswiesen (Ordnung Arrhenatheretalia) zu finden. Von beiden Standorten hat er sich sekundär auch in eine ganze Reihe anderer Gesellschaften ausgebreitet. Er wächst auf einer breiten Skala von Böden, die jedoch stets mäßig humos sind. Ein Chamaephyt.

Wirtschaftliche Bedeutung und Wissenswertes: Er hat keine besondere wirtschaftliche Bedeutung. In wärmeren Gegenden, in wärmeliebenden Eichenwäldern wächst die verwandte Art [V. vindobonensis (M. Fisch.) M. Fisch.] mit diploider Chromosomenzahl. Von dem tetraploiden Gamander-Ehrenpreis unterscheidet sie sich durch den im oberen Teil ringsherum behaarten Stengel und tiefer geteilte Blätter sowie abstehend behaarte Kelchzähne.

101 **Spitz-Wegerich**

Plantago lanceolata L.

Familie: Wegerichgewächse – Plantaginaceae

Beschreibung: Eine ausdauernde Pflanze mit kurzem, wie abgebissenem Wurzelstock. Die in einer grundständigen Rosette stehenden Blätter sind lanzettlich bis linealisch-lanzettlich, 3–7-nervig, zum Blattgrund hin sich langsam in einen kurzen oder längeren, scheidenartigen Stiel verschmälernd. Meist sind sie ganzrandig, seltener vereinzelt gezähnt, anliegend behaart oder völlig kahl, spitz. Der Schaft (Ährenstiel) ist aufrecht oder leicht aufsteigend, fünffurchig, anliegend behaart, meist länger als die Blätter. Die Blüten stehen in einer kurzen, kugeligen oder kurzwalzlichen Ähre. Die Einzelblüten sitzen in den Achseln trockenhäutiger Deckblätter, sie haben einen dreizähligen Kelch, zwei Blättchen sind frei, das dritte hat zwei Teile (es ist durch Verwachsen von zwei Deckblättern entstanden). Er ist trockenhäutig. Die Krone besitzt ein kurzes Röhrchen und vier bräunliche Zipfel. Die Frucht ist eine eiförmige Kapsel mit zwei schiffchenförmigen, glatten, glänzenden, schwarzbraunen Samen.

Blütezeit: Mai–September.

Areal und ökologische Ansprüche: Der Spitz-Wegerich ist ein eurasiatischer Hemikryptophyt, der in Mitteleuropa von den Ebenen bis zu den montanen Lagen, besonders im subozeanischen Klima verbreitet ist. Man findet ihn in vielen Gesellschaften an verschiedenen Standorten. Im Grunde ist er eine Wiesenart, die vor allem in der Klasse Molinio-Arrhenatheretea und Festuco-Brometea konzentriert ist und oft auch auf ruderale Standorte (Verband Agropyro-Rumicion crispi) übergeht. Er bevorzugt mäßig humose, nährstoffreiche, frische bis mäßig trockene Böden unabhängig von den Eigenschaften des geologischen Untergrunds.

Wirtschaftliche Bedeutung und Wissenswertes: Eine sehr veränderliche, an gegebene Bedingungen sehr anpassungsfähige Art. Auf trockenen Böden wächst sie weniger, auf frischen bildet sie fast reine Bestände mit hoher Samenproduktion. Der Spitz-Wegerich gibt gutes Grünfutter, verursacht aber Durchfall beim Vieh. Er war eine beliebte Heilpflanze bei Erkrankungen der Atemwege. Heute wird er zur Herstellung von Spitzwegerichbonbons verwendet.

102 Waldmeister, Duft-Labkraut

Galium odoratum (L.) Scop.
Familie: Rötegewächse – Rubiaceae

Beschreibung: Eine ausdauernde, etwa 30 cm hohe Pflanze. Der aufsteigende, knotige Stengel ist kahl, vierkantig, intensiv nach Cumarin duftend und nach Trocknung schwarz werdend. Alle Blätter sind sitzend, sie wachsen an den Knoten in 6–9-blättrigen Quirlen. Die mittleren Stengelblätter sind meist am größten, schmal verkehrt eiförmig, oder verkehrt lanzettlich, ganzrandig, kahl, nur am Rand schwach rauh. Die wenigzähligen Blüten sind in endständigen lockeren Trauben auf sehr kurzen Stielen mit oder ohne Deckblätter angeordnet. Der Kelch ist undeutlich, die Krone weiß, vierzipfelig, im Durchschnitt 4–6 mm groß. Die kugeligen Doppelspaltfrüchte sind mit dichten hakigen Borsten besetzt.

Blütezeit: April–Juni.

Areal und ökologische Ansprüche: Der Waldmeister ist eine eurasiatische, von den Ebenen bis zu den Gebirgslagen verbreitete ozeanische Art, die ausschließlich in Laubwäldern vorkommt. Auch wenn er in diesen vor allem auf humosen, frischfeuchten Böden zu finden ist, kann man ihn allgemein als typischen Begleiter der Buchenwälder ansehen, in denen er gut verteilten Humus anzeigt. Er wird als Charakterart dieser Wälder betrachtet (Ordnung Carpino-Fagetalia, Fraxinetalia). Ein Geophyt.

Wirtschaftliche Bedeutung und Wissenswertes: Der Waldmeister ist Anzeiger optimaler Verhältnisse in Buchenwäldern. Diese Tatsache ermöglicht die Bewertung von Waldgesellschaften nicht nur hinsichtlich der Holzbildung, sondern vor allem unter dem Gesichtspunkt der Biologie des Waldes. Früher wurde der Waldmeister als Heilpflanze verwendet, heute dient er nur noch als Geschmackszusatz zu Tabak, Alkohol (Cumarin) und als Mottenpulverzusatz.

103 Echter oder Gemeiner Baldrian

Valeriana officinalis L.

Familie: Baldriangewächse – Valerianaceae

Beschreibung: Eine ausdauernde Pflanze mit kurzem, walzlichem Wurzelstock ohne Ausläufer und mit vielen Seitenwurzeln. Der Stengel wird bis über 1 m hoch, er ist einfach, nur im Blütenstand verzweigt, kahl, gefurcht. Im Frühjahr erscheinen zunächst zahlreiche gestielte Grundblätter. Sie sind unpaarig gefiedert, mit einer Vielzahl von (bis zu 12) Fiederpaaren, die aus lanzettlichen, gezähnten, an der Unterseite langhaarigen Fiederblättchen bestehen. Die Stengelblätter werden oberwärts kleiner, ihre Stiele kürzer, die oberen sind schließlich fast sitzend. Alle Fiederblättchen sind mit dem Blattgrund an der Fiederspindel herablaufend. Die Blüten in reichblütigen, schirmförmigen Trugdolden sind klein, weiß oder rosa, der Kelch ist ausdauernd, mit fünf nach innen gebogenen Zähnchen. An den reifen Früchten bildet sich daraus ein Haarkranz aus federigen, abstehenden Strahlen (Pappus), der der Frucht zum Fliegen dient. Der Staubbeutel der drei Staubblätter reift vor den Narben, deshalb ist eine Selbstbestäubung unmöglich. In dem dreifächrigen Fruchtknoten reift meist nur ein Samen aus, die anderen verkümmern. Die Frucht ist eine kahle oder vereinzelt behaarte, 2,5–4 mm lange Nuß.

Blütezeit: Er blüht später, von Juli bis August.

Areal und ökologische Ansprüche: Der Echte Baldrian zählt zu den eurasiatischen Arten, wobei er in Mitteleuropa eher an das subkontinental-kontinentale Klima der Ebenen und der kollinen Stufe gebunden ist. In den Gebirgslagen ist er seltener. Er ist eine ziemlich wärme- und lichtliebende Art der Moor-Torfböden der Sümpfe, Flußufer, seltener auch feuchterer Wälder. Er gilt als Charakterart des Verbandes Filipendulion (Hochstandenfluren), in dem die Assoziation Valeriano-Filipenduletum mit zahlreicher Beteiligung dieser Art bekannt ist. Ein Hemikryptophyt.

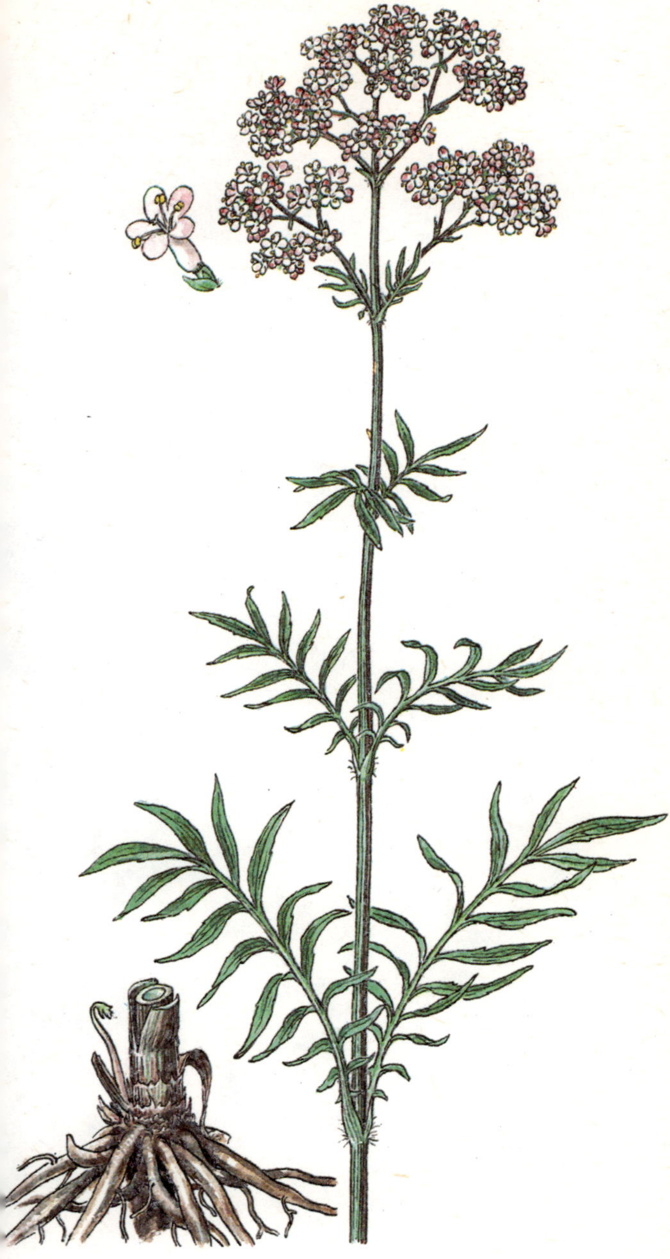

104 Acker-Witwenblume, Knautie

Knautia arvensis (L.) Coulter
Familie: Kardengewächse – Dipsacaceae

Beschreibung: Eine ausdauernde, 30–150 cm hohe Pflanze mit einer vielköpfigen Pfahlwurzel. Der walzige Stengel ist im unteren Teil dicht borstig-zottig, im oberen Teil kahl oder vereinzelt drüsig behaart. Die graugrünen Blätter sind im Umriß verkehrt eiförmig, wollig, gegenständig. Die Grundblätter sind einfach, ganzrandig oder dünn gezähnt, und auch die übrigen Stengelblätter sind von gleicher Form. Sie sind meist fiederteilig oder leierförmig mit lanzettlichen, stumpfen oder spitzen Zipfeln. Die langgestielten Köpfchen haben eine mehrreihige Außenhülle, aus breit lanzettlichen, gewimperten, grünen Hochblättern und einem spreublattlosen, behaarten Korbboden bestehend. Die zweigeschlechtigen Köpfchen sind stets größer (3–4 cm) als die eingeschlechtigen, meist männlichen, sie sind etwa halb so groß. Die Randblüten sind stets größer als die inneren, ihre Kelche enden in 8 Borsten, die trichter-röhrenförmigen Kronen haben 4 ungleichgroße Zipfel und sind blauviolett oder rötlich, selten gelblich oder weiß. Die behaarten Achänen sind oben von dem ausdauernden Kelch bekränzt.

Blütezeit: Mai–September.

Areal und ökologische Ansprüche: Eine eurosibirische Pflanze, die in Mitteleuropa von den Ebenen bis zur kollinen Stufe, selten auch in Gebirgslagen wächst. Sie gedeiht gut auf nährstoffreicheren, frischen bis trockenen, humosen Böden. Sie ist eine licht- und mäßig wärmeliebende Art, die am häufigsten in trockeneren Glatthafergesellschaften (Verband Arrhenatherion) und mesotrophen Trespenbeständen (Mesobromion) vorkommt. Sie ist eine Charakterart der Ordnung Arrhenatheretalia.

Wirtschaftliche Bedeutung und Wissenswertes: Wegen des geringen Futterwertes und der relativ harten, wertlosen Stengel (die Blätter zerfallen und verlieren sich aus dem Heu) wird sie von Landwirten auf den Wiesen nicht gern gesehen. Sie zeichnet sich durch eine hohe Veränderlichkeit aus. Aufmerksamkeit verdient sie vor allem auch deshalb, weil einige markantere Sippen nur in bestimmten Gesellschaften auftreten oder sich durch die Chromosomenzahl unterscheiden und Anzeiger ökologischer und phytozönotischer Verhältnisse sein können.

105 **Wiesen-Glockenblume**

Campanula patula L.

Familie: Glockenblumengewächse – Campanulaceae

Beschreibung: Eine zweijährige oder ausdauernde Pflanze mit einer spindeligen, weißen Wurzel im Boden, aus der ein 30–60 cm hoher, aufrechter oder aufsteigender, im Blütenstand verästelter, im unteren Teil meist stumpfkantiger, kahler oder dicht behaarter, im oberen Teil stielrunder, kahler Stengel hervorgeht. Die Blätter sind von unterschiedlicher Form, die grundständigen spatelförmig, in den Stiel verschmälert, die Stengelblätter halb sitzend, länglich oder lanzettlich, spitz, gekerbt. Im Blütenteil des Stengels gehen die Blätter in kurz-lanzettliche bis linealische Hochblätter über, die Blüten sind in einer lockeren Doldenrispe angeordnet, sie haben lange Stiele mit zwei Hochblättern. Der Kelch ist kahl oder behaart, seine Zähne reichen etwa bis zur Hälfte der Kronenlänge, sie sind lanzettlich, lang zugespitzt, am Grunde mit einigen Zähnchen oder ganzrandig. Die Krone ist etwa 2 cm lang, breit trichterförmig, blauviolett, mit dünneren Nerven, selten reinweiß. Die Kapseln sind aufrecht, unter der Spitze haben sie 3 Öffnungen zum Ausstreuen der kleinen, glänzenden Samen.

Blütezeit: Von Mai bis Ende August.

Areal und ökologische Ansprüche: Eine subozeanische bis gemäßigt kontinentale europäische Art, die in Mitteleuropa von den Ebenen bis in die Mittelgebirgslagen verbreitet ist. Die Pflanze hat eine relativ breite ökologische Amplitude, sie ist fähig, auf mineralreicheren und mageren, lehmigen und reinsandigen Böden zu wachsen. Sie scheint mäßig salzbeeinflußte Böden mit Nährstoffverlagerung in tiefere Horizonte zu bevorzugen. Sie gilt als Kennart des Verbandes Arrhenatherion (ärmere Assoziationen). Ein Hemikryptophyt.

106 Gemeine Schafgarbe

Achillea millefolium L.
Familie: Korbblütler – Asteraceae

Beschreibung: Eine ausdauernde, angenehm würzig duftende Pflanze mit unterirdischem, kriechendem, ausläufertreibendem, vielköpfigem Wurzelstock, aus dem viele, bis 70 cm hohe blühende und niedrige blütenlose Stengel hervorgehen. Die ganze Pflanze ist weichwollig. Die blühenden Stengel sind im oberen Teil ästig, in einer dichtblütigen Schirmrispe endend. Die Blätter sind im Umriß lanzettlich, die grundständigen gestielt, die Stengelblätter sitzend, anfangs dicht wollig behaart, später kahl. Alle sind dreifach unpaarig gefiedert. Sie sind meist 1/2 cm breit, weich, dunkelgrün, die Fiederabschnitte sind breiter, stumpf oder kurz zugespitzt, die Spindel ist ganzrandig oder im oberen Teil mit einigen Zähnchen versehen. Die vielblütigen Köpfchen mit spelzenartigen Spreublättern sind relativ klein (etwa 1/2 cm), sie haben eine mehrreihige, dachziegelähnliche, eiförmige Außenhülle mit hellgrünen Blättern, am Rand mit einem schmalen braunen Saum. In den Randstrahlen sind etwa 5 eingeschlechtige (weibliche) Blüten, sie sind meist weiß oder rosa. Die Röhrenblüten der Scheibe sind zweigeschlechtig, die schmalgeflügelten Achänen silberfarbig.

Blütezeit: Von Juni bis Ende Oktober.

Areal und ökologische Ansprüche: Die Gemeine Schafgarbe zählt zu den eurosibirischen Arten. Sie bevorzugt subozeanische bis gemäßigt kontinentale Klimalagen. In Mitteleuropa ist sie in Wiesengesellschaften von den Ebenen bis zur Gebirgsstufe verbreitet. Sie ist sehr anpassungsfähig, beansprucht aber einen mäßigen Humusgehalt im Boden. Es gibt mehrere Unterarten, die eigene phytozönotische Bindungen haben. Ein mäßig lichtliebender Hemikryptophyt.

Wirtschaftliche Bedeutung und Wissenswertes: Die Art ist sehr variabel und von den sehr nahe verwandten Arten relativ schwer zu unterscheiden. Die Gemeine Schafgarbe ist eine alte offizinelle Pflanze und wurde auch in der Volksheilkunde sehr viel verwendet. Auch heute noch werden Stengel, Blätter und Blüten gesammelt. Als Droge (herba, folia, flos Millefolii) findet sie Verwendung bei der Herstellung von Arzneien und verschiedenen Likören. Sie wird bei Asthma, Angina, Blutungen, Magenbeschwerden und Katarrhen verwendet. Sie bildet ein nahrhaftes Futter für verschiedene Tiere.

107 **Mehrjähriges Gänseblümchen**

Bellis perennis L.
Familie: Korbblütler – Asteraceae

Beschreibung: Eine ausdauernde, kleine, 5–15 cm hohe, kahle oder fein behaarte Pflanze mit walzigem, verzweigtem Wurzelstock, aus dem ein Schaft (Blütenstiel) und eine grundständige Blattrosette hervorgehen. Der Blütenstiel ist aufrecht, mit weichen, kurzen Haaren bedeckt und in einem einzigen Blütenköpfchen endend. Die Blätter sind einfach, länglich-eiförmig, keilförmig in einen kurzen Stiel verschmälert, vorn abgerundet und am Rand kerbig gesägt. Die ansehnlichen Köpfchen haben einen kegelförmigen, hohlen und spreublattlosen Blütenboden und eine zweireihige Außenhülle, bestehend aus schuppigen, elliptisch-länglichen, kurzhaarigen Hüllblättern. Die Röhrenblüten in der Mitte sind zweigeschlechtig, etwa 2 mm lang, sie haben eine gelbe, glockige, 4–5-zähnige Krone. Die Randblüten sind eingeschlechtig (weiblich), mit einer zungenförmigen, weißen, an der Außenseite und an den Spitzen oft rosa oder purpurroten Krone. Die Frucht ist eine zusammengedrückte, verkehrt eiförmige, glatte, etwa 1 mm lange, gelbbraune Achäne.

Blütezeit: Fast ganzjährig, vom zeitigen Frühjahr bis zum Spätherbst.

Areal und ökologische Ausprüche: Das Gänseblümchen ist ein europäischer Hemikryptophyt, der subozeanische bis ozeanische Klimabedingungen bevorzugt und von den Ebenen bis in Hügelland- und Mittelgebirgslagen vorkommt. Es verträgt Tritt und Biß und ist deshalb häufig auf Weiden zu finden, für die es Charakterart ist (Verband Cynosurion). Es bevorzugt mineralstoffreiche Böden mit mäßigem Humusgehalt. Ein Hemikryptophyt.

Wirtschaftliche Bedeutung und Wissenswertes: Das Gänseblümchen ist eine sehr dekorative Pflanze und ihre vollblütigen, kleinen weißen oder roten Röschen ähnelnden Zuchtformen werden in Blumentöpfen und Gärten gepflanzt. Früher war es eine anerkannte Heilpflanze. Eine Abkochung aus den Köpfchen wurde als Arznei bei Lungenkrankheiten verwendet, und mancherorts finden die Blätter auch heute noch gegen Blutungen Verwendung. Die Pflanze enthält Saponine, Gerbstoffe, Harze, Apfel-, Wein-, Oxal-, Essigsäure und in kleinen Mengen ätherisches Öl.

108 **Dreiteiliger Zweizahn**

Bidens tripartita L. subsp. tripartita
Familie: Korbblütler – Asteraceae

Beschreibung: Eine einjährige, zuweilen bis 1 m hohe Pflanze, mit spindeliger, schräger oder gerader Wurzel und einem meist kahlen Stengel mit weit ausladenden Ästen. Die Blätter sind gegenständig, drei- bis fünfteilig mit kurzen, schwach geflügelten Stielen und einem gezähnten Rand. Die Köpfchen sind einzeln, aufrecht oder nickend, kugelig und bestehen meist nur aus gelben Röhrenblüten. Die Außenhülle ist zweireihig. Die äußeren, blattartigen Hüllblätter (5–8) sind länglich, grün, länger als die Blüte, die inneren sind oval, bräunlichgelb. Der Blütenboden ist flach, mit Spreublättern besetzt. Die Frucht ist eine Achäne (Nüßchen) von typischer Form, sie ist zusammengedrückt mit zwei kürzeren und zwei längeren widerhakigen Grannen. An den Kanten ist sie durch abstehende Borsten rauh.

Blütezeit: Juli–Oktober.

Areal und ökologische Ansprüche: Der Dreiteilige Zweizahn zählt zu den eurasiatischen Arealtypen und ist in Mitteleuropa von den Ebenen bis zu Mittelgebirgslagen verbreitet. Er ist stark nitrophil und ursprünglich auf den jüngsten Flußanschwemmungen beheimatet, die feinkörnig, reich an organischem Abfall und feucht bis naß sind. Er ist gleichzeitig Charakterart der an das Litoral der Flüsse (Klasse Bidentetea) gebundenen Vegetation, obgleich er heute auch an vielen Ruderalstandorten gemein ist. Ein Therophyt.

109 **Kleine Eberwurz, Golddistel**

Carlina vulgaris L.
Familie: Korbblütler – Asteraceae

Beschreibung: Eine zweijährige bis ausdauernde, 10–80 cm hohe Pflanze. Der Stengel ist aufrecht, fest, kantig, spinnwebig, entweder einfach oder an der Spitze ästig. Die Blätter sind wechselständig, fest, unterseits spinnwebig-wollig, später kahler werdend. Die in einer Rosette stehenden Grundblätter sind länglich-lanzettlich, am Rand stachelig bis gewimpert-gezähnt, die unteren Stengelblätter sind eiförmig-länglich, mit dem herzförmigen, umfassenden Grund sitzend, die oberen gehen in stachelig-gewimperte Hochblätter über, die unter dem Blütenköpfchen angehäuft sind. Die Köpfchen wachsen einzeln am Ende der Äste, sie sind 2–3 (–5) cm breit mit inneren verlängerten, schmal-linealischen, mehr oder weniger gelblichen, strahlenähnlichen Hüllblättern. Die einzelnen Blüten des Köpfchens sind zweigeschlechtig, regelmäßig, die röhrig-fünfzähnigen Kronen sind gelblich, an der Spitze rot. Die Früchte sind 2–4 mm lange, glänzend rostrote, behaarte Nüßchen, ihr Pappus wird von einem Kranz federiger Stacheln gebildet.

Blütezeit: Juli–September.

Areal und ökologische Ansprüche: Eine eurasiatisch-mediterrane Art subozeanischer Klimabedingungen. In Mitteleuropa reicht sie vom Flachland bis zum Mittelgebirge (maximal 700 m über dem Meeresspiegel). Eine relativ wärmeliebende Pflanze flachgründiger, steiniger und kiesiger Böden mit lehmigem Anteil. Als lichtliebende Art ist sie am häufigsten in Trespen- und Glatthafergesellschaften (Mesobromion, Arrhenatherion) oder auf bewachsenden Feldern, wo sie als Pionierpflanze auftritt.

Wirtschaftliche Bedeutung und Wissenswertes: Ein morphologisch variable Art, die in Europa durch drei, durch Übergangsformen miteinander verbundene Unterarten vertreten ist. Das Kraut wird mancherorts bei Zahnschmerzen genommen (geraucht).

110 **Wiesen-Flockenblume**

Centaurea jacea L.
Familie: Korbblütler – Asteraceae

Beschreibung: Eine ausdauernde, bis über 1 m hohe, rasige Pflanze mit verzweigtem Wurzelstock. Die Stengel sind aufrecht, kantig, entweder einfach oder verästelt. Die Grundblätter bilden eine Rosette, sie sind einfach, eiförmig bis lanzettlich, am Grunde in den Stiel verschmälert, am Rand dünn und fein gezähnt bis gelappt bzw. fiederspaltig. Die Blätter an den Stengeln sind eiförmig bis lanzettlich, mit dem verschmälerten oder abgerundeten Grund sitzend, ganzrandig, gezähnt oder selten fiederspaltig. Die Blüten bilden einzelne, endständige, ungestielte Köpfchen, die eine eiförmige, 1–2 cm lange Außenhülle haben. Die Hüllblätter haben am Ende deutlich getrennte trockenhäutige Anhängsel, die an den mittleren Blättern eiförmig oder dreieckig lanzettlich, dunkelbraun oder blaß, niemals schwarz und entweder ungeteilt oder kammartig bis unregelmäßig gefranst sind. Die Anhängsel bedecken in der Regel völlig den grünen Teil der Hüllblätter. Die Einzelblüten sind rosarot, selten weiß, die Randblüten größer, unfruchtbar und haben eine gefranste Krone. Die Frucht ist eine verkehrt eiförmige, glänzende und etwa 3 mm lange Nuß.

Blütezeit: Sie blüht lange, von Ende Juni bis Mitte Oktober.

Areal und ökologische Ansprüche: Die Wiesen-Flockenblume ist eine eurasiatisch-mediterrane Art subozeanischer Klimabedingungen. In Mitteleuropa ist sie von den Ebenen bis zur Vorgebirgslage verbreitet, besonders auf Wiesen und Weiden. Als Charakterart der Klasse Molinio-Arrhenatheretea (Wirtschaftswiesen) konzentriert sie sich in Gesellschaften auf mineralreicheren, mäßig humosen, lehmig-austrocknenden Böden. Die weiteren ökologisch-phytozönotischen Beziehungen können nur durch die Unterarten dieses Taxons dargestellt werden. Ein Hemikryptophyt.

Wirtschaftliche Bedeutung und Wissenswertes: Sie ist eine variable Art, bei der mehrere, heute zum größten Teil als selbständige Arten bewertete Subspecies unterschieden werden.

111 Wiesen-Margerite, Wiesen-Wucherblume

Chrysanthemum leucanthemum L.

Familie: Korbblütler – Asteraceae

Beschreibung: Eine ausdauernde, etwa 60 cm hohe Pflanze. Aus dem kurzen, schrägen Wurzelstock wächst meist ein einziger, kahler, aufrechter Stengel. Er ist einfach, mit einem einzigen Blütenköpfchen an seinem Ende, oft auch verästelt, stielrund oder schwach stumpfkantig. Die Grundblätter sind stets langgestielt, verkehrt eiförmig oder spatelig, grob gekerbt oder gezähnt. Die unteren Stengelblätter sind meist mit einem verschmälerten, die oberen mit einem abgerundeten, breiteren Blattgrund sitzend, alle sind länglich bis linealisch, gesägt oder grob bezähnt, die oberen zuweilen auch ganzrandig. Die oberständigen Blütenköpfchen sind langgestielt, etwa 4 cm breit, sie besitzen einen halbkugeligen Hüllkelch, große weiße Zungenrandblüten und kleine gelbe Röhrenscheibenblüten. Der Korbboden ist ohne Spreublätter. Die kleinen Achänen sind auffallend gerippt, ohne Haarkranz (Pappus), an der Spitze mit oder ohne kurzem, abgeschrägtem Saum.

Blütezeit: Mai–Oktober.

Areal und ökologische Ansprüche: Die Margerite gehört zu den eurasiatischen Arten des ozeanischen bis gemäßigt kontinentalen Klimas. In Mitteleuropa ist sie von den Ebenen bis zur Gebirgsstufe gemein bis häufig. Sie hat eine sehr breite ökologische sowie pflanzensoziologische Amplitude. Ihren Schwerpunkt hat sie jedoch in Wiesengesellschaften der Ordnung Arrhenatheretalia, deren Böden frischfeucht, mäßig humos, lehmig bis sandig-lehmig sind. Ein Hemikryptophyt.

Wirtschaftliche Bedeutung und Wissenswertes: Verglichen mit anderen Wiesenarten ist ihr Futterwert relativ gering.

112 **Kohl-Kratzdistel, Ackerdistel**

Cirsium oleraceum (L.) Scop.
Familie Korbblütler – Asteraceae

Beschreibung: Eine ausdauernde, 50–150 cm hohe Pflanze mit walzigem, schrägem, knotig verdicktem Wurzelstock. Der Stengel ist aufrecht, einfach, im oberen Teil arm verästelt, hohl, dünn kurz behaart. Auch die Blätter sind dünn kurzhaarig oder kahl, nur am Rand weichdornig. Die unteren sind meist eiförmig oder elliptisch, ganzrandig oder fiederteilig mit länglichen, ungleich gezähnten Zipfeln, sehr veränderlich. Die oberen Blätter haben lanzettliche Form und einen herzförmigen Grund. Die Blütenköpfchen sind mittelgroß, aufrecht, meist zu mehreren am Ende des Stengels oder der Seitenäste dicht beieinanderstehend. Die Blütenstiele sind filzig. Unter dem Köpfchen sind stets mehrere hellgrüne, elliptische Tragblätter. Die Außenhülle ist eiförmig mit kurzdornigen und spinnwebigen Außenhüllblättern. Die Blüten haben eine gelblichweiße, selten rötliche Farbe. Die Früchte sind undeutlich kantige Nüßchen.

Blütezeit: Juni–September.

Areal und ökologische Ansprüche: Eine eurasiatische Art, die in Mitteleuropa von den Ebenen bis zu den Gebirgslagen verbreitet ist. Sie gilt als ozeanischer Pflanzentyp, der ursprünglich an das Waldmilieu besonders der Auenwälder (ufernahe Erlenwälder des Verbandes Alnion glutinoso-incanae) gebunden war und sich von dort auch in die Ersatzgesellschaften an Bächen und Flüssen, besonders in Hochstaudenfluren des Verbandes Filipendulion und Calthion ausgebreitet hat. Sie beansprucht wechselfeuchte, mineralreiche, stark humose Flurböden. Sie bevorzugt kalkfreies Schwemmland, aus dem diese Böden entstehen.

Wirtschaftliche Bedeutung und Wissenswertes: Die Kohldistel wurde in Sibirien als Gemüse verwendet.

113 **Lanzett-Kratzdistel, Lanzenblättrige Kratzdistel, Speerdistel**

Cirsium vulgare (Savi) Ten.
Familie: Korbblütler – Asteraceae

Beschreibung: Eine zweijährige, 80 cm bis 2 m hohe, dornige Pflanze. Die Wurzel ist spindelig, verzweigt, der Stengel aufrecht, blattreich, spinnwebig-wollig, schmal geflügelt. Die Flügel sind wellig-kraus und dornig. In der oberen Hälfte verästelt sich der Stengel. Die Grundblätter bilden eine Rosette. Sie sind fiederschnittig, ihre Zipfel sind gelappt, am Rand dornig gezähnt. Während der Blütezeit können sie bereits abgestorben sein. Die Zipfel der Stengelblätter sind meist ungeteilt und haben an der Spitze einen starken Dorn von hellgelber Farbe. Alle Blätter sind grün, oberseits dornig-behaart, unterseits filzig bis weißwollig. Die Blütenköpfchen sind ziemlich groß, einzeln am Ende der Äste stehend. Die Außenhülle ist kugelig-eiförmig, ihre Hüllblätter sind lanzettlich mit schwarzbrauner Spitze, in einen festen gelben Dorn auslaufend. Die Blüten sind rotviolett, selten sind weiße oder rosablühende Exemplare zu finden. Die Frucht ist eine Achäne.

Blütezeit: Juli–Oktober.

Areal und ökologische Ansprüche: Die Speerdistel ist ein eurasiatisch-mediterranes floristisches Element ozeanischer Klimabedingungen. In Mitteleuropa ist sie am häufigsten in den Ebenen und Hügelländern, nur sehr selten auch in Gebirgslagen. Eine relativ wärmeliebende Pflanze, die mäßig trockene, kalkfreie, aber stark humose Böden ruderaler Standorte besiedelt. Ihr häufigstes Vorkommen hat sie in wämeliebenden Ruderalgesellschaften (Ordnung Artemisietalia), auf Weiden (Verband Cynosurion); seltener ist sie in Auenwaldsäumen (Circaeo-Stachyetalia) zu finden. Ein Hemikryptophyt.

114 Gemeiner Wasserdost, Kunigundenkraut

Eupatorim cannabinum L.
Familie: Korbblütler – Asteraceae

Beschreibung: Eine ausdauernde, 1–2 m hohe Pflanze mit kriechendem Wurzelstock. Die Stengel sind aufrecht, rötlich, kurzhaarig, einfach und nur oberwärts im Blütenstand ästig. Die Blätter wachsen zahlreich am ganzen Stengel, sie sind gegenständig, kahl oder schwach behaart, kurzgestielt, handförmig geschnitten in 3–5 länglich-lanzettliche, grob gekerbte und Hanfblättern ähnliche Abschnitte. Die obersten Blätter sind mitunter einfach. Der Blütenstand ist sehr reichblütig, er besteht aus Blütenköpfchen, die sekundär eine schirmförmige Doldentraube ausbilden. Die einzelnen Köpfchen sind klein, 4- bis 6-blütig, mit einer schmalen, walzlichen und dachziegeligen Außenhülle, die aus 2–4 Reihen stumpfer, lanzettlicher Hüllblätter besteht, von denen die äußeren sehr kurz und behaart, die inneren dünnhäutig und kahl sind. Die Korbböden der Köpfchen sind nackt und rötlich. Die Einzelblüten sind zweigeschlechtig, röhrig, purpurn oder schmutzigrosa, selten weiß, duftend, mit langen, weißen Narben. Die Frucht ist eine längliche, fünfeckige, warzige Nuß (Achäne) mit einem Haarkranz aus einfachen Borsten.

Blütezeit: Von Juli bis Mitte September.

Areal und ökologische Ausprüche: Der Wasserdost ist europäisches (europäisch-sibirisches) floristisches Element, das ozeanische Klimabedingungen bevorzugt. In Mitteleuropa wächst er von den Ebenen bis zu den Vorgebirgsgebieten, wobei er kalkwasserbeeinflußte Sümpfe und Quellgebiete sucht. Er ist ursprünglich eine Waldart, besonders der Auenwälder und Sumpferlenwälder (Verband Alnion glutinoso-incanae und Alnion glutinosae), die sich sekundär in Gräben und waldlosen feuchten Fluren ausgebreitet hat. Ein Hemikryptophyt.

Wirtschaftliche Bedeutung und Wissenswertes: Die ganze Pflanze duftet angenehm, die Blätter haben einen bitteren Geschmack. Sie werden in der Volksheilkunde zur Wundbehandlung verwendet, das Kraut hat diuretische, laxative und emetische Wirkung.

115 Falsche oder Geruchlose Kamille

Matricaria maritima L. subsp. inodora (L.) Dostál
Familie: Korbblütler – Asteraceae

Beschreibung: Eine einjährige, 10–60 cm hohe (und höhere), geruchlose Pflanze. Der Stengel ist aufrecht, im oberen Teil verästelt und kahl. Die Blätter sind wechselständig, sitzend, im Umriß eiförmig, zwei- bis dreifach fiederschnittig mit fädlichen oder linealischen Abschnitten und Zipfeln, 0,3–0,5 mm breit, kahl und unterseits rinnig. Die Blütenköpfchen stehen einzeln am Ende der Äste, sie sind langgestielt, 1,5–4 cm groß. Der Korbboden des Köpfchens ist halbkugelig, kegelförmig, markerfüllt, ohne Spreublätter. Die Außenhüllen sind einreihig, die Hüllblätter länglich, stumpf und blaß umsäumt. Die Randblüten sind nur weiblich, sie haben lange, weiße und gleichmäßig ausgebreitete Zungenkronen. Die Scheibenblüten sind zweigeschlechtig, röhrig und goldgelb. Die Früchte sind 2–2,5 mm lange Nüßchen, oben kragig erweitert, an der Innenseite mit 3 länglichen Rippen. Die Flächen zwischen den Rippen sind schwarzbraun bis fast schwarz und dicht warzig.

Blütezeit: Von Juni bis Ende Oktober.

Areal und ökologische Ansprüche: Die Geruchlose Kamille ist ein eurosibirisches floristisches Element, das in Mitteleuropa vor allem in den Ebenen, weniger auch in den Hügelländern verbreitet ist. Sie ist ein Therophyt bis Chamaephyt, der ruderale, mineralreiche, kalklose, mäßig salzige Böden besiedelt. Sie ist häufig und weit verbreitet vor allem im Wintergetreide, aber auch in Klee- und Luzernefeldern, in Gräben, auf Müllhalden, Böschungen u. a. Sie gilt als Charakterart der Getreideäcker und zwar für die Klasse Secalietalia.

Wirtschaftliche Bedeutung und Wissenswertes: Die Falsche Kamille hat eine hohe Samenproduktion. An einer Pflanze können Zehntausende Samen reifen, die ihre Keimfähigkeit mehrere Jahre in Boden bewahren. Nach dem Ausreifen keimen sie gut und in beträchtlicher Menge aus der Oberflächenschicht des Bodens. Als Futter ist sie wertlos und wird vom Vieh abgelehnt.

116 Gewöhnliche Pestwurz, Rote Pestwurz

Petasites hybridus (L.) G. M. Sch.
Familie: Korbblütler – Asteraceae

Beschreibung: Eine ausdauernde, 10–40 cm hohe, zuweilen im fruchttragenden Zustand bis 1,5 m hohe Pflanze mit starkem, walzigem, im oberen Teil verdicktem, unangenehm riechendem Wurzelstock. Der Schaft (Blütenstiel) ist aufrecht, einfach, von abstehenden, lanzettlichen Schuppen bedeckt. Die Blätter der Grundrosette sind derb, breit herz- oder nierenförmig, kurz zugespitzt, am Grund tief ausgeschnitten. Sie können bis zu 1 m hoch und 60 cm breit werden. Der Rand ist scharf gezähnt, der Blattstiel lang, oberseits schmalrinnig. Die Blattspreite ist oberseits dunkelgrün, unterseits jung graufilzig, später kahl werdend. Die Gewöhnliche Pestwurz ist ähnlich wie die Weiße Pestwurz eine zweihäusig-polygame Pflanze. Der Blütenstand ist eine dichtblütige Traube eiförmiger Blütenköpfchen. Die Köpfchen der weiblichen Pflanzen messen 0,5 cm, die der männlichen etwa 1 cm im Durchmesser. Die Blüten sind blaß- oder graurot, selten reinweiß, duftend. Die Frucht ist eine 6–8 mm lange Nuß mit gelblichweißem Haarkranz.

Blütezeit: März–Mai.

Areal und ökologische Ansprüche: Sie zählt zu den eurasiatischen Arten ozeanischer bis gemäßigter kontinentaler Klimabedingungen. Sie ist von den Ebenen bis zu den Vorgebirgslagen verbreitet. Sie ist ein treuer Begleiter der Erlenbruchwälder, für die sie entweder Pioniergesellschaften oder Ersatzbestände nach deren Rodung bildet. Sie liebt stark humose, skeletthaltige, wechselfeuchte bis überschwemmte Böden. Gegenüber dem Basengehalt in den Anschwemmungen ist sie indifferent. Sie ist Charakterart der gleichnamigen Assoziation (Petasitetum hybridi), häufig kommt sie jedoch auch im Auenweidengebüsch (Verband Salicion albae) vor. Ein Hemikryptophyt.

Wirtschaftliche Bedeutung und Wissenswertes: Nach den Angaben der älteren botanischen Fachliteratur wurde sie im Mittelalter als Arznei gegen Pest, Epilepsie und Krankheiten des Wirtschaftsviehs verwendet. Der ausgepreßte Wurzelstock diente als Hausmittel bei der Wundbehandlung. In der Phytoindikationspraxis hat sie sich als guter Anzeiger von Stellen mit sauerstoffreichem, oberflächennahem Sickerwasser bewährt. In den Bergen erfüllt sie oft die Funktion eines Bodenverfestigers.

117 **Hain-Greiskraut**

Senecio nemorensis L.
Familie: Korbblütler – Asteraceae

Beschreibung: Eine ausdauernde, bis 150 cm hohe Pflanze mit walzigem Wurzelstock. Der Stengel ist am Grunde aufsteigend, aufrecht, kantig, weich kraus behaart, im Blütenstand ästig. Die Blätter sind groß, etwa dreimal so lang wie breit. Die Stiele der mittleren und obersten Blätter sind kurz, geflügelt, mit dem breiten Grund stengelumfassend. Die Blattspreiten sind spärlich oder (vor allem an der Unterseite) dicht flaumig, am Rand oft sehr ungleichmäßig grob gezähnt. Die Blütenköpfchen sind in einer endständigen Rispe angeordnet, jedes auf einem kurzen Stiel in der Achsel eines lanzettlichen Tragblattes stehend. Die Außenhülle ist walzlich, die äußeren Hüllblätter sind fast genauso lang wie die inneren, am Grunde kurzflaumig, spitz. Es sind meist 5–7 goldgelbe Zungenrandblüten und 14–20 innere Röhrenblüten. Die Früchte sind kahl, ihr Haarkranz ist dreimal so lang wie die eigentliche Frucht.

Blütezeit: Juli–Spätherbst.

Areal und ökologische Ansprüche: Das Hain-Greiskraut ist eine europäische Art der kontinental-subozeanischen Klimagebiete. In Mitteleuropa kommt es vor allem in den mittleren bis höheren Lagen vor, wo es Laubwälder auf losem Schutt, und zwar hauptsächlich ahornreiche Buchenmischwälder (Verband Aceri-Fagion), Linden-Ahorn-Mischwälder (Verband Tilio-Acerion) und mesotrophe Buchenwälder (Asperulo-Fagion) begleitet. Es bevorzugt stark humose, gut durchlüftete, mineralreiche, frischfeuchte Geröllschuttböden.

Wirtschaftliche Bedeutung und Wissenswertes: Im Mittelalter wurde es zu den sehr wichtigen Heilpflanzen gezählt. Den Saft der Blätter verwendete man bei Brandwunden und Blutergüssen. Eine sehr nah verwandte Art ist das Fuchs'sche Greiskraut (Senecio fuchsii C. C. Gmel.), das sich durch einen dünneren, kahlen, im obersten Teil oft purpurfarbigen Stengel, lange, schmal lanzettliche, bis 5 mal länger als breite, kahle, am Rand sehr regelmäßig feingesägte Blattspreiten unterscheidet. Die Außenhülle ist kahl. Es hat etwa 6–15 Röhrenscheibenblüten. Es ist von Mittelfrankreich bis zu den Karpaten verbreitet. In tieferen Lagen ist das Fuchs'sche Greiskraut erheblich häufiger als das Hain-Greiskraut.

118 Gemeine Goldrute, Echte Goldrute

Solidago virgaurea L.
Familie: Korbblütler – Asteraceae

Beschreibung: Eine ausdauernde, bis 1 m hohe Pflanze mit walzenförmiger, schräger Wurzel. Der Stengel ist aufrecht, einfach, im unteren Teil kahl, oberwärts mit mehrzelligen Haaren bewachsen. Die unteren Blätter sind flügelig langgestielt, eiförmig oder breit lanzettlich, grob gesägt, vereinzelt behaart bis fast kahl. Die oberen Blätter mit kurzen Stielen sind schmal lanzettlich, die obersten sitzend, sehr schmal. Die Blütenkörbchen oder Köpfchen von 1–1,5 cm Durchmesser sind in einer dichten, allseitigen, endständigen Rispe angeordnet. Die Hüllblätter der walzigen Außenhülle sind lanzettlich, jäh spitz, kurzhaarig. Es sind etwa 5–12 gelbe Zungenblüten. Die Frucht ist undeutlich gerippt, behaart, der Haarkranz kurz und einfach.

Blütezeit: Juli–Oktober.

Areal und ökologische Ansprüche: Eine eurasiatische, von den Ebenen bis zu den Mittelgebirgslagen verbreitete Art; eine Waldpflanze, die mäßig saure Bodenverhältnisse, besonders Humusschichten, anzeigt. Am häufigsten ist sie in Nadelwäldern (Klimaxfichtenwäldern der Ordnung Quercetalia robori-petraeae) sowie Kiefernwäldern auf Flugsand (Verband Dicrano-Pinion).

Wirtschaftliche Bedeutung und Wissenswertes: Die Gemeine Goldrute ist eine alte Heilpflanze. Die Droge bilden Wurzeln und blühende Stengel. Schon seit dem Altertum wird sie als harntreibendes Mittel und zuverlässig wirkendes Mittel bei Nierenerkrankungen, Wassersucht, Appetitlosigkeit und nervösen Zuständen verwendet. Die Blätter und Blüten wurden zur Gewinnung von gelbem Farbstoff verwendet. Auf unserer Abbildung ist die oben beschriebene Unterart niedrigerer Lagen, die S. virgaurea subsp. virgaurea, dargestellt. Eine andere Unterart ist die Alpen-Goldrute [S. virgaurea subsp. alpestris (W. et K. ex Willd.) Rchb.]. Sie unterscheidet sich durch einen niedrigeren, nur bis 40 cm hohen Stengel, schmalere Blätter, kleinere Köpfchen in dichterer, kürzerer Traube mit spitzen Hüllblätten, größeren Früchten und längerem Haarkranz. Man findet sie in höheren Lagen, in der subalpinen und alpinen Stufe. Sie wächst auf steinigen, kalkfreien, humosen Böden.

119 **Gemeiner Rainfarn**

Tanacetum vulgare L.
Familie: Korbblütler – Asteraceae

Beschreibung: Eine ausdauernde, bis über 1 m hohe Pflanze, rasig oder einzeln wachsend, mit einem unterirdischen, fast holzigen, kriechenden Wurzelstock, aus dem meist viele kantige, einfache, braunrote, kahle oder verstreut behaarte Stengel hervorgehen. Die im Umriß eiförmigen, großen, wechselständigen Blätter sind fiederschnittig, mit geflügelter Blattspindel und gesägten Blattabschnitten. Die Blattspreiten sind kahl oder schwach behaart, an der Unterseite drüsig. Die dichtblütige Doldenrispe besteht aus zahlreichen, halbkugeligen Blütenköpfchen. Die Außenhülle wird von mehrreihig dachziegelig angeordneten, grünen, am Ende häutigen Hüllblättern gebildet. Die kleinen Röhrenblüten sind goldgelb, fünfzählig, ohne Randstrahlen, Zungenblüten fehlen. Die Früchte haben einen kleinen, gezähnten Kelch an der Spitze.

Blütezeit: Juli–Oktober.

Areal und ökologische Ansprüche: Der Gemeine Rainfarn zählt zu den eurasiatischen Arten subozeanischer Klimabedingungen. In Mitteleuropa ist er häufig von den Ebenen (hier besonders) bis zu den Vorgebirgslagen. Er ist eine Pflanze, die ursprünglich kiesige, im Sommer sehr stark austrocknende Spülsäume der Flüsse und Bäche begleitet hat, deren chemische Beschaffenheit neutral bis mäßig sauer ist. Basische Substrate werden von ihm gemieden. Heute ist er in alle den ruderalen und litoralen Bedingungen ähnelnden Standorte vorgedrungen. Schwerpunkt seines Vorkommens ist die Klasse Artemisietea. Ein Hemikryptophyt.

Wirtschaftliche Bedeutung und Wissenswertes: Eine alte und sehr oft verwendete Heilpflanze. Die ganze Pflanze besitzt einen fast unangenehm intensiven Geruch und bitteren Geschmack. Man verwendete hauptsächlich getrocknete Blätter, weichere Stengelteile, vor allem aber die Blüten zur Behandlung verschiedener Krankheiten von Mensch und Tier, gegen Würmer und Ungeziefer (Flöhe, Wanzen, Läuse), zur Desinfektion usw. Auch heute wird er noch gegen Darmparasiten verwendet. Er ist jedoch giftig (Erbrechen, Schädigung der Nieren, des Nervensystems und Tod durch Ersticken), deshalb gehört er nur in die Hände eines Arztes. In der Vergangenheit war er von Aberglauben umsponnen und spielte auch in manchen Volkslegenden eine Rolle.

120 **Gemeiner Huflattich**

Tussilago farfara L.

Familie: Korbblütler – Asteraceae

Beschreibung: Eine ausdauernde Pflanze, die im Boden einen bis 1 m langen, kriechenden Wurzelstock ausbildet. Der blühende Stengel ist anfangs niedrig, nach dem Verblühen bis 30 cm hoch. Er ist blaßgelb oder blaßgrün, bis unter das Blütenköpfchen mit eiförmigen, spitzen, gelbbraunen oder rötlichen Schuppen in einer dichten Spirale bedeckt. Die Blätter erscheinen erst kurz vor Ende der Blütezeit, sie sind nur grundständig, langgestielt, deutlich 7–9-nervig, oberseits dunkelgrün mit dunkelvioletten Nerven, unterseits graufilzig. Die Blattspreite ist herzförmig oder bis rund, am Rand grob buchtig gesägt. Die Blattstiele haben tiefe Furchen. Am Blütenstiel (Schaft) ist ein einziges Blütenköpfchen. Die zahlreichen, linealischen, stumpfen, rötlichen oder hellgrünen Hüllblätter sind in einer einreihigen Außenhülle am Rande des spreublattlosen Korbbodens angeordnet. Alle Blüten sind goldgelb, am Rand sind zahlreiche männliche Zungenblüten, auf der Scheibe nur weibliche Röhrenblüten, meist von dunkler gelber Farbe. Die großen, kahlen Früchte haben einen weißen Haarkranz.

Blütezeit: Sehr zeitig im Frühjahr, von Anfang März bis Mai.

Areal und ökologische Ansprüche: Eine eurasiatische Art der ozeanischen Gebiete, die von den Ebenen bis zu den Gebirgslagen verbreitet ist. Eine Pflanze, die an lehmige, im Frühjahr stets feuchte, im Sommer frischfeuchte, meist basenfreie Böden gebunden ist. Er gilt als Pionierpflanze, der Erdrisse auf Lehmböden an Straßenrändern verfestigt. Auf lehmigsandigen bis lehmigen Flußufern bildet er zusammen mit dem Platthalmrispengras (Poa compressa) eine Litoralgesellschaft.

Wirtschaftliche Bedeutung und Wissenswertes: Das weitläufige und vielschichtige Wurzelsystem ist für den Huflattich charakteristisch. Bereits im Frühjahr werden die Grundlagen für die blühenden Stengel ausgebildet, die aus den Vorräten des Wurzelstocks schöpfen können. Deshalb blüht er so zeitig im Frühjahr und treibt erst später assimilierende Blätter. Seit jeher wird er als Heilpflanze verwendet. Man benutzt ihn auch heute noch zur Herstellung von verschiedenen Extrakten von Huflattichhonig und Heiltees bei Erkrankungen der Atemwege, bei Husten und Bronchialkatarrh.

121 Gemeine Wegwarte, Zichorie

Cichorium intybus L.

Familie: Korbblütler – Asteraceae

Beschreibung: Eine ausdauernde Pflanze mit einer harten, derben Pfahlwurzel. Aus dieser wächst ein über 1 m hoher, stielrunder oder kantiger, kahler, im grundständigen Teil manchmal behaarter Stengel. Die rosettig angeordneten Grundblätter haben geflügelte Stiele, eine schrotsägeförmige, fiederspaltige, an der Unterseite borstig behaarte Blattspreite. Die Stengelblätter sind länglich, ungeteilt, kleiner, sitzend, herzförmig-lanzettlich. Die zahlreichen großen Blütenkörbchen (Köpfchen) stehen am Ende der Äste auf Stielen in den Blatt- oder Astachseln. Alle Blüten sind zungenförmig, am Randstrahl viel größer als in der Scheibe, ihre Hüllblätter sind borstig behaart, drüsig. Die Zungenblüten sind hellblau, selten weiß oder rosa. Die Früchte sind ohne Schnabel, oben mit einem kurzen Schuppenkranz.

Blütezeit: Juli–Oktober.

Areal und ökologische Ansprüche: Eine mediterran-europäische bis eurasiatische Art subozeanischer Klimabedingungen, die in Ebenen und Hügelländern, seltener auch in Vorgebirgslagen verbreitet ist. Die Wegwarte bevorzugt stickstoffreichen (humosen), frischfeuchten, mäßig warmen, mineralreichen Kulturboden. Sie kommt am Rande von Getreidefeldern (Klasse Secalinetea), auf Aufschüttungen und Ablagerungen in wärmeren Gebieten (Ordnung Onopordetalia, Artemisietalia) u. a. vor. Ein Hemikryptophyt.

Wirtschaftliche Bedeutung und Wissenswertes: Sie vermehrt sich durch Samen und Wurzeltriebe. In der Volksheilkunde verwendete man Wurzel und Kraut (radix-herba Cichorii) schon sehr lange zur Behandlung verschiedener Erkankungen der Leber (Gelbsucht) und bei Magenkatarrhen. Extrakte dienten der Stärkung des geschwächten Organismus oder der Blutreinigung. Heute kommt sie für Heilzwecke nur noch wenig zur Anwendung. Die angebauten Sorten haben eine dicke, fleischige Wurzel, aus der durch Rösten und Mahlen Kaffee-Ersatz (Zichorie) hergestellt wird. Die Gemeine Wegwarte spielte eine bedeutende Rolle in Sagen und im Aberglauben vieler Länder.

122 **Wald-Habichtskraut**

Hieracium murorum L.
(Hieracium sylvaticum auct.)
Familie: Korbblütler – Asteraceae

Beschreibung: Eine ausdauernde Pflanze mit mehrköpfigem Wurzelstock. Der Stengel wird bis 50 cm hoch, er ist aufrecht, im oberen Teil meist schwach ästig, ganz dünn behaart, vor allem im oberen Teil drüsig und schwach filzig. Die Grundblätter wachsen in einer Rosette, sie sind eiförmig, seltener verkehrt eiförmig, am Grunde herzförmig oder plötzlich in den Stiel verschmälert, gezähnt, am Grunde gelappt bis gespalten, an den Stielen zuweilen ohrig, ganz weich behaart, nur am Stielrand und an den Mittelnerven borstig behaart. An den Stengeln fehlen die Blätter meist, oder es entwickeln sich nur ein, seltener drei kleine, kurzgestielte Blätter. Alle Blätter sind grün, manchmal gelb oder grau überhaucht, selten gefleckt. Die Blüten bilden 4–15 relativ große, trugdoldig angeordnete Köpfchen (Körbchen). Die Stiele der Blütenköpfchen sind lang, sehr dichtdrüsig, mit oder ohne vereinzelte Härchen. Die Hüllblätter der Außenhülle sind lanzettlich, lang zugespitzt, die inneren hellgrün, die äußeren schwarzgrün, graufilzig. Alle Blüten sind goldgelb, die Krone linealisch-zungenförmig, im oberen Teil unbehaart, die Griffel sind meist dunkel. Die Frucht ist eine schwarze Achäne mit Haarkrone.

Blütezeit: Beinahe über die gesamte Vegetationsperiode, von Ende April bis Oktober.

Areal und ökologische Ansprüche: Eine europäische Art subozeanischer Klimagebiete. Sie verlangt mineralsaure, mittel- bis starkhumose, seichte, skeletthaltige Böden. Das Wald-Habichtskraut ist eine Waldpflanze, vor allem der Nadelwälder, Fichtenwälder (Klasse Vaccinio-Piceetea) sowie azidophiler Eichenwälder (Klasse Quercetea robori-petraeae) und oligotropher Buchenwälder (Verband Luzulo-Fagion). Sie ist auch an Felsmauern keine Seltenheit. Ein Hemikryptophyt.

Wirtschaftliche Bedeutung und Wissenswertes: Das Wald-Habichtskraut ist morphologisch sehr vielgestaltig.

123 **Mauerlattich**

Mycelis muralis (L.) Dum.
Familie: Korbblütler – Asteraceae

Beschreibung: Eine ausdauernde, 20–80 cm, in extremen Fällen auch über einen Meter hohe Pflanze mit kurzem Wurzelstock. Die Stengel sind aufrecht, kahl, hellbraun, meist im oberen Teil rispig verzweigt. Die Blätter sind dünn, kahl, an der Oberseite dunkelgrün, an der Blattunterseite hellgrün, oft bläulich oder schmutzigrötlich überhaucht. Die Blätterform ist von ihrer Stellung am Stengel abhängig. Die unteren sind fiederteilig, die mittleren haben eine ähnliche Form und sitzen mit dem herzförmigen Blattgrund am Stengel, die oberen haben einen dreieckigen, kantig-gezähnten Endzipfel. Die obersten Blätter sind herzförmig-lanzettlich. Die Blütenköpfe sind in einer lockeren Rispe angeordnet. Die Köpfchen sind klein, schmal, meist mit 5 hellgelben oder leuchtendgelben Blüten. Die Außenhülle ist walzlich, mit Hüllblättern in zwei Reihen. Die inneren Hüllblätter (5–8) sind von linealischer Form, anliegend, die äußeren weitaus kürzer und weiter abstehend. Die Farbe der Außenhülle ist hellgrün, an der Spitze der Hüllblätter mit einem typischen, schmutziggrünen oder purpurrötlichen Schimmer. Der Haarkranz ist weiß, seine Borsten sind ungleich lang, in zwei Reihen geordnet, während die morphologisch ähnlichen verwandten Arten der Gattung Lattich (Lactuca) gleichlange Borsten besitzen. Die Frucht ist eine spindelige Nuß von rötlichbrauner Farbe, die in einem relativ kurzen, hellen Schnabel steckt.

Blüterzeit: Juli–September.

Areal und ökologische Ansprüche: Er zählt zu den europäischen, ozeanisch-subozeanischen, von den Ebenen bis zu den Gebirgslagen verbreiteten Arten. Er ist eine Pflanze mit einem verhältnismäßig breiten Spektrum ökologischer Ansprüche. Er wächst auf mäßig stickstoffhaltigem, stets frischfeuchtem, neutralem bis, vor allem in der Humusschicht, mäßig saurem Waldboden, meidet aber auch kalkhaltige Substrate nicht. Auch wenn er oft als Charakterart der Klasse Carpino-Fagetea (mesophile Laubmischwälder) angeführt wird, scheint er allgemein ein Begleiter von Laub- und Nadelmischwäldern zu sein. Ein Hemikryptophyt.

124 Gemeiner Löwenzahn, Gemeine Kuhblume

Taraxacum officinale Web.
Familie: Korbblütler – Asteraceae

Beschreibung: Eine ausdauernde Pflanze mit derber, fleischiger Pfahlwurzel. Aus dieser wachsen zahlreiche Blätter in einer grundständigen Rosette und mehrere blattlose, hohle, zarte Blütenstiele (Schafte). Sie sind meist spinnwebig-wollig, später kahl, hellbraun oder rötlich. Die Blätter sind sehr vielgestaltig, lanzettlich, meist ungeteilt, flach oder tief, schmal oder grob schrotsägeförmig, in den Stiel verschmälert. Jeder Schaft trägt ein einziges großes goldgelbes Blütenköpfchen. Die mehrreihige Außenhülle besteht aus zahlreichen, linealischen, häutig gesäumten Hüllblättern, die oft während der Blüte- und Reifezeit der Früchte zurückgeschlagen sind. Alle Blüten sind Zungenblüten, zweigeschlechtig, gelb. Die grauen Achänen haben einen langen Schnabel mit charakteristischem Haarkranz, sie sind furchig, warzig.

Blütezeit: April–Oktober.

Areal und ökologische Ansprüche: Der Löwenzahn zählt zu den eurasiatischen (zirkumpolaren) Arten mit Vorkommen in subozeanischen Klimagebieten. Er ist von den Ebenen bis zu den Gebirgslagen verbreitet. Er besiedelt eine breite Skala von Standorten. Außer höheren Ansprüchen an den Stickstoffgehalt im Boden und an Licht ist er gegenüber anderen Umweltfaktoren indifferent. Ursprünglich in Wiesengesellschaften der Ordnung Arrhenatheretalia vorkommend, ist er heute beinahe ein kosmopolitisches Element.

Wirtschaftliche Bedeutung und Wissenswertes: Die frische Pflanze ist eine gute Futterpflanze, wegen ihrer Blattrosette aber auf Wiesen nicht gern gesehen. Die ganze Pflanze gibt Milch ab. Sie ist eine alte Heilpflanze (Leber-, Gallenerkrankungen, Gelbsucht, Diabetes); auch heute werden die jungen Blätter als geeignetes Gemüse vor allem für Zuckerkranke (Diabetiker) empfohlen. Man sammelt und trocknet Wurzel und Kraut und verwendet sie für die Herstellung verschiedener Präparate. Die Gemeine Kuhblume ist eine sehr vielgestaltige Art. Es wurden viele Kleinarten vor allem in Nordeuropa beschrieben (aus Estland sind 120, aus der DDR über 70 Arten, aus der BRD etwa 150 bekannt).

125 **Wiesen-Bocksbart**

Tragopogon pratensis L.
Familie: Korbblütler – Asteraceae

Beschreibung: Eine ausdauernde, 30–70 cm hohe, kahle Pflanze mit einem derben, spindeligen, mit abgestorbenen Blattresten bedeckten Wurzelstock. Der Stiel ist aufrecht, einfach oder schwach ästig. Die Blätter sind wechselständig, sitzend, lang, linealisch-lanzettlich, ganzrandig. Die Blütenköpfchen stehen einzeln auf langen, unverdickten Stielen und sind etwa (2–) 3 cm breit. Die Außenhülle besteht aus 8 (–10) anliegenden, lanzettlichen, lang zugespitzten Hüllblättern mit einem schmalen, weißen, häutigen Saum. Alle Blüten des Köpfchens haben hellgelbe Zungenkronen, die entweder gleichlang oder etwas kürzer als die Hülle sind. Die Staubbeutel sind gelb, an der Spitze dunkelviolett. Die Achänen sind 1,5–2 cm groß mit einem langen Schnabel, der gleichlang oder kürzer als die Achäne ist. Sie sind am Rand stachelig-warzig, der Haarkranz (Pappus) ist federig und schmutzigweiß.

Blütezeit: Von Mitte Mai bis Anfang August.

Areal und ökologische Ansprüche: Eine eurasiatische Art, in Mitteleuropa mit einem relativ begrenzten (mosaikartigen) Areal, jedoch von den Ebenen bis zu den Gebirgslagen verbreitet. Diese nitrophile Pflanze erfordert gut verteilten Humus in frischfeuchten, lehmig-sandigen bis lehmigen Böden der Wiesen- und ruderalen Standorte. Die relativ wärmeliebende Art wird für die Gesellschaften der Ordnung Arrhenatheretalia in dem Verband Sisymbrion (Wiesen- und wärmeliebende Unkrautvegetation) angeführt. Ein Hemikryptohpyt.

Wirtschaftliche Bedeutung und Wissenswertes: Vom Vieh wird er im frischen Zustand gern gefressen und Wildschweine wühlen den Boden auf, um an die fleischigen Wurzelstöcke heranzukommen. Die ganze Pflanze gibt nach Verletzung Milch ab. Seinerzeit galt sie als Heilpflanze. Die Wurzelstöcke dieser Art sowie anderer Arten der Gattung wurden in der Volksheilkunde bei Erkrankungen der Atemwege zur Schleimlösung angewandt.

126 Gemeiner Froschlöffel

Alisma plantago-aquatica L.
Familie: Froschlöffelgewächse – Alismataceae

Beschreibung: Eine ausdauernde, kahle Wasser- oder Sumpfpflanze mit kurzem, knolligem Wurzelstock, aus dem im Frühjahr ein Stengel und eine Blattrosette hervorgehen. Der Stengel ist aufrecht, 20–80 cm hoch, in der oberen Hälfte reichästig, wobei die Äste meist in Quirlen stehen und aus den Achseln kleiner Tragblätter hervorgehen. Die Blätter sind langgestielt, eiförmig bis breit lanzettlich, ganzrandig, am Blattgrund keilförmig oder herzförmig, nur die im Wasser untergetauchten Blätter sind linealisch. Die Blüten sind langgestielt, klein und ansehnlich, in einer quirlständigen, pyramidenförmigen Rispe angeordnet. Die drei Kelchblätter sind breit eiförmig und grün, die Kronblätter sind rundlich-verkehrt eiförmig, weiß oder rosa, etwa 6 mm groß. Die Blüte hat 6 Staubblätter. Die Früchte sind von den Seiten zusammengedrückte Nüßchen und haben an der Rückenseite eine Furche.

Blütezeit: In den Sommermonaten Juni bis September.

Areal und ökologische Ansprüche: Eine zirkumpolare (kosmopolitische) Art der subkontinentalen Klimagebiete. Als Wasserpflanze (Hydrophyt) besiedelt der Froschlöffel seichte, stehende oder langsam fließende Gewässer mit sapropelem oder Gleyboden. Die Gewässer, in denen er wächst, haben eutroph-mesotrophen Charakter, sie sind 20–60 cm tief, im Sommer austrocknend. Er gilt als Charakterart der Ordnung Phragmitetalia (Röhrichte, Großseggenriede).

Wirtschaftliche Bedeutung und Wissenswertes: Die reifen Nüßchen schwimmen nach dem Ausfallen noch eine Zeit lang auf der Wasseroberfläche, bis sie ganz durchnäßt sind. Mit der Wasserströmung gelangen sie von der Mutterpflanze weg und haften am Gefieder von Wasservögeln, die so zu ihrer Verbreitung beitragen. Die Bestäubung erfolgt durch Insekten. Im frischen Zustand ist die ganze Pflanze giftig. Früher wurde sie in der Medizin verwendet.

127 **Bärlauch, Rams**

Allium ursinum L.

Familie: Liliengewächse – Liliaceae

Beschreibung: Eine ausdauernde, bis zu 50 cm hohe Pflanze mit einer schmalen, länglichen, weißen, unterirdischen Scheinzwiebel, die in gelbliche Schuppen gehüllt ist, die später in dünne, parallele Schuppen aufreißen. Nebenzwiebeln bilden sich selten und nur in geringer Anzahl. Der Stengel ist aufrecht, dreikantig, markig, ohne Blätter. Die Blätter sind stets nur grundständig, meist zwei, seltener drei, langgestielt, breit bis elliptisch-lanzettlich, frischgrün, weich. Die endständige Scheindolde ist vor der Entfaltung in eine trockenhäutige Blütenscheide (Doldenhülle) aus 2–3 Hüllblättern gehüllt, die nach dem Aufblühen rasch abfällt. Die schneeweißen Blüten stehen auf langen, rauhen Stielen und sind in einer kugeligen Scheindolde angeordnet. Die Staubblätter sind halb so lang wie die Blütenblätter, die Staubfäden sind am Grunde nur wenig erweitert.

Blütezeit: Von April bis Ende Mai, in höheren Lagen bis Juni.

Areal und ökologische Ansprüche: Der Bärlauch ist eine europäische (eurasiatische) Art, die ihr Optimum unter ozeanischen Klimabedingungen hat. Er ist eine Waldart, die die gesamte Buchenwaldstufe der Hügelländer und Vorgebirgslagen begleitet und nur vereinzelt auch in Auenwäldern erscheint. Sie verlangt gut verteilten Humus, frischfeuchte, lehmig-sandige Böden mit einem guten Mineralnährstoffvorrat. Gegenüber der chemischen Beschaffenheit der Gesteine ist sie indifferent, auf Kalksubstrat ist sie aber häufiger. Sie gilt als Charakterart der Ordnung Fraxinetalia (Edellaubholz-Mischwälder). Ein Geophyt.

Wirtschaftliche Bedeutung und Wissenswertes: Das Kraut enthält viel Vitamin C und ist stark aromatisch. Es wird als Gemüse in Frühlingssuppen empfohlen und ist appetitanregend. Der Bärlauch vermehrt sich sehr leicht. In größeren Parks bewirkt seine massenweise Anpflanzung einen sehr dekorativen Effekt. Die obige Beschreibung bezieht sich auf die Unterart des Echten Bärlauchs subsp. ursinum. Eine andere Unterart, der Ukrainische Bärlauch (subsp. ucrainicum Kleop. ex Oxn.) unterscheidet sich durch die kahlen, gewimperten oder papillösen Blütenstiele. Die Verbreitung der Unterarten ist bisher nur ungenügend bekannt.

128 **Herbst-Zeitlose**

Colchicum autumnale L.
Familie: Liliengewächse — Liliaceae

Beschreibung: Eine ausdauernde, 8—30 cm hohe Pflanze, die tief im Erdboden eine relativ große, mit braunen Schuppen bedeckte Zwiebel (Wurzelstockbasisknolle) hat. Aus diesem sehr verkürzten, unterirdischen Stengel wächst ein Schaft, der einige reduzierte Schuppenblätter trägt. Die normal entwickelten Grundblätter von länglicher oder lanzettlicher Form erscheinen zusammen mit der Fruchtkapsel im Frühjahr, die Blüten im Herbst. Sie sind einzeln, hellviolett. Die Blütenhülle ist trichterförmig, die elliptischen Blütenblätter verwachsen zu einem langen Röhrchen. Sie hat 6 Staubblätter, drei sehr lange, oben verdickte Griffel. Der dreifächrige Fruchtknoten entwickelt sich unter der Erde und erhebt sich erst in der Reifezeit zusammen mit den Blättern über die Erdoberfläche. Er enthält sehr viele, kugelige, braune bis schwarzbraune Samen, jung mit klebrigen Anhängseln.

Blütezeit: August—Oktober.

Areal und ökologische Ansprüche: Die Herbst-Zeitlose ist eine europäisch verbreitete Art der ozeanischen Klimabedingungen, die von den Ebenen bis zu den Gebirgslagen vorkommt. Sie ist eine Wiesenpflanze, die mineralreiche, frischfeuchte bis feuchte, lehmigtonige, lehmig-sandige, neutrale bis mäßig saure Böden erfordert. Sie ist in den Gesellschaften der Glatthaferwiesen (Klasse Molinio-Arrhenatheretea mit größerem Vorkommen in der Ordnung Molinietalia) konzentriert. Ein Geophyt.

Wirtschaftliche Bedeutung und Wissenswertes: Sie ist eine sehr giftige Pflanze, die das Alkaloid Colchicin (es wird zur Induktion von Polyploidie verwendet), Demecolchin und über 20 andere wichtige Stoffe enthält. Den höchsten Colchicingehalt weisen die Samen vor den Blüten auf. Giftig sind jedoch auch die Blätter. Sie sind für das Vieh gefährlich. In der Volksheilkunde galt die Herbst-Zeitlose als sehr heilsam. Sie war von Aberglauben umsponnen. In der Schweiz wurde sie zum Ostereierfärben verwendet. Die pharmazeutische Industrie bearbeitet die Samen zu einer Tinktur, die als Arznei bei Gelenkentzündungen, gegen Rheumatismus, Wassersucht und Leberkrankheiten bekannt ist. Die Knollen werden im August und September vor dem Erblühen der Pflanze gesammelt.

129 Maiglöckchen

Convallaria majalis L.
Familie: Liliengewächse – Liliaceae

Beschreibung: Eine ausdauernde Pflanze mit dünnem, kriechendem, reich verzweigtem Wurzelstock. Aus diesem gehen zwei Blätter hervor, deren lange Stiele völlig in trockenhäutige, durchscheinende, scheidenartige Schuppen gehült sind. Die Blätter sind groß, frischgrün, elliptisch bis breit lanzettlich, kahl, an der Unterseite deutlich genervt. Der blütentragende Schaft ist dünn, aufrecht, in einer armblütigen, einseitswendigen Traube mit 5–10 Blüten endend, die aus den Achseln kleiner lanzettlicher Tragblätter hervorgehen. Die einzelnen nickenden Blüten haben kurze Stiele, eine glockige, milchweiße Blütenhülle. Sie duften intensiv, sehr angenehm. Die Früchte sind rote, kugelige Beeren, die Samen blau.

Blütezeit: Mai–Juni.

Areal und ökologische Ansprüche: Eine europäische (zirkumpolare) Art ozeanischer bis gemäßigt kontinentaler Bedingungen. In Mitteleuropa besiedelt sie alle Höhenstufen bis zur oberen Waldgrenze. Sie ist eine Art der Laubwälder, beginnend bei Auenwäldern der Ebenen, über Schluchtwälder, Eichen-Hainbuchenwälder, Buchenwälder bis ausnahmsweise auch zu den Fichtenwäldern (auf Kalksubstrat). Ein Geophyt.

Wirtschaftliche Bedeutung und Wissenwertes: Die ganze Pflanze ist giftig und giftig wird auch das Wasser, in dem Maiglöckchensträußchen aufbewahrt werden. Seit jeher wird es als Heilmittel bei Herzkrankheiten, Epilepsie, Wassersucht sowie als Abführmittel verwendet. Zu diesem Zweck werden Wurzelstock, Blätter und Blüten gesammelt. Außerdem wird das Maiglöckchen für die Herstellung von Nießpulvern und als Tabakzusatz verwendet. Die Blüten finden bei der Parfüm- und Seifenherstellung Verwendung. Als Zierpflanze ist es sehr beliebt, es wird in großen Mengen gepflückt, man baut es bereits in Plantagenkulturen an und beschleunigt sein Blühen im Winter in Gewächshäusern. Geschützt!

130 **Wald-Goldstern**

Gagea lutea (L.) Ker-Gawler
Familie: Liliengewächse – Liliaceae

Beschreibung: Eine ausdauernde, 10–30 cm hohe Pflanze mit einer einzigen Zwiebel, Nebenzwiebeln fehlen. Das Grundblatt ist linealisch, 3–9 mm breit, zugespitzt und erreicht oder überragt mit seiner Länge den Blütenstand. Zusätzlich entwickeln sich nur zwei Blätter unmittelbar unter dem Blütenstand. Sie sind lanzettlich, keilförmig, spinnwebig behaart, am Rand weiß gesäumt. Das obere Blatt ist kleiner als das untere. Die Hochblätter des Blütenstandes sind klein. Der scheindoldige Blütenstand hat 1–10 Blüten, die Blütenstiele sind kahl, etwa zweimal so lang wie die Blütenhülle. Die Blütenblätter sind länglich, 10–16 mm lang, innen gelb, außen grün, selten beiderseits gelb. Die Staubblätter sind halb so lang wie die Blütenhülle, die Staubbeutel eiförmig, die Frucht ist eine dreifächrige Kapsel.

Blütezeit: März–Mai.

Areal und ökologische Ansprüche: Der Wald-Goldstern zählt zu den eurasiatischen floristischen Elementen und bevorzugt gemäßigt subozeanische bis gemäßigt subkontinentale Klimabedingungen. In Mitteleuropa ist er stellenweise häufig, vor allem in den Ebenen, und zwar in Auenwäldern und ihren Ersatzgesellschaften, in Schotterfluren, auf Kahlschlägen u. a. m. Er ist eine nitrophile Pflanze tiefgründiger, lehmig-sandiger, mineralreicher Böden. Gegenüber der chemischen Beschaffenheit des geologischen Substrats ist er indifferent. Ein Geophyt.

131 **Zweiblättrige Schattenblume**

Maianthemum bifolium (L.) F. W. Schmidt
Familie: Liliengewächse – Liliaceae

Beschreibung: Eine ausdauernde, 5–20 cm hohe Pflanze mit dünnem, kriechendem Wurzelstock. Der Stengel ist aufrecht, vereinzelt gewimpert, in der Mitte meist mit zwei Blättern. Drei Blätter kennzeichnen die Varietät trifolium und je ein Blatt haben die fruchtbaren Stengel. Die Blätter sind kurzgestielt und stehen am Stengel dicht beieinander. Sie sind eiförmig, spitz, mit herzförmigem Grund. Der untere Teil der Blattspreite ist vor allem an den abstehenden Nerven zerstreut gewimpert. Der Blütenstand ist eine Traube aus 2- bis 3-blütigen Scheindolden. Die Blüten sind vierzählig, sie stehen auf kurzen Stielen in den Achseln der Tragblätter, die klein und von trockenhäutiger Struktur sind. Die Blütenblätter sind sternförmig ausgebreitet, weiß bis gelblich. Die vier länglichen Staubbeutel sind etwa genauso lang oder etwas kürzer als die Blütenblätter. Der Fruchtknoten ist 2–3-fächrig, der Griffel kurz und dick. Die Frucht ist eine einsamige, kugelige Beere, die anfangs grün, später rotgetüpfelt, reif leuchtend kirschrot ist. Sie birgt einen runden Samen.

Blütezeit: April–Mai.

Areal und ökologische Ansprüche: Eine eurasiatische (zirkumpolare) Art, die kontinentales Klima bevorzugt. In Mitteleuropa ist sie vom Flachland bis zur Waldgrenze häufig; sie zeigt mäßig oligotrophen Humus, wie er durch die Zersetzung von Nadeln (Fichten-, Tannen- und Kiefernforste) oder Eichenlaub auf mageren geologischen Substraten entsteht, an. Aus phytozönologischer Sicht hat sie deshalb für keine Formation diagnostischen Wert. (Früher wurde sie als Charakterart der Klasse Vaccinio-Piceetea angeführt.) Ein Geophyt.

Wirtschaftliche Bedeutung und Wissenswertes: Zuweilen verwendet man sie bei geologischen Untersuchungen als Indikatorpflanze.

132 **Vierblättrige Einbeere**

Paris quadrifolia L.

Familie: Liliengewächse — Liliaceae

Beschreibung: Eine ausdauernde, 10–40 cm hohe Pflanze mit langem, kriechendem, schuppigem Wurzelstock. Der Stengel ist aufrecht, kahl, nur im oberen Teil beblättert. Die Blätter sind in der Regel in einem vierzähligen Quirl angeordnet. Sie sind ungestielt, elliptisch oder elliptisch-lanzettlich, spitz und mit netzartiger Nervatur. Die Blüten sind einzeln, endständig, regelmäßig, meist vierzählig, langgestielt. Die Blütenblätter sind abstehend, die äußeren lanzettlich, hellgrün, die inneren viel kleiner, linealisch und gelbgrün. Die Staubblätter haben kurze Staubfäden. Die Frucht ist eine mehrsamige, kirschgroße Beere. Sie ist schwarz und stahlblau überlaufen und mißt durchschnittlich etwa 1 cm. Die Samen sind braun, beinahe halbkugelig.

Blütezeit: April–Juni.

Areal und ökologische Ansprüche: Eine eurosibirische (auch als eurasiatisch bezeichnete) Art, die in sommergrünen Laubwäldern von den Ebenen bis zu den Mittelgebirgsbedingungen verbreitet ist. Sie ist eine nitrophile Pflanze, die im Waldboden eine völlige Mineralisierung von Laubfall und den günstigsten Zeitpunkt für die natürliche Verjüngung der Buche aus Samen [ähnlich dem Waldmeister (Galium odoratum)] anzeigt. Auf tiefgründigen, mineralreichen Böden kommt sie auf den verschiedensten geologischen Substraten vor. In der Literatur wird sie oftmals als Charakterart der Klasse Carpino-Fagetea angeführt. Ein Geophyt.

Wirtschaftliche Bedeutung und Wissenswertes: Alle Teile der Pflanze (vor allem Wurzelstock und Frucht) sind giftig. Die Vierblättrige Einbeere enthält die Glykoside Pariden und Paristyphnin, die Magen- und Darmreizung verursachen. Vergiftungen zeigen sich durch Verdauungsbeschwerden, Kopfschmerzen und Pupillenverengung. In vielen Ländern gilt sie als wertvolle Heilpflanze, Abkochungen wurden zur Wundspülung und gegen verschiedene Entzündungen verwendet.

133 **Vielblütige Weißwurz**

Polygonatum multiflorum (L.) All.
Familie: Liliengewächse – Liliaceae

Beschreibung: Eine ausdauernde Pflanze, die bis zu 80 cm hoch wird und einen unterirdischen, kriechenden, derben, verzweigten Wurzelstock ausbildet, an dem die Spuren der vorjährigen abgestorbenen Stengel zu sehen sind. Die diesjährigen Stengel sind walzig, je nach Standortbedingungen dicker oder dünner, bogig übergeneigt mit zahlreichen, zweizeilig-wechselständigen Blättern. Alle Blätter sind groß, sitzend, eiförmig, deutlich-nervig, an der Unterseite heller und oberwärts kleiner werdend. Die Blüten wachsen zu 2 bis 5 auf kurzen Blütenstielen aus den Blattachseln. Die nickenden Blüten befinden sich stets unter den Blättern. Die Blütenhülle ist im basalen Teil schmal, walzig und erweitert sich im oberen Teil. Sie ist völlig weiß, nur ihre Zipfel haben dreieckige Flecke. Die Beeren sind blauschwarz, grau bereift.

Blütezeit: Mai–Juli.

Areal und ökologische Ansprüche: Sie zählt zu den europäischen (europäisch-asiatischen) Arten mit zirkumpolarer Verbreitung. In Mitteleuropa sind das vor allem subozeanische Klimaverhältnisse in Ebenen und Hügelländern, nur seltener auch im Gebirge. Sie stellt hohe Ansprüche an den Basen-, Humus- sowie Mineralstoffgehalt im Boden. Sie ist eine Art (Kennart) der Laubmischwälder, der Klasse Carpino-Fagetea, wo sie vor allem auf lichteren und wärmeren Standorten zahlreich ist. Ein Geophyt.

Wirtschaftliche Bedeutung und Wissenswertes: In der Literatur wird sie als giftig angegeben. Sie enthält Asparagin und Glykoside; die konkrete Wirkung der Droge ist bisher noch nicht genau bekannt. Mancherorts wird sie als harntreibendes Mittel verwendet. Sie wird in Parks als Zierpflanze am Rande von Sträucherzonen und unter höheren Bäumen gepflanzt, wo sie zusammenhängende Bestände bilden kann.

134 Wasser-Schwertlilie

Iris pseudacorus L.
Familie: Schwertliliengewächse – Iridaceae

Beschreibung: Eine ausdauernde, zuweilen bis 1 m hohe Pflanze, die mit einem derben Wurzelstock im Boden befestigt ist. Der Stengel ist aufrecht, rundlich bis zusammengedrückt und mehr oder weniger ästig. Die Blätter sind frischgrün, an den Stengeln breit lanzettlich-linealisch, die unteren sind linealisch-schwertförmig, mit der Kante zum Stengel stehend, 1–3 cm breit, oft genauso lang wie der Stengel. Die Blüten sind langgestielt, groß, ansehnlich, gelb und wachsen aus den Achseln scheidiger, laubblattähnlicher Hochblätter in der Anzahl von 1–5 in einem Fächer. Die Blütenhülle besteht aus 6 Blütenblättern, die unten zu einer Röhre verwachsen sind. Die Blütenblätter des Außenkreises (3) sind eiförmig, unten zu einem Nagel verschmälert, ziemlich groß, in der Mitte dunkelgelb mit violettbrauner Nervatur und herabhängend. Die Blütenblätter des Innenkreises sind aufwärts geschlagen, lanzettlich-linealisch, kleiner und kürzer als die Narbenläppchen. Es sind 3 Staubblätter vorhanden. Der Fruchtknoten ist unterständig, dreifächrig, oben mit dem Griffel, der sich in 3 blütenblattartige Äste unterteilt. Die Frucht ist eine längliche, dreifächrige, stumpfdreieckige und vielsamige Kapsel.

Blütezeit: Mai–Juli.

Areal und ökologische Ansprüche: Sie zählt zu den eurosibirischen (eurasiatischen), ozeanischen Pflanzentypen. In Mitteleuropa kommt sie von den Ebenen bis zu den Mittelgebirgsstufen vor. Diese hydrophytische Pflanze wächst auf Moor- und Gleyböden toter Flußarme mit stehenden, bzw. langsam fließendem Wasser, das das gesamte Bodenprofil beeinflußt. Ursprünglich war diese Art in Erlenbruchwäldern (Verband Alnion glutinoso-incanae) beheimatet. Heute ist sie häufiger in bewachsenen Entwässerungskanälen, bzw. halbnatürlichen, hohen Röhrichten und Großseggenrieden (Ordnung Phragmitetalia).

Wirtschaftliche Bedeutung und Wissenwertes: Von den Schwertlilienarten ist sie die größte. Der Wurzelstock wurde früher in der Volksheilkunde verwendet. Die Blüten, mit Essig übergossen und an der Sonne getrocknet, geben einen gelben Farbstoff für Leder und Papier. Geschützt!

135 **Flatter-Binse**

Juncus effusus L.
Familie: Binsengewächse – Juncaceae

Beschreibung: Eine ausdauernde, manchmal bis über 1 m hohe, sehr dichtrasige, hellgrüne Pflanze. Der Wurzelstock ist waagerecht, kriechend und dicht mit gelbbraunen Schuppen bedeckt. Die Scheinhalme (Stengel) sind aufrecht, stielrund, glatt, in trockenem Zustand fein streifig, blattlos, nur an der Unterseite mit hellbraunen oder dunkelroten, nicht glänzenden, erweiterten Scheiden besetzt. Der Stengel der Scheinhalme ist knotenlos, glatt. Die Blätter ähneln sterilen Scheinhalmen. Die Blüten bilden eine reiche, flattrig-lockere und nur scheinber seitenständige Spirre, da sich das runde Deckblatt, in dessen Scheide die kleinen Blütenstände eingeschlossen sind, später in Wachstumsrichtung des Scheinhalmes beträchtlich verlängert und für dessen Fortsetzung gehalten werden kann. Die Einzelblüten sind klein, unscheinbar. Die 6 Blütenblätter sind schmal lanzettlich, spitz, gelbgrün oder bräunlich, mit einem breiten, häutigen Saum. Die äußeren Blütenblätter sind etwas länger als die inneren. Es sind nur drei, selten vier bis sechs Staubblätter vorhanden. Der Stempel hat einen kurzen Griffel mit 3 Narben. Die Frucht ist eine verkehrt eiförmige, glänzende, dreifächrige, oben stumpfe oder leicht vertiefte Kapsel mit dem Griffelrest in ihrer Mitte. Die Samen sind klein, hell rotbraun mit einem kleinen Anhängsel.

Blütezeit: Von Juni bis zur zweiten Septemberhälfte.

Areal und ökologische Ansprüche: Die Flatter-Binse zählt zu den zirkumpolaren Arten des ozeanischen Klimas; in Mitteleuropa ist sie von den Ebenen bis zu den Gebirgslagen verbreitet. Sie ist eine Sumpfart der Moor- und Gleyböden, deren Profil durch einen hohen Grundwasserspiegel beeinflußt wird. Das häufigste Vorkommen wurde in den Wiesen mit Pfeifengras, die im Sommer durch Sinken des Wasserspiegels austrocknen, festgestellt.

Wirtschaftliche Bedeutung und Wissenswertes: Sie hat vor allem technische Bedeutung, aus den Stengeln werden Körbe, Matten und andere Korbwaren hergestellt. Sie ist eine Heilpflanze, in der Volksheilkunde gilt sie als auszgezeichnetes Mittel bei Harnsteinbildung, bei hämorrhoidalen Beschwerden und Rheuma.

136 **Gemeine Hainbinse, Hasenbrot**

Luzula campestris (L.) DC.

Familie: Binsengewächse – Juncaceae

Beschreibung: Eine ausdauernde, 10–50 cm hohe, lockerrasige Pflanze mit kriechendem Wurzelstock und aufrechten, beblätterten Stengeln. Die Blätter sind wechselständig, scheidig, linealisch, 1–3 mm breit und mehr oder weniger bewimpert. Der Blütenstand ist eine Ährenspirre mit einem Tragblatt, das so lang oder länger als der Blütenstand ist. Die Ähren sind meist 6–10-blütig, seltener mehrblütig, kugelig, eiförmig bis länglich. Die Einzelblüten haben 6 braune, gleichlange Blütenhüllblätter, die lanzettlich, stachelspitzig, mit einem breiten häutigen Rand versehen sind. Die Frucht ist eine eiförmige, stumpfe Kapsel ohne deutlichen Schnabel. Die Samen sind eiförmig, mit einem fleischigen Anhängsel, das länger als die Hälfte der Samen ist.

Blütezeit: Zeitig im Frühjahr, von März bis Mitte Mai.

Areal und ökologische Ansprüche: Eine europäische Art ozeanischer und subozeanischer Klimabedingungen. In Mitteleuropa reicht sie von den Ebenen bis zu den Vorgebirgslagen. Sie ist eine typische Wiesenart mit Verbreitungszentrum in den Gesellschaften des Verbandes Cynosurion (Kammgraswiesen) bzw. auch Nardo-Galion (Weiden und Borstgrasbestände), wobei sie frischfeuchte, mäßig nährstoffreiche Böden mit höherem Humusgehalt anzeigt. Ein Hemikryptophyt.

137 **Blaugrüne Segge**

Carex flacca Schreb.

Familie: Riedgrasgewächse – Cyperaceae

Beschreibung: Eine ausdauernde, 20–50 cm hohe Pflanze mit kriechendem, ausläufertreibendem Wurzelstock und einem aufrechten, stumpf dreikantigen, glatten oder im oberen Teil schwach rauhen Stengel. Die Blattscheiden sind bräunlich-rot, ganzrandig, die Blattspreiten sind graugrün, schmal, spitz, fest, rauhrandig. Der Blütenstand ist aufrecht. Er besteht aus 4–5 Ähren, von denen die 2–3 unteren, walzlichen die weiblichen und die oberen, dünneren die männlichen Blüten tragen. Die weiblichen Blüten haben 3 Narben. Die Stiele der Ähren sind rauh, waagerecht abstehend, während der Reifezeit herabhängend. Die kurzscheidigen Tragblätter ähneln den Blättern, das längste untere überragt den Blütenstand, die oberen sind nur klein. Die Hüllspelzen der Ähren beider Geschlechter sind walzlich, dunkel braunrot mit einem grünlich-gelben Hauptnerv. Sie sind meist gleich lang oder etwas kürzer als die länglichen, schwach aufgeblasenen Scheinbalgfrüchte, die in der Reifezeit rotbraun sind. Der Schnabel der Frucht ist sehr kurz, unauffällig, oft gekrümmt. Die Teilfrüchtchen sind verkehrt eiförmig.

Blützeit: Mai–Juli.

Areal und ökologische Ansprüche: Die Blaugrüne Segge ist eine europäische Art, die ozeanisches Klima bevorzugt. Sie kommt von den Ebenen bis zu den Mittelgebirgsgebieten, und zwar nur in Kalkgebieten, vor. Auf Kalk- und Dolomitsubstrat zählt sie zu den Pionierpflanzen, die an der schrittweisen Besiedlung der Flachmoore beteiligt sind. Diese Art tritt erst in die fortgeschrittenen Stadien des gebildeten Rohhumus ein. Häufig ist sie in den Rasengesellschaften der Verbände Molinion und Mesobromion. Ein Geophyt.

Wirtschaftliche Bedeutung und Wissenswertes: Innerhalb dieser Art werden zwei Unterarten unterschieden, die sich vor allem durch die Dicke der Wurzelstockausläufer und die Blattbreite unterscheiden: Die Echte Blaugrüne Segge – C. f. subsp. flacca – hat dünne Ausläufer und 2–4 mm breite Blätter; die Keulenförmige Segge – C. f. subsp. claviformis (Hoppe) Schinz et Thell. – ist stattlicher, hat dickere Ausläufer und 4–7 mm breite Blätter.

138 **Behaarte Segge**

Carex hirta L.

Familie: Riedgrasgewächse – Cyperaceae

Beschreibung: Eine ausdauernde, 15–60 cm hohe, meist graugrüne Pflanze mit derbem, schuppigem, kriechendem Wurzelstock. Der Stengel ist aufrecht, fest, stumpfkantig, glatt, nur im Blütenstand rauh, die Blätter, außer den Grundblättern, sind in der Regel kürzer als der Stengel. Die Blattscheiden sind lang, meist dicht behaart, seltener kahl, nach dem Absterben braun und etwas zerfasert. Die Blattspreiten sind 2–5 mm breit, mehr oder weniger flach, gewöhnlich beiderseits behaart. Die Blütenähren sind eingeschlechtig, aufrecht, die unteren 2–3 weiblichen sind voneinander entfernt, walzlich 1–4 cm lang und 5–8 mm breit; die oberen 2–3 männlichen sitzend, angenähert, 15–30 mm lang. Die Tragblätter sind blattähnlich und kürzer bis gleich lang wie der Ährenstand. Die Spelzen der weiblichen Blüten (Schläuche) sind eiförmig-lanzettlich, blaß rostrot, an der Rückseite grün, dreinervig, langgrannig und mehr oder weniger kahl. Die männlichen Ähren haben verkehrt eiförmige, blaß rostrote und weiß gesäumte, gewimperte, an der Spitze ausgeschnittene und oft grannige Spelzen. Die Früchte sind länger als die Spelzen, eiförmig-kegelig, in einen langen, zweizähnigen Schnabel verschmälert, aufgeblasen-dreieckig, grüngelb, mit der Zeit rotbraun werdend, rippig und behaart. Die Nuß ist dreikantig, verkehrt eiförmig, etwa so lang wie 2/3 der Frucht.

Blütezeit: Mai–Juni.

Areal und ökologische Ansprüche: Die Behaarte Segge wird den eurasiatischen Arten ozeanischer Klimabedingungen zugeordnet. Das größte Vorkommen hat sie in den Ebenen, wenngleich sie auch unter Mittelgebirgsbedingungen zu finden ist. Sie zeigt mäßig saure Sandböden (besonders häufig in Inlanddünen) an. Sie ist in einer relativ breiten Skala von Gesellschaften vertreten, und zwar von den Wiesengesellschaften der Klasse Molinio-Arrhenatheretea bis zu den Waldgesellschaften der Sandkiefernforste (Dicrano-Pinion). Häufig ist sie auch in ruderalen Gesellschaften feuchter Standorte (Verband Agropyro-Rumicion crispi), an Wegen, Straßen u. a. Ein Geophyt.

139 **Wiesen-Segge**

Carex nigra (L.) Reichard

Familie: Riedgrasgewächse – Cyperaceae

Beschreibung: Eine ausdauernde, 10–50 cm hohe Pflanze, an deren Wurzelstock stets geophile Triebe vorhanden sind. Sie bildet keine Horste, der Stengel ist graugrün, scharf dreikantig, aufsteigend, manchmal bogig, im oberen Teil meist rauh, länger als die Blätter. Die Blattscheiden sind ganz, unzerfasert, bräunlich gefärbt. Die Blattspreiten sind aufrecht, rauh, spitz. Trocken rollt sich der Rand nach innen. Der traubige Blütenstand setzt sich in der Regel aus 3–5 aufrechten Ähren, 2–4 weiblichen und einer endständigen männlichen Ähre, zusammen. Die unterste Ähre ist gestielt, die oberen sind sitzend. Die weiblichen Blüten haben je zwei Narben. Die Tragblätter sind relativ kurz, nur das untere erreicht die Höhe des Blütenstandes, sehr selten reicht es darüber hinaus. Die Spelzen sind eiförmig, dunkelbraun bis schwarz, mit einer stumpfen Spitze. Sie sind kürzer und schmaler als die Früchte. Diese sind aufrecht, an der Bauchseite flach, an der Rückenseite gewölbt, mit sehr kurzem Schnabel. Die braunen Nüsse sind eiförmig bis rund.

Blütezeit: Mai–Juni.

Areal und ökologische Ansprüche: Eine zirkumpolare Segge ozeanischer Klimabedingungen. In Mitteleuropa kommt sie vor allem in Gebirgslagen, seltener auch in den Ebenen vor. Sie zeigt den oligotrophen Charakter von Wiesenmooren an und meidet Kalksubstrate oder sumpfbeeinflußtes kalkhaltiges Wasser. Sie ist Hauptbestandteil und zugleich Charakterart saurer Moorwiesen der Ordnung Caricetalia fuscae (C. fusca = Carex nigra). Ein Geophyt.

Wirtschaftliche Bedeutung und Wissenswertes: Die Wiesen-Segge ist eine der verbreitetsten Seggenpflanzen. Im Frühjahr fällt sie auf feuchten Moorwiesen durch ihre fast schwarzen Ährchen, im Sommer wiederum durch den niedrigen, dichten und bräunlich gefärbten Bestand auf.

140 **Fuchs-Segge**

Carex vulpina L.

Familie: Riedgrasgewächse – Cyperaceae

Beschreibung: Eine ausdauernde, 30–90 cm hohe Pflanze mit einem sehr stark entwickelten, kurzen, holzigen Wurzelstock und einem derben, festen Stengel, der geflügelt-dreikantig und so lang oder länger als die Blätter und sehr rauh ist. Die Blätter sind relativ breit, vor allem an den Rändern und an der Unterseite rauh. Die abgestorbenen Scheiden sind schwarzbraun. Der ährige Blütenstand besteht aus 5–10 vielblütigen, eingeschlechtigen Ähren. Die unteren sind meist weiblich, die oberen männlich. Der Blütenstand ist im unteren Teil breiter, zuweilen lappig unterbrochen, die Tragblätter sind kurzborstlich, die Hüllspelzen rostrot, rotbraun, kielartig. Die gelbbraunen Früchte sind breit eiförmig mit einem geflügelten Rand. Sie sind in einen zweizähnigen Schnabel verschmälert, der etwa ein Drittel des Fruchtknotens erreicht. Die Nuß ist gestielt, grünbraun mit 2 Narben.

Blütezeit: Mai–August.

Areal und ökologische Ansprüche: Die Fuchs-Segge gehört zu den eurasiatischen (mediterranen) Arten und kommt unter gemäßigt ozeanischen sowie gemäßigt kontinentalen Klimabedingungen vor. Eine hydrophytische Sumpfpflanze, die Moor- oder Gleyboden mit schwankendem Grundwasserspiegel, von der Überschwemmung der Erdoberfläche bis zu einem Absinken um 1–1,5 m liebt. Sie kommt regelmäßig in Großseggengesellschaften des Verbandes Magnocaricion und Phragmition, öfter jedoch in dem Verband Agropyro-Rumicion-crispi vor, wo sie zusammen mit dem Weißen Straußgras (Agrostis stolonifera) Anzeiger der Überschwemmungslinie ist. Eine sehr ähnliche Art, die C. otrubae Podpěra, [auch Carex cuprina (Sándor ex Heuff.) Nendtwich ex A. J. Kern.] wächst sehr oft mit der Fuchs-Segge an gemeinsamen Standorten. Sie unterscheidet sich von dieser durch die gelbe Farbe der Blätter, einen schwach geflügelten Stengel, die Form des Blatthäutchens und vor allem die Form der Frucht. Ihre Verbreitung ist angesichts der häufigen Verwechslung beider verwandten Arten nicht genau bekannt.

141 Gemeine Waldsimse

Scirpus sylvaticus L.

Familie: Riedgrasgewächse – Cyperaceae

Beschreibung: Eine ausdauernde, 50–100 cm hohe Pflanze mit kurzem Wurzelstock und unterirdischen Ausläufern. Die Stengel sind aufrecht, aber oft etwas übergeneigt, stumpf dreikantig, hohl, glatt, beblättert, oben in einer reichblütigen Spirre endend. Die Blätter sind lang, breit linealisch (8–12 mm), gekielt, am Kiel und am Rand rauh. Die Blüten stehen in kleinen, sitzenden, schmutziggrünen und mehrblütigen Ähren, die zu 2–5 in Büscheln angeordnet sind und zusammen eine reichblütige, zuweilen bis 30 cm lange Spirre bilden. Die Einzelblüten sind in den Achseln länglicher, feinspitziger Blätter angeordnet, sie haben 6 gerade und rauhe Blütenborsten und 3 Staubblätter. Der Griffel ist am Ende in 3 Narben geteilt. Die Frucht ist eine blaßgelbe, breit eiförmige und stumpf dreikantige Nuß.

Blütezeit: Mai bis Ende Juli, manchmal auch länger.

Areal und ökologische Ansprüche: Sie ist eine eurasiatische (zirkumpolare) Art, die in Mitteleuropa von den Niederungen bis etwa in 1000 m Seehöhe reicht. Sie kommt in den Spülsäumen der Flüsse, vor allem auf sandig-kiesigen Sedimenten, vor. Häufig ist sie in Wäldern (Verband Alnion glutinoso-incanae). Flachmoorgesellschaften und in Sümpfen (Verband Calthion). Sie bildet selbständige Gesellschaften (Assoziation Scirpetum sylvatici). Ein Geophyt.

Wirtschaftliche Bedeutung und Wissenswertes: Sehr ähnlich ist die eurasiatische Art – die Wurzelnde Simse (Scirpus radicans Schkuhr) in Gesellschaften des Verbandes Nanocyperion, die sich durch oberirdische, am Ende wurzelnde Ausläufer, mehr oder weniger gestielte, stets einzeln stehende Ähren unterscheidet.

142 **Gemeine Qecke**

Agropyron repens (L.) PB.
Familie: Süßgräser – Poaceae

Beschreibung: Ein ausdauerndes, sattgrünes oder bereiftes, 20–150 cm hohes Gras mit langem, kriechendem, gegliedertem und festem Wurzelstock mit Ausläufern. Die Halme sind aufrecht, glatt und kahl. Die Blätter sind wechselständig, die Scheiden offen, glatt, mehr oder weniger kahl, nur jung behaart, die Blattspreiten linealisch, 4–15 mm breit, am Grunde mit großen schmalen Öhrchen, an beiden Seiten rauh, die Nerven sind klein, durchscheinend. Das Blatthäutchen ist kurz. Die Ähre ist aufrecht, aus 15–20 Ährchen bestehend, etwa 10 cm lang. Die Ährchen sind eiförmig-lanzettlich, an den Seiten abgeflacht, 3–5, seltener auch mehrblütig, 0,8–1,8 mm lang. Die Hüllspelzen sind fast gleich, 6–12 mm lang, 5-(7–9) nervig, manchmal mit begrannter Spitze. Die Ähre ist zerfallend, die Ährchen fallen ganz ab. Die Frucht ist eine berindete Karyopse (Korn) von linealisch-länglicher Form, in der Regel kurz begrannt, etwa 7 mm lang, grauweiß bis gelblich.

Blütezeit: Hauptsächlich im Juni und Juli.

Areal und ökologische Ansprüche: Sie gehört zu den eurasiatischen Arten mit Vorkommen in subkontinentalem bis kontinentalem Klima. In Mitteleuropa ist sie von den Ebenen bis zu den Mittelgebirgslagen verbreitet. Sie besiedelt alle bearbeiteten Böden, besonders auf lehmig-sandigem Grund, in Gärten und Feldern. Sie gilt als Charakterart dieser Standorte (Klasse Secalietea). Im Boden erfordert sie einen höheren Mineralstoff- und Humusgehalt. Sie zeigt einen mäßig sauren Boden an.

Wirtschaftliche Bedeutung und Wissenwertes: Die Gemeine Quecke verbreitet sich durch Samen, die nach dem Ausreifen gut keimen, aber vor allem vegetativ durch den Wurzelstock. Sie ist sehr unempfindlich und widerstandsfähig gegenüber ungünstigen Einflüssen (höhere Temperaturen, Trockenheit, Frost). Sie entzieht anderen Pflanzen Feuchtigkeit und eine Menge Nährstoffe. Der Nutzen der Quecke ist gering. Halme und Blätter werden verfüttert, die Wurzelstöcke sind reich an Kohlenhydraten und können nach Säuberung ebenfalls verfüttert (am besten in gemahlenem Zustand) werden. Eine Abkochung aus dem Wurzelstock wurde in der Volksheilkunde als harntreibendes Mittel, bei Katarrhen, Verschleimung usw. verwendet.

143 Gemeines Straußgras, Rot-Straußgras

Agrostis tenuis Sibth.
Familie: Süßgräser – Poaceae

Beschreibung: Ein ausdauerndes, locker- oder dichtrasiges Gras mit kurzem, ausläufertreibendem Wurzelstock. Die Halme wachsen bis in eine Höhe von 70 cm, sind aufrecht oder aufsteigend, dünn, nur unterhalb der Rispe schwach rauh. Die Blätter haben glatte Scheiden, ein kurzes (2 mm), schräg gestutztes bis unscheinbares Blatthäutchen und flache, lang zugespitzte, schmal-linealische Spreiten. Die reichblütige Rispe ist auch nach der Blütezeit ausgebreitet, ihre Ästchen sind dünn, glatt, abstehend, gerade oder etwas gekrümmt, die Ährchen sind in ihrer ganzen Länge ebenso ausgebreitet und nach allen Seiten abstehend. Die einblütigen Ährchen sind braunviolett oder gelblich, die spitzen Hüllspelzen sind einnervig, die Deckspelzen eiförmig, stumpf, im unteren Teil mit 3–5 schwachen Nerven, oben abgerundet, gezähnt, grannenlos. Die Vorspelzen sind halb so lang wie die Deckspelzen.

Blütezeit: Juni–Juli.

Areal und ökologische Ansprüche: Es ist eine eurosibirische Pflanze subozeanischer bis ozeanischer Klimabedingungen, die von den Ebenen bis zu den Gebirgs- (Hochgebirgs-) Lagen verbreitet ist. Eine Pflanze, die eine breite Spanne von ökologischen Ansprüchen und deshalb auch eine sehr vielfältige Beteiligung an den Pflanzengesellschaften aufweist. Sie kommt in mageren Rasengesellschaften der Ordnung Nardetalia und Klasse Sedo-Scleranthetea, aber auch in Waldgesellschaften wie Kiefernwäldern auf Flugsand (Dünen) (Dicrano-Pinion) u. a. vor. Sie gilt als Anzeiger von ausgewaschenen Böden (Podsole), wo sich Humus und lehmige Teilchen in tieferen Bodenhorizonten befinden. Ein Hemikryptophyt.

Wirtschaftliche Bedeutung und Wissenswertes: Das Gemeine Straußgras zählt zu den weniger wertvollen Gräsern. Auf trockenem und magerem Boden muß es jedoch hoch geschätzt werden, denn es ergibt besseres Heu und reicheres Weidefutter als Borstgras oder andere Gräser, die auf solchen Substraten wachsen.

144 **Wiesen-Fuchsschwanz**

Alopecurus pratensis L.
Familie: Süßgräser – Poaceae

Beschreibung: Ein ausdauerndes, frischgrünes Gras. Es hat einen ausläuferbildenden Wurzelstock und einen aufrechten Halm. Manchmal ist der untere Teil des Halms kurz kriechend und an den Knoten wurzelnd. Die Blätter sind linealisch, lanzettlich, an der Oberseite mäßig rauh, scheidig. Die Scheide des obersten Blattes ist meist aufgeblasen. Die Blatthäutchen sind fast quadratisch mit stumpfer Spitze. Der Blütenstand ist eine walzige Scheinähre mit sehr vielen Ährchen. Sie haben breit linealische Form und kurze Stiele. Sie sind einblütig. Die Blüten haben je 2 fadenförmige Narben und 3 Staubgefäße. Die Staubbeutel sind schmutzigviolett. Die Hüllspelzen sind am Grunde oft bis zur Hälfte verwachsen, breit lanzettlich, am Mittelnerv gewimpert. Die Deckspelze ist dreinervig, mit gewimpertem Rand. Die Granne ist doppelt so lang wie die Deckspelze, sie ist gerade oder knotig. Vorspelzen und Schwellkörper (Lodiculae) fehlen. Die Frucht ist ein länglich-eiförmiges, in Hüll- und Deckspelzen gehülltes Korn.

Blütezeit: Mai–Juli.

Areal und ökologische Ansprüche: Der Wiesen-Fuchsschwanz zählt zu den eurosibirischen (eurasiatischen) Arten subozeanischer Klimabedingungen mit relativ häufigem Vorkommen von den Ebenen bis zu den Gebirgslagen. Er ist eine Wiesenart, die mineral- und humusreiche, frischfeuchte Böden anzeigt. Am häufigsten ist er auf Alluvialböden, wo er breite Bestände sehr produktiver Wiesen ausbildet (Charakterart des gleichnamigen Verbandes Alopecurion). Ein Hemikryptophyt.

Wirtschaftliche Bedeutung und Wissenwertes: Er wird als Kulturfuttergras angebaut. Er ist ziemlich frostfest und hält einer längerdauernden Schneedecke stand. Bei Konkurrenz mit anderen Arten gedeiht er nicht. Er eignet sich für Kulturwiesen auf magerem Boden. Unter den Klimaverhältnissen Mitteleuropas kann er als eines der häufigsten und produktivsten Gräser bezeichnet werden.

145 Gemeines Ruchgras

Anthoxanthum odoratum L.
Familie: Süßgräser – Poaceae

Beschreibung: Ein ausdauerndes, gelblich-grünes Gras mit büscheligem Wurzelstock. Die Halme sind aufsteigend oder aufrecht, glatt, mäßig rauh oder dünn kurzhaarig. Die Blätter haben flache, zugespitzte Spreiten mit gewimpertem Grund. Sie sind relativ lang, abgestumpft, am Rand mit gezähnten Blatthäutchen. Der Blütenstand ist eine ährige, sehr zusammengezogene, länglich-walzige Rispe. Die Ährchen sind einblütig und kurzgestielt. Sie haben vier lanzettliche Hüllspelzen, die äußeren zwei sind ohne Grannen, die inneren sind begrannt. Die Deckspelzen der unteren Ährchen sind kurz behaart. Die Blüten haben zwei Staubblätter und zwei fadenförmige Narben. Die Staubbeutel sind nach dem Verblühen bräunlich gefärbt. Das Korn ist klein, elliptisch, in ausdauernde Deckspelzen gehüllt.

Blütezeit: April–August.

Areal und ökologische Ansprüche: Das Gemeine Ruchgras gehört zu den europäischen (eurasiatischen) Arten ozeanischer Klimabedingungen. Es ist ein anspruchsloses, lichtliebendes Gras, das von den Niederungen bis zu den Gebirgslagen verbreitet ist. Es kommt auf mäßig sauren, mäßig humosen, lehmig-sandigen (und rein sandigen) Böden vor und zwar in den Gesellschaften der Viehweiden (Verband Cynosurion), wo es eine führende Stellung in der Assoziation Anthoxantho-Agrostietum hat und Bergwiesen (Ordnung Nardetalia) sowie in lichten Wäldern (Dicrano-Pinion). Ein Hemikryptophyt.

Wirtschaftliche Bedeutung und Wissenswertes: Es gilt als Futtergras mittlerer Qualität. Da es weiche Blätter hat, wird es vom Weidevieh gern gefressen, sein Nährwert ist allerdings gering. Nach der Aussaat wird es hart und büßt an Qualität ein. Man sät es zuweilen in einem Gemisch mit anderen Gräsern aus. Der Duft des Ruchgrases stammt von Cumarin – einem Anhydrid der Cumarinsäure, das bei der Trocknung frei wird. Cumarin wirkt auf Blutkreislauf, Herz und Atmungsorgane. Als Aromastoff wurde es dem Schnupftabak und Alkohol hinzugefügt. In Gebirgsgegenden wächst die verwandte Art Anthoxanthum alpinum A. et D. Löve (richtiger: A. nipponicum Honda – Japanisches Ruchgras). Sie unterscheidet sich durch die diploide Chromosomenzahl, durch kürzere und dichtere Rispen mit einer längeren Granne.

146 Gemeines Zittergras

Briza media L.
Familie: Süßgräser – Poaceae

Beschreibung: Ein ausdauerndes Gras, das lockere Horste bildet. Der Wurzelstock ist kurz ausläufertreibend, die Halme sind aufrecht. Die Blätter haben etwa 4 mm breite Spreiten mit rauhen Rändern, glatten Scheiden und kurzen Blatthäutchen mit gestutztem Ende. Der Blütenstand ist eine locker ausgebreitete, pyramidenähnliche Ährenrispe. Sie hat glatte, sehr dünne, krumme Ästchen, an deren Spitzen rund-eiförmige oder herzförmige Ährchen angeordnet sind. Sie sind 3–12-blütig. Die Deckspelzen sind aufgeblasen, fünfnervig. Die Vorspelzen haben häutige Konsistenz, eine ausgeschnittene Spitze und sind grünlich oder violett. In den Blüten sind 2 Narben und 3 Staubblätter.

Blütezeit: Mai–September.

Areal und ökologische Ansprüche: Eine europäische (eurasiatische), von den Ebenen bis zu den Gebirgslagen verbreitete Art des ozeanischen Klimas. Es ist eine lichtliebende Wiesenpflanze, die mäßig humose, mäßig saure, frischfeuchte, abgelagerte Böden anzeigt. In der Regel meidet es den Kalkuntergrund. Das Zittergras kommt in den verschiedensten Grasgesellschaften wie Pfeifengraswiesen der Ebenen und Hügelländer (Verband Molinion), magere Glatthaferwiesen (Ordnung Arrhenatheretalia), Borstgrasbestände (Verband Nardion), Saumgesellschaften der Laubwälder (Cirsio-Brachypodion) u. a. vor. Ein Hemikryptophyt.

Wirtschaftliche Bedeutung und Wissenswertes: Es wird als Bestandteil von Grassamen für den Anbau von Wiesen mittlerer Qualität verwendet. Allein hat es relativ geringen Nährwert.

147 Gemeines Knäuelgras (Knaulgras)

Dactylis glomerata L.
Familie: Süßgräser – Poaceae

Beschreibung: Ein ausdauerndes, graugrünes Gras, das in dichten Horsten wächst. Der Wurzelstock bildet zuweilen kurze Ausläufer aus. Die Halme sind aufrecht, auffällig knotig. Die Blätter haben eine relativ breite, vor allem am Rand und an den Nerven rauhe Spreite, geschlossene Scheiden und spitze, manchmal 1 mm lange Blatthäutchen. Der Blütenstand ist eine Ährenrispe, jung ährig zusammengezogen, später locker, mit abstehenden, rauhen, dünnen Ästchen. Die Ährchen sind kopfig an ihren Enden angehäuft, abgeflacht, 2–3-blütig, die oberste Blüte ist reduziert. Die Hüllspelzen sind lanzettlich, in einer kurzen Granne endend, die Deckspelzen sind eiförmig, lanzettlich, gewimpert. Die Frucht ist ein Korn mit runzeliger Oberfläche.

Blütezeit: Mai–August.

Areal und ökologische Ansprüche: Ein eurasiatisch-mediterran verbreitetes Gras, das sein Optimum unter ozeanischen Klimabedingungen hat. Es ist häufig von den Ebenen bis zu den Gebirgslagen und gedeiht auf humosen, mineralreichen Böden der Wiesen (Charakterart der Klasse Molinio-Arrhenatheretea), bzw. auf gut gedüngten Kulturrasen. Dieses Gras hat einen hohen Produktionsertrag und Futterwert. Ein Hemikryptohpyt.

Wirtschaftliche Bedeutung und Wissenswertes: Es wird als eines der anspruchslosesten und produktivsten Gräser angesehen. Ähnlich dem Deutschen Weidelgras (Lolium perenne L.) und dem Weide-Kammgras (Cynosurus cristatus L.) ist es tritt- und bißverträglich und gedeiht gut auf richtig bewirtschafteten Weiden. Sein massenhaftes Vorkommen auf Naturwiesen verweist auf gute Stickstoffvorräte im Boden. Aus taxonomischer Sicht ist es eine interessante Art, da es mehrere Unterarten bildet, die sich durch unterschiedliche Chromosomenzahlen – diploide und tetraploide Serien – unterscheiden.

148 **Wiesen-Schwingel**

Festuca pratensis Huds.
Familie: Süßgräser – Poaceae

Beschreibung: Ein ausdauerndes, hohes Gras mit kurzem, kriechendem Wurzelstock. Aus diesem gehen säbelig aufsteigende, knotige Halme hervor, die etwa 3 Blätter tragen. Der oberste Knoten befindet sich in der Hälfte des Halmes. Die Ausläufer durchstoßen die Scheiden der unteren Blätter. Alle Blätter haben offene, glatte Scheiden, ein kaum merkliches Blatthäutchen ohne Ohren, flache, glatte, breite Spreiten und zahlreiche schwache Nerven. Die etwa 20 cm lange Rispe ist meist gerade oder nur am Ende schwach nickend, schmal, einseitswendig, vor und nach der Blütezeit zusammengezogen. Die Ästchen der Rispe sind glatt, selten schwach rauh. Die einzelnen Ährchen sind gestielt, meist mit 7–8 Blüten. Ihre Hüllspelzen sind grün, lanzettlich, rundlich, sehr selten fein spitzig, kahl, am Rand des oberen Teils schmal trockenhäutig, die obere Hüllspelze ist länger als die untere. Die Deckspelzen sind eiförmig, lanzettlich, breitspitzig, grannenlos, der Fruchtknoten ist dünn behaart. Das Korn ist länglich, verkehrt eiförmig, an der Bauchseite mit einer breiten Furche.

Blütezeit: Juni und Juli.

Areal und ökologische Ansprüche: Ein eurasiatisch-kontinentaler Schwingelgrastyp, der von den Ebenen bis zu den Vorgebirgslagen verbreitet ist. Der Wiesen-Schwingel ist eine lichtliebende Wiesen- und Weidepflanze, die nährstoffreichen, wechselfeuchten bis nassen, humosen, tonig-lehmigen Boden bevorzugt. Er wird als Charakterart der Klasse Molinio-Arrhenatheretea angeführt, und kommt häufig in den Gesellschaften des Wiesen-Fuchsschwanzes (Verband Alopecurion), in wärmeliebenden Rasengesellschaften (Mesobromion) und auf Weiden (Verband Cynosurion) vor. Ein Hemikryptophyt.

Wirtschaftliche Bedeutung und Wissenswertes: Seit jeher wird der Wiesen-Schwingel als gutes Wiesengras geschätzt. In seinem nicht sehr dichten Bestand gedeihen gut auch Gräser und Wiesenarten, die nicht nur gutes Heu geben, sondern auch eine gute Weide für das Vieh sind. Deshalb wird er bei der Ausaat von künstlichen Klee- und Grasbeständen und als Bestandteil von Rasen mit verwendet.

149 **Echter Schaf-Schwingel**

Festuca ovina L.

Familie: Süßgräser – Poaceae

Beschreibung: Ein ausdauerndes, dichte Horste bildendes, 20–70 cm hohes, grünes oder graugrünes Gras mit in Scheiden gehüllten Ausläufern. Die Halme sind dünn und unter dem Blütenstand rauh oder kurzhaarig. Die Blätter der sterilen Ausläufer haben fast bis zum Grunde offene Scheiden. Die Blattspreiten sind vor allem bei den Ausläufern rund, fädlich bis fein borstlich, 0,3–0,6 mm dick, unbereift, an der Spitze rauh und kurzhaarig. Das Blatthäutchen ist sehr klein, unscheinbar und geöhrt. Der Blütenstand, eine Rispe, ist im Umriß eiförmig, länglich, aufrecht, dicht, 2–12 cm lang, mit rauher Achse und Ästchen. Die Ährchen sind 2–5-blütig, deutlich gestielt, 5–8,5 mm lang, dicht, oft violett. Die Deckspelzen sind glatt oder schwach rauh, 2,5–4,5 mm lang mit einer 0,5–2,3 mm langen Granne. Die Frucht ist ein Korn.

Blütezeit: Von Ende Mai bis Anfang August.

Areal und ökologische Ansprüche: Der Schaf-Schwingel zählt zu den eurosibirischen Arten, die vor allem unter ozeanischen Klimabedingungen verbreitet sind. Häufig ist er in den Ebenen und Hügelländern, seltener in Gebirgslagen. Er ist ein guter Anzeiger von mäßig sauren (oft auch salzbeeinflußten) Böden verschiedenster Art (lehmige bis leichtsandige Böden).

Wirtschaftliche Bedeutung und Wissenswertes: Der Schaf-Schwingel ist sehr widerstandsfähig bei Trockenheit. Zusammenhängende Bestände bildet er nicht. Seine Bedeutung und der recht beträchtliche wirtschaftliche Wert kommen nur bei trockenen Weidenhängen zur Geltung, wo keine anderen Gräser wachsen. Er bietet nur eine bescheidene, vor allem für Schafe geeignete Weide.

150 Deutsches Weidelgras, Englisches Raygras

Lolium perenne L.
Familie: Süßgräser – Poaceae

Beschreibung: Ein ausdauerndes, 20–70 cm hohes, dunkelgrünes, dichte Horste bildendes Gras. Die Halme sind aufrecht oder geknickt aufsteigend, glatt, unverästelt, manchmal zusammengedrückt. Die Blätter haben glatte und kahle, offene Scheiden, die im unteren Teil violett und flach sind. Die 2–4 mm breiten Spreiten sind weich, glatt oder an der Oberseite rauh. Das Blatthäutchen ist sehr kurz und gestutzt. Die Blüten stehen in Ährchen, die zusammen eine schlanke, lockere oder dichtere, oft bis 20 cm lange, zweiseitige Scheinähre bilden. Die Ährchen sind aufrecht, 4–12-blütig, gelbgrün und seitlich zusammengedrückt, sie haben, bis auf das endständige, nur eine Hüllspelze, die etwa ein Drittel kürzer als das Ährchen ist. Die Deckspelzen sind ohne Granne. Die Einzelblüten sind zweigeschlechtig, sie haben 3 Staubblätter und einen oberständigen Fruchtknoten. Die Frucht ist ein längliches Korn.

Blütezeit: Von Mai bis zum Herbst.

Areal und ökologische Ansprüche: Das Deutsche Weidelgras ist eine europäische Art der subozeanischen und ozeanischen Klimagebiete und ist von den Ebenen bis zu den Gebirgslagen verbreitet. Der Hauptschwerpunkt seines Vorkommens konzentriert sich auf Weiden (Verband Cynosurion) wo es im Boden ausreichend Mineralnährstoffe, Stickstoff und Feuchtigkeit findet. Ähnliche Verhältnisse zeigt es auch auf Pfaden und Wegen an, die mit Gesellschaften des Verbandes Polygonion avicularis bewachsen sind. Häufig wird es auch auf Rasen und in Parks, auf Spielplätzen und in Gärten ausgesät. Ein Hemikryptophyt.

Wirtschaftliche Bedeutung und Wissenswertes: Es wird als Kulturgras angebaut. In grünem Zustand bildet es ein zartes und schmackhaftes Futter. Das Heu ist allerdings verhältnismäßig hart. Die Ausdauer dieses Grases wird durch richtige Behandlung unterstützt, vor allem durch häufiges Mähen noch vor der Blütezeit und durch Abweiden. Auf den Viehweiden ist es ein recht ausdauerndes Gras; auf Wiesen, wo es zum Blühen kommt, hält es nur 3–5 Jahre aus, bleibt aber durch Aussaat erhalten. Es verträgt keine strengen Fröste und langdauernde Schneedecken. Der Pollenstaub bewirkt zum Teil Allergiezustände.

151 Nickendes Perlgras

Melica nutans L.

Familie: Süßgräser – Poaceae

Beschreibung: Ein ausdauerndes, 30–60 cm hohes Gras, dessen Wurzelsystem von einem dünnen, langen Wurzelstock mit zahlreichen Seitenausläufern gebildet wird. Die Halme sind ähnlich wie bei dem Einblütigen Perlgras (Melica uniflora) dünn und schwach und vor allem die nichtblühenden Sprosse meist sehr lang. Die Oberfläche der Halme ist gewöhnlich glatt. Es hat maximal 6 Blätter mit rauhen, bis purpurrot gefärbten Scheiden. Der Rand der 3–5 mm breiten Blattspreiten ist eingerollt und zerstreut bewimpert. Die Blattoberseite ist rauh, die Unterseite glatt. Das Blatthäutchen ist sehr kurz, gestutzt, von bräunlicher Farbe. Die Blüten sind in einer Ährenrispe angeordnet, die dünne, einander angenäherte Seitenästchen hat. Jedes von ihnen trägt mindestens ein Ährchen auf einem kurz behaarten Stiel. An den unteren Ästchen sind meist 2–3 Ährchen. Die Ährenrispe ist bereits während, vor allem aber nach der Blütezeit nickend. Nach diesem charakteristischen Merkmal hat dieses Gras seinen Namen erhalten. Die Blüten sind zweigeschlechtig. Die Hüllspelzen sind fast gleichgroß, rotbraun mit weißlichem Rand. Die Deckspelzen enden in einer trockenhäutigen Spitze ohne Granne. Sie sind relativ dünn, rauh, typisch durch ihre 7–9 Nerven. Die Frucht ist ein Korn.

Blütezeit: Mai und Juni.

Areal und ökologische Ansprüche: Es zählt zu den eurasiatischen, unter ozeanischen Klimabedingungen verbreiteten Arten. In Mitteleuropa besitzt es ein mosaikartiges Areal, da es an vielen Stellen der Hügelländer fehlt. Es ist an basische Gesteine und wärmere Hänge gebunden und bildet eine Waldart mesophiler Laubmischwälder (Klasse Carpino-Fagetea), wärmeliebender Eichen-Mischwälder (Klasse Quercetea pubescentis-petraeae), ihrer Mäntel und Säume. Ein Geophyt.

Wirtschaftliche Bedeutung und Wissenwertes: Im Volksmund wird es wegen der glänzenden, rundlichen, perlenähnlichen Ähren auch einfach Perlgras genannt.

152 **Rohr-Glanzgras**

Phalaris arundinacea L.
Familie: Süßgräser – Poaceae

Beschreibung: Eine ausdauernde, 1/2–3 m hohe, graugrüne, dem Gemeinen Schilf ähnelnde Pflanze. Sie hat einen kriechenden, gegliederten und schuppigen Wurzelstock. Die Halme sind aufrecht, glatt, unten schuppig, die Blattscheiden sind glatt, nur an den unteren Blättern mitunter rauh. Die Blattspreiten sind flach, 7–20 mm breit, wenig rauh, mit zerfasertem, bis 6 mm langem Blatthäutchen. Der Blütenstand ist eine 10–20 cm lange, deutlich gelappte, relativ schmale, meist einseitswendige, nur in der Blütezeit ausgebreitete, hellgrüne oder rötliche Rispe. Die Ährchen sind gestielt, einblütig. Die Blüten sind zweigeschlechtig und haben gleichgroße Hüllspelzen.

Blütezeit: Juni und Juli.

Areal und ökologische Ansprüche: Eine zirkumpolare Art, die vor allem in den Ebenen vorkommt, unter Hügelland- und Gebirgsbedingungen hingegen nur an Flüssen zu finden ist. Das Rohr-Glanzgras ist ein Sumpfhydrophyt, der auf Moor- bis Gleyböden und litoralen Sandsedimenten entlang der Flüsse und Bäche sowie an stehenden Gewässern toter Flußarme verbreitet ist. Gegenüber dem Basengehalt des Bodens ist es indifferent, verlangt jedoch einen höheren Humusgehalt. Es bildet selbständige, umfassendere Bestände (Assoziation Phalaridetum arundinaceae), häufig auch in Auenwäldern (Verband Salicion albae, Alnion glutinoso-incanae) und Erlenbrüchen (Verband Alnion glutinosae).

153 **Wiesen-Lieschgras, Timothee**

Phleum pratense L.
Familie: Süßgräser – Poaceae

Beschreibung: Ein ausdauerndes, 20–100 cm hohes, hellgrünes Gras mit kurzem, kriechendem Wurzelstock, aus dem nichtblühende Blattbüschel und daneben Halme herauswachsen. Die Halme sind beblättert, aufrecht oder aufsteigend, glatt, mit 4–6 Knoten. Die Blätter sind rauh, linealisch, gleichmäßig zugespitzt, 3–8 mm breit und sehr lang. Die Blattscheiden sind kahl, glatt und offen, das Blatthäutchen häutig, gelbweiß, 2–5 mm lang. Die Blüten stehen in Ährchen, die zusammen eine gleichmäßig geformte, schmal walzliche, 2–15 cm lange, hellgrüne, selten lilafarbige Scheinähre bilden. Die Ährchen sind sitzend, klein, einblütig, seitlich zusammengedrückt, und dicht gedrängt. Die Hüllspelzen sind länglich, locker, weißlich-trockenhäutig, in der Mitte (am Kiel) abstehend bewimpert und jäh in einer kurzen, festen Granne endend. Auch die Deckspelzen sind weißlich-trockenhäutig, kahl und dreinervig. Die 3 Staubblätter haben längliche, violette Staubbeutel. Der Fruchtknoten hat zwei Griffel mit federigen Narben. Die Frucht ist ein eiförmiges, bräunliches Korn.

Blütezeit: Mai–August.

Areal und ökologische Ansprüche: Das Wiesen-Lieschgras zählt zu den eurasiatischen Pflanzenarten mit Vorkommen unter ozeanischen Klimabedingungen. In Mitteleuropa reicht es von den Ebenen nur bis zu den Vorgebirgslagen. Im Gebirge ist es, außer auf künstlich angelegten Rasen, selten. Es ist eine Grasart der gut gedüngten Wiesen und Weiden. Früher galt es als Charakterart des Verbandes Arrhenatherion.

Wirtschaftliche Bedeutung und Wissenswertes: Es ist wohl das bekannteste Kulturgras, das häufig auf Wiesen und Weiden gesät wird und eine gute Ernte bringt. Es ist tritt- und bißverträglich und wächst schnell nach. Als Futterpflanze ist es sehr schmackhaft und wertvoll, das Heu ist mäßig hart. In feuchteren Lagen ist es von niedrigerem Wuchs und bildet mehr Blattmasse aus. Natürlicher sind für dieses Gras höhere Lagen, während es im Flachland in Naturbeständen weniger vorkommt. Es verträgt Fröste und ausdauernde Schneedecken gut. Das Einatmen der Pollen ruft bei manchen Menschen Allergiezustände hervor.

154 **Gemeines Schilf**

Phragmites australis (Cav.) Trin. ex Steud.
Familie: Süßgräser – Poaceae

Beschreibung: Ein ausdauerndes, etwa 2–4 m hohes Gras mit festem hartem Halm, mit einem mächtigen, kriechenden, schuppigen, lange Ausläufer treibenden Wurzelstock im Boden wurzelnd, aus dem zahlreiche nichtblühende und blühende Halme hervorgehen. Die Halme sind glatt, kahl, glänzend, hohl, aufrecht, durch viele Knoten unterteilt, die hohlen Teile sind mit langen Blattscheiden, die die Festigkeit der Halme erhöhen, bedeckt. Die großen Blätter stehen meist in zwei Zeilen, sie haben lang zugespitzte, flache, graugrüne Blattspreiten und werden bis 50 cm lang. Die Blatthäutchen werden durch einen mehrreihigen weißen Haarkranz ersetzt, über dem ein schmaler, schwarzer Strich zu sehen ist, der sich an den Öhrchen zu zwei dunklen Dreiecken erweitert. Die sehr reichblütige violettbraune Rispe ist meist leicht einseitswendig, mit nickender Spitze. Die Rispenästchen haben unten silbrige Haarbüschel, ebenso auch die Stiele der zweigeschlechtigen (oberen) Blüten in den Ährchen. Die Ährchen sind 3–7-blütig, nur die untere Blüte ist männlich, mit einem kahlen Stiel.

Blütezeit: Juni–Oktober.

Areal und ökologische Ansprüche: Eine zirkumpolare bis kosmopolitische Art, die in den Ebenen bis hinauf zu den Gebirgslagen (in der BRD bis zu 900 m Seehöhe) vorkommt. Das Gemeine Schilf ist ein Sumpfhydrophyt, der in den Ebenen ausgedehnte, monodominante Bestände bildet und zwar entweder an zuwachsenden toten Flußarmen oder an den Rändern von Wasserflächen (Kanäle und Fischteiche). Es liebt Moor- und Torfgleyböden, die das ganze Jahr unter Wasser stehen. Es ist die Charakterart der gleichnamigen Ordnung Phragmitetalia, kommt aber auch oft in Sumpfwäldern vor.

Wirtschaftliche Bedeutung und Wissenswertes: Es zählt zu den größten Gräsern und hatte vor allem in der Vergangenheit eine große wirtschaftliche Bedeutung. Wegen der umfassenden Nutzung wurden seine Bestände meist erst im Winter gemäht. Es wurde für die verschiedensten baulichen Zwecke (Dächer, Schuppen, Scheunen) als Putzunterlage, Streugras und Heizmaterial verwendet.

155 **Einjähriges Rispengras**

Poa annua L.

Familie: Süßgräser – Poaceae

Beschreibung: Ein einjähriges oder zweijähriges, nur selten (in höheren Lagen) ausdauerndes, niedriges, sattgrünes, an der Basis rasig verzweigtes und ausläuferbildendes Gras mit Büschelwurzel. Die Halme sind aufsteigend oder aufrecht, glatt, 5–35 cm lang. Die Blätter haben glatte, seitlich zusammengedrückte Scheiden und hellgrüne, lange, schmale Spreiten, die weich, am Rand etwas rauh und am Ende kapuzenförmig sind. Die Blatthäutchen an den unteren Blättern sind gestutzt, etwa 1 mm lang, an den oberen Blättern länger und spitz. Die Blüten stehen in 3–5-blütigen, seltener in mehrblütigen, gestielten, eiförmigen, 4–6 mm langen Ährchen, die zusammen eine Ährenrispe bilden. Die Ährchenhüllspelzen sind unterschiedlich, die untere ist kürzer und einnervig, die obere länger und dreinervig, beide sind stumpf und am Kiel glatt. Die einzelnen Blüten sitzen zwischen der Deck- und der Vorspelze, sie haben 3 Staubblätter und einen oberständigen Fruchtknoten mit federigen Narben. Die Deckspelze ist eiförmig, stumpf, undeutlich 5-nervig, am Rand häutig, am Kiel weichhaarig, die Frucht ist ein 2 mm langes, flaches Korn, das an der Rückenseite eine schmale Furche besitzt.

Blütezeit: Beinahe das ganze Jahr über, vom zeitigen Frühjahr bis zum Spätherbst.

Areal und ökologische Ansprüche: Ein zirkumpolares, einjähriges Gras, das an stickstoffreiche, lehmig-tonige bis sandige Trittböden gebunden ist. Es ist eine gemeine Art der Äcker (Klasse Secalietea), festgetretener Wege und Straßen (Verband Polygonion avicularis), fetter Weiden (Verband Cynosurion), auf Höfen und in der Umgebung von Wochenendhäuschen. Ein Therophyt.

Wirtschaftliche Bedeutung und Wissenswertes: Das einjährige Rispengras zählt zu den sehr variablen Arten mit einer Vielzahl taxonomischer Untereinheiten. Es hat einen hohen Futterwert und wird vom Vieh gern geweidet. Es ist aber wenig ertragreich und verträgt die Konkurrenz anderer Gräser nicht, deshalb kommt sein Anbau nicht in Frage. Es eignet sich gut zur Bildung von weichen Rasenfläche.

156 Hain-Rispengras

Poa nemoralis L.

Familie: Süßgräser – Poaceae

Beschreibung: Ein ausdauerndes, lockere oder dichte Horste bildendes, 15–100 cm hohes, frischgrünes Gras mit äußeren, scheidigen, blütentragenden Ausläufern. Die Halme sind kurz aufsteigend bis aufrecht, regelmäßig beblättert, ebenfalls mit Scheiden, glatt oder schwach rauh. Die Knoten sind von den nur am Grunde geschlossenen Blattscheiden nicht verdeckt. Die Blattspreiten sind schmal linealisch, flach, selten entlang des Hauptnervs gefaltet, 0,5–4,5 mm breit, glatt, mit feiner Spitze, waagerecht abstehend bis herabgebogen. Die oberste Blattspreite ist so lang oder länger als die Scheide. Das Blatthäutchen ist gestutzt, kurz. Die Blütenrispe ist aufrecht, länglich, locker, 3–15 cm lang, nach dem Verblühen eng zusammengezogen, rauhästig. Die Ährchen sind lanzettlich, 1- bis 7-blütig, grün und gelbbraun, die Hüllspelzen lanzettlich, dreinervig, mit scharfer Spitze, am Kiel in der oberen Hälfte rauh. Die Deckspelzen sind ebenfalls lanzettlich, undeutlich fünfnervig, am Kiel fast zu zwei Dritteln weichhaarig und unter der Spitze meist gelbgrün gefleckt. Die Frucht ist ein stumpf dreikantiges Korn.

Blütezeit: In den Sommermonaten Juni bis August.

Areal und ökologische Ansprüche: Das Hain-Rispengras zählt zu den zirkumpolaren Pflanzen subozeanischer Klimabedingungen. In Mitteleuropa ist es im Flachland und in der Vorgebirgsstufe, vor allem auf Kalksubstrat, bis 1000 m Seehöhe verbreitet. Es ist eine Art der Laubmischwälder auf mineralreichem, humosem, lehmigem, aber auch steinigem Boden und zeigt gut verteilte Pflanzenabfälle im Boden an. Es wird als Charakterart der Klasse Carpino-Fagetea angeführt, ist jedoch auch in deren Ersatz- und Saumgesellschaften häufig. Ein Hemikryptophyt.

Wirtschaftliche Bedeutung und Wissenswertes: In der Praxis wird es relativ wenig genutzt. Im Frühjahr entwickelt es sich sehr zeitig, bietet dem Weidevieh ein sehr gutes Futter, aber nur vor der Blütezeit, da es dann hart wird. Es wird als Bestandteil von Zierrasen verwendet. Es ist tritt- und bißunverträglich.

157 **Wiesen-Rispengras**

Poa pratensis L.

Familie: Süßgräser – Poaceae

Beschreibung: Ein ausdauerndes, 10–60 (120) cm hohes, sattgrünes oder graugrünes Gras mit büscheligem Wurzelstock und langen, in Scheiden gehüllten, unterirdischen Ausläufern. Die Halme sind aufrecht oder kurz aufsteigend, stielrund bis stark zusammengedrückt, glatt und in der oberen Hälfte oft blattlos. Die Blätter sind flach oder rinnig zusammengefaltet (bei dem Schmalblättrigen Rispengras – Poa angustifolia L. sind sie borstlich zusammengerollt), am Ende kapuzenförmig, bis 5 mm breit, kahl oder an der Oberseite zerstreut behaart, an den Rändern und an den Mittelnerven an der Unterseite rauh. Die Blattscheiden sind glatt, das Blatthäutchen kurz und gestutzt. Die Blüten wachsen in Ährchen, die zusammen eine pyramidenförmige, bis 20 cm lange, rauhästige Ährenrispe bilden. Die Ährchen sind eiförmig, 2–5-blütig und mehrblütig. Die Hüllspelzen sind lanzettlich und spitz. Die Deckspelzen sind länglich-lanzettlich, spitz, 5-nervig. Die Frucht ist ein Korn.

Blütezeit: Mai–Juli, vereinzelt bis zum Herbst.

Areal und ökologische Ansprüche: Eine zirkumpolare (eurasiatische) von den Ebenen bis zu den Mittelgebirgslagen häufige Art. Das Wiesen-Rispengras ist eine lichtliebende Wiesenpflanze, bzw. eine Pflanze lichter Wälder. Sie verlangt trockenere, mäßig skeletthaltige, mäßig bis mittelhumose Böden, unabhängig von der chemischen Zusammensetzung der Gesteine. Sie wird als Charakterart der Klasse Molinio-Arrhenatheretea angeführt.

Wirtschaftliche Bedeutung und Wissenswertes: Es wird als Kulturgras gezüchtet, das ein unersetzlicher Bestandteil der Dauerwiesen und -weiden ist. Es gibt einen guten Ernteertrag und hochwertiges Viehfutter. Man verwendet es allgemein auch für Zierrasen. Eine Abkochung aus den Blüten wurde in der Volksheilkunde bei verschiedenen Erkältungskrankheiten verwendet. Zu diesem Zweck ist es günstiger, die Blüten auf Berg- und Magerwiesen als auf gedüngten Wiesen zu sammeln. Das Einatmen des Pollenstaubs während der Blütezeit ruft bei manchen Menschen Heuschnupfen, Bindehautentzündung, ein Anschwellen der Schleimhäute u. ä. hervor.

158 **Breitblättriges Knabenkraut**

Dactylorhiza majalis (Rchb.) Hunt et Summerh.

Familie: Knabenkrautgewächse – Orchideen – Orchidaceae

Beschreibung: Eine ausdauernde, 50 cm hohe Pflanze mit zwei unterirdischen, fingerartig geteilten, flachen Scheinknollen und zahlreichen Wurzeln. Die ältere, vorjährige Scheinknolle ist während der Blütezeit bereits erschöpft, runzelig. In der jüngeren, frischweißen Scheinknolle speichert die Pflanze Reservestoffe für das neue Frühjahr. Der Stengel ist einfach, gerade, hohl, oben in einer kurzen Blütentraube endend. Im grundständigen Teil ist der Stengel von hellen, lederigen Schuppen umhüllt. Die unteren Blätter sind meist breiter, eiförmig-lanzettlich, kurzscheidig, oberseits oft fleckig; die oberen Blätter sind schmaler, das oberste reicht bis zur Basis der Blütentraube. Die Blüten wachsen aus den Achseln von Tragblättern, die meist länger als die Blüten sind. Sie sind gewöhnlich grün oder rötlich. Die äußeren Blütenblätter sind schmal, abstehend, die zwei inneren, einander zugeneigten, bilden eine kleine Fahne, das dritte bildet eine lappige Lippe mit einem Sporn, der kürzer als der gedrehte Fruchtknoten ist. Alle Blütenblätter sind violettpurpurrot, die Lippe ist noch dunkler gefleckt und der Mittellappen ist am kleinsten. Die Frucht ist eine Kapsel.

Blütezeit: Mai–Juni.

Areal und ökologische Ansprüche: Das Breitblättrige Knabenkraut ist eine eurasiatische Orchidee mit größerer Bindung an subozeanische Standorte. In Mitteleuropa ist sie von den Ebenen bis zu den Gebirgslagen verbreitet. In Kalksteingebirgen ist sie seltener. Mit Vorliebe wächst sie auf mäßig-sauren Moorböden mit guten Humusvorräten und schwankendem Grundwasserspiegel (im Sommer weit unter der Erdoberfläche). Sie ist Charakterart der Ordnung Molinietalia und auch in anderen Rasenmoorgesellschaften häufig. Ein Geophyt.

Wirtschaftliche Bedeutung und Wissenswertes: Eine sehr ähnliche Art – das Gefleckte Knabenkraut [Dactylorhiza maculata (L.) Soó] unterscheidet sich durch den markerfüllten Stengel und die größere Blattzahl. Das oberste Blatt reicht nicht bis zur Blütentraube, die Tragblätter sind kürzer als die Blüten, der Unterlippensporn ist meist dünn, genauso lang wie der Fruchtknoten. Die Blüten sind gewöhnlich heller, zuweilen rosa. Beide Arten sind geschützt.

159 **Breitblättrige Sitter (Stendelwurz)**

Epipactis helleborine (L.) Cr.

Familie: Knabenkrautgewächse – Orchideen – Orchidaceae

Beschreibung: Eine ausdauernde Pflanze mit kurzem, waagerechtem, ausläuferlosem Wurzelstock. Der Stengel ist 20–50 cm hoch, im untersten Teil von Niederblättern eingehüllt. Die Blätter sind wechselständig, breit eiförmig oder ei-lanzettlich, nervig, an der Unterseite dünn flaumig. Die Blüten in einer endständigen, vielzähligen (20–40), einfachen Traube stehen in den Achseln von 2–5 cm langen Tragblättern. Die Blüten sind groß, geöffnet und duftlos. Die Blätter der äußeren Blütenhülle sind grün, die zwei inneren Blütenblätter rosa bis violett. Die vertiefte Lippe ist kürzer als die anderen, ihr Vorderglied ist dreieckig-herzförmig, rötlich bis scharlachrot, das Hinterglied ist grünlich-weiß oder hellrosa. Der Griffelschnabel ist stets deutlich entwickelt, halbkugelig. Der Fruchtknoten ist schwach behaart oder kahl.

Blütezeit: Juni–September.

Areal und ökologische Ansprüche: Eine eurasiatische Orchidee, die von den Ebenen bis zur Mittelgebirgslage verbreitet ist. Die Stendelwurz ist eine Waldart, die mit Vorliebe in Tannen-Buchen-Mischwäldern, aber auch in anderen mesotrophen Gesellschaften der Klasse Carpino-Fagetea wächst. Sie liebt mineralreiche, tiefgründige, mittelhumose und frischfeuchte Böden.

Wirtschaftliche Bedeutung und Wissenswertes: Aufgrund neuester Erkenntnisse über die Sitter wurden zwei Arten aus dieser Gruppe ausgegliedert, die sich im Unterschied zu der beschriebenen, fremdbestäubten Art autogam bestäuben, und bei denen deshalb der Griffelschnabel überhaupt nicht ausgebildet wird oder sehr schnell verkümmert. E. leptochila (Godf.) Godf. zeichnet sich durch einen mächtigen, verzweigten Wurzelstock, bis 70 cm lange Stengel, lang zugespitzte Knospen, über 1 cm lange, große, grüne Blüten, ein braunpurpurrotes, rundes Hinterglied und ein eiförmiges, dreieckiges, lang zugespitztes, aufrechtes Vorderglied der Lippe aus.
E. muelleri Godf. zeichnet sich durch einen kurzen Wurzelstock, einen schlanken Stengel, schmalere Blätter, stumpfe oder fast stumpfe Knospen, gelblichgrüne Blüten, ein braunpurpurrotes Hinterglied und ein stumpfes, umgebogenes, weißes oder rosa gefärbtes Vorderglied der Lippe aus. Geschützt!

160 **Großes Zweiblatt**

Listera ovata (L.) R. Br.

Familie: Knabenkrautgewächse – Orchideen – Orchidaceae

Beschreibung: Eine ausdauernde, 20–60 cm hohe Pflanze, die tief im Boden einen waagerechten oder schrägen, kriechenden, sympodial verzweigten Wurzelstock, der durch Narben abgestorbener Stengel deformiert ist, hat. Der Stengel ist aufrecht, schwach drüsig behaart, in der unteren Hälfte mit zwei gegenständigen Blättern, unter den Blättern meist vierkantig, darüber stielrund. In Ausnahmefällen können es auch mehr als 2 (3–4) Blätter sein. Sie sind breit eiförmig, mit kurzer Spitze, kahl, von fester Konsistenz. Der Blütenstand ist eine relativ lockere, vielblütige Ähre. Die Tragblätter sind sehr klein, grün. Die Blütenhüllblätter sind gelbgrün, an den Rändern in eine hellviolette Farbe übergehend. Sie sind zueinander geneigt. Die äußeren Blütenblätter sind eiförmig, die inneren etwas schmaler, alle gleichlang. Die Lippe ist tief zweilappig, 6–8 mm lang, mit zwei fast rudimentären Seitenlappen. Sie ist fast zweimal so lang wie die anderen Teile der Blütenhülle. Der Fruchtknoten ist langgestielt, eiförmig bis rund. Die Frucht ist eine schartig-rissige, länglich-eiförmige Kapsel.

Blütezeit: Mai–Juli.

Areal und ökologische Ansprüche: Das Große Zweiblatt zählt zu den eurasiatischen Arten mit ozeanischer Verbreitung. In Mitteleuropa kommt es von den Ebenen bis zu den Mittelgebirgslagen vor. Es ist ursprünglich eine Waldorchidee, die sich aus den Laubwäldern (Charakterart der Ordnung Fraxinetalia) auch auf frischfeuchte Waldwiesen und Lichtungen ausgebreitet hat. Es wächst beispielsweise in feuchten Phytozönosen der Ordnung Tofieldietalia (Flachmoorsümpfe), der Ordnung Molinietalia (Pfeifengrasbestände) u. a. Häufiger ist es auf kalkbeeinflußten Substraten. Ein Geophyt.

Wirtschaftliche Bedeutung und Wissenswertes: Die Pflanze wurde nach M. Lister, dem Leibarzt der englischen Königin Anna, der zugleich auch ein guter Botaniker war, benannt. Geschützt!

161 **Weiße Waldhyazinthe**

Platanthera bifolia (L.) L. C. Rich.

Familie: Knabenkrautgewächse – Orchideen – Orchidaceae

Beschreibung: Eine ausdauernde Pflanze mit bis zu 50 cm hohem Stengel. Die unterirdischen Scheinknollen sind groß, eiförmig, stets zwei, eine ältere und eine jüngere. Der Stengel ist aufrecht, hohl. An jedem Stengel wachsen meist zwei untere, große, gegenständige, glänzende Blätter, nach denen die Pflanze benannt wurde. Sie unterscheiden sich stark von den oberen Blättern, sind verkehrt eiförmig, oval, an den Rändern gewellt, am Grunde in einen breiten, geflügelten Stiel verschmälert. Die oberen Stengelblätter (1–3) sind klein, sitzend, lanzettlich. Die Blüten sind in einer armblütigen, walzlichen, endständigen Traube angeordnet. Sie sind 1,1–1,2 cm groß, weiß, angenehm duftend. Die Blütenblätter sind frei, drei zu einem Helm geneigt, zwei wie Flügel abstehend, das untere, zungenförmige, ist herabhängend. Der Sporn wird bis zu 2,2 cm lang, er ist fädlich, dünn, unverdickt, spitzlich. Zwei keulenförmige Staubbeutelfächer (Pollinarien) sind parallel, nur 1 mm voneinander entfernt.

Blütezeit: Von Mai bis Ende Juni.

Areal und ökologische Ansprüche: Eine eurasiatische Orchidee, die gemäßigt ozeanische bis gemäßigte kontinentale Klimabedingungen bevorzugt. Sie liebt frischfeuchte, mittelhumose Böden, besonders in Wäldern. Sie ist eine Art der Laubmischwälder und deren Ränder (Klasse Carpino-Fagetea), sowie der Nadelwälder (Reliktkiefernwälder des Verbandes Erico-Pinion, der Fichtenwälder der Klasse Vaccinio-Piceetea). Sie kommt auch auf Borstgrasweiden (Ordnung Nardetalia) vor.

Wirtschaftliche Bedeutung und Wissenswertes: Die Waldhyazinthe blüht nachts, die Bestäubung erfolgt durch Nachtfalter. In den Wäldern Mitteleuropas ist auch die Grünliche Waldhyazinthe – Platanthera chlorantha (Custer) Rchb. beheimatet, die sich durch einen Blütenstand, der an der Basis breiter als an der Spitze ist, durch Staubbeutelfächer, die an der Basis 4 mm voneinander entfernt, an der Spitze einander zugeneigt sind, durch einen 20–40 mm langen, am Ende keulenförmig erweiterten, stumpfen Sporn unterscheidet. Sie ist eine seltenere Art und kommt in wärmeliebenden Waldphytozönosen auf Kalkböden und feuchten Wiesen vor. Geschützt!

162 **Kleine Wasserlinse**

Lemna minor L.

Familie: Wasserlinsengewächse – Lemnaceae

Beschreibung: Sie besitzt runde, flache, ganzrandige, auf der Wasserfläche schwimmende Glieder (Blätter) von lederartiger Konsistenz. Auf der Unterseite sind sie oft durch Anthocyan lila gefärbt. Jedes Glied hat eine kleine Wurzel mit entwickeltem Scheinkäppchen. Die einfachen, sehr reduzierten Blüten werden nur selten in der Vertiefung auf der Blattoberseite ausgebildet. Sie haben 1 Staubblatt oder 1 Fruchtknoten. Meist sind sie steril. Die Frucht ist eine Schließfrucht.

Blütezeit: Mai–Juni.

Areal und ökologische Ansprüche: Ein zirkumpolarer (kosmopolitischer) Hydrophyt, in stehenden bzw. langsam fließenden Gewässern verbreitet. Da die Kleine Wasserlinse gegenüber der Wasserqualität indifferent ist, kann man sie auf eutrophen, mesotrophen bis oligodistrophen Gewässern finden. Ihre zusammenhängenden Bestände auf der Wasserfläche (ungeachtet der Wassertiefe) sind heute zu der selbständigen Vegetationsklasse Lemnetea zusammengefaßt. Lemna minor wird durch den Wind auf der Wasserfläche in die verschiedensten Wasserpflanzengesellschaften getrieben.

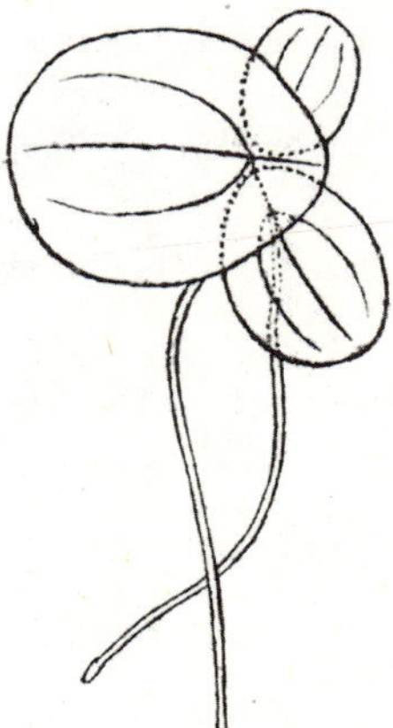

163 **Breitblättriger Rohrkolben**

Typha latifolia L.

Familie: Rohrkolbengewächse – Typhaceae

Beschreibung: Eine ausdauernde Pflanze, die in ihrem gesamten Aussehen dem Schmalblättrigen Rohrkolben – Typha angustifolia L. ähnelt, nur etwas mächtiger ist. Sie hat einen groben, vierkantigen, horizontal liegenden Wurzelstock. Die Stengel sind 1–3 m lang, stielrund, derb, graugrün. Die Blätter bilden im ersten Jahr eine Rosette. Sie wachsen bis in eine Höhe von 2 m, sind linealisch, halbrund, an der Oberseite flach, mit stumpfer Spitze, meist länger als der Blütenstand. Dieser hat die Form eines endständigen Kolbens. Er ist scheinbar kompakt, wird jedoch von zwei sehr nahe beieinander befindlichen Blütenständen gebildet, von denen der untere weibliche, der obere männliche Blüten hat. Beide sind annähernd gleichlang. Die Narben haben eine rotbraune Farbe. Die Frucht ist eine Nuß mit kurz behaartem Stiel.

Blütezeit: Juli–September.

Areal und ökologische Ausprüche: Ein zirkumpolarer Hydrophyt, (zuweilen auch als eurasiatische Art angeführt), der in stehenden und langsam fließenden Gewässern der Ebenen und Hügelländer verbreitet ist. Er besiedelt eutrophe Gewässer, die durch absterbende Organismen versumpft sind. Innerhalb der Klasse Phragmitetea bildet er kleine, kompakte, oft zu großen Kolonien gruppierte Horste (Assoziation Typhetum angustifolio-latifoliae), die eines der ersten makrophytischen Stadien bei dem Bewachsen von Wasserflächen bilden.

Wirtschaftliche Bedeutung und Wissenswertes: Der Rohrkolben wird als dekorative Pflanze verwendet. Der ihm ähnelnde Shuttleworths Rohrkolben (Typha shuttleworthii Koch et Sonder) unterscheidet sich stark durch den längeren männlichen Blütenstand und die silbergraue Farbe des heranreifenden weiblichen Kolbens. Er ist eine europäische Art, die relativ selten in Küstengesellschaften, vor allem aber entlang langsam fließender kühlerer Gewässer vertreten ist.

Register der deutschen Blumennamen

Register der lateinischen Blumennamen